普通高等教育"十三五"规划教材

新能源材料与器件

王新东　王萌　编著

化学工业出版社

·北京·

本书全面系统阐述了新能源材料与器件，包括能源物理化学、能源存储与转化原理、关键材料与器件、发展概况和应用前景。在风能、太阳能发电、二次电池、超级电容器、燃料电池和金属-空气电池等材料制备与器件技术的基础上，还针对目前电动汽车和规模储能应用，介绍了固态锂电池、质子交换膜纯水电解、氢能等前沿材料与器件。本书内容丰富，数据和理论新颖，结构严谨。书中有大量习题和思考题，并附有最新文献，便于深入学习。

本书是大学"新能源材料与器件"专业教材，兼顾大学材料、能源、冶金、化学、化工专业高年级及研究生教材；同时也是从事新能源、太阳能电池、锂电池、燃料电池、电动汽车、规模储能等领域研究与应用人员的必备基础参考书。

图书在版编目（CIP）数据

新能源材料与器件/王新东，王萌编著.
—北京：化学工业出版社，2019.2 （2025.2重印）
ISBN 978-7-122-33549-4

Ⅰ.①新…　Ⅱ.①王…②王…　Ⅲ.①新能源-材料
技术-研究　Ⅳ.①TK01

中国版本图书馆CIP数据核字（2018）第293096号

责任编辑：成荣霞　　　　　　　　　装帧设计：王晓宇
责任校对：宋　夏

出版发行：化学工业出版社（北京市东城区青年湖南街13号　邮政编码100011）
印　　装：河北延风印务有限公司
710mm×1000mm　1/16　印张15　字数287千字　2025年2月北京第1版第12次印刷

购书咨询：010-64518888　　　售后服务：010-64518899
网　　址：http://www.cip.com.cn
凡购买本书，如有缺损质量问题，本社销售中心负责调换。

定　　价：49.80元

前言
FOREWORD

新能源技术是 21 世纪世界经济发展中最具决定性影响的五个技术领域之一，而新能源材料与器件是发展新能源技术和实现新能源利用的关键。近年来国际能源发生了重大调整，全球治理体系深刻变革，我国在"十三五"规划的主要目标中明确提出："生态环境质量总体改善，生产方式和生活方式绿色，低碳水平提高。"实现这一目标就是要走绿色发展道路，发展新能源被提到了前所未有的国家战略高度。

国家的发展在于人才，人才培养在于教育，教育的根本是为国家培养发展所需的人才。为适应我国大力发展新能源产业，2010 年教育部增列"新能源材料与器件"专业为战略新兴专业，并于 2011 年开始招收本科生，旨在为我国新能源、新能源汽车、节能环保等产业培养具有创新意识的应用型人才。本书应新能源材料与器件课程教学所需编写，是大学"新能源材料与器件"专业教材，兼顾大学材料、能源、冶金、化学、化工专业高年级及研究生教材；同时也是从事新能源、太阳能电池、锂电池、燃料电池、电动汽车、规模储能等领域研究与应用人员的必备基础参考书。

随着社会经济的快速发展，对能源的需求日益增加。传统的化石能源是不可再生的一次性能源，其储量有限，形成周期极其漫长，已日益枯竭。新能源产业为解决全球环境问题提供高效能源存储方案，现已成为 21 世纪发展最快的行业之一。新能源的开发利用涉及物理、化学、材料、电工电子等多学科知识，新能源材料与器件是一个多学科交叉专业，这要求理论学习必须与实际应用并重才能应对当前科学技术飞速发展的新形势。

本书的编写参考了近年来发表在国内外重要学术刊物上的一些新能源材料及器件相关文献。同时，考虑到学科发展的现状，还结合近年来的教学实践、科研项目及相关产业发展的需求对内容进行了梳理。本书在阐述基本理论的同时，还结合实例分析，启发思路，力图为后续课程和实际应用奠定基础。本书各章都精选一定量的思考题，以巩固相关知识，便于深入学习。全书共 7 章，包括能源概述、能源物理化学、太阳能电池材料与器件、氢能材料与器件、电化学能源材料与器件、其他新能源技术以及能源经济。由于水平有限，书中若有疏漏、不妥之处，敬请读者批评指正。

编者
2018 年 10 月

缩略语

ATP	adenosine triphosphate	三磷酸腺苷
BIPV	building integrated photo voltaic	光伏建筑一体化
CNTs	carbon nanotubes	碳纳米管
DCS	distributed control system	分布式控制系统
DFAFC	direct formic acid fuel cell	直接甲酸燃料电池
DFT	density functional theory	密度泛函理论
DSC	dye-sensitized solar cell	染料敏化太阳能电池
EC	ethylene carbonate	碳酸亚乙酯
EVA	ethylene vinyl-acetate	乙烯醋酸乙烯酯
EV	electric vehicle	纯电动汽车
FCS	fieldbus control system	总线控制系统
Fd	ferredoxin	铁氧化还原蛋白
GD	glow discharge	辉光放电
GNF	graphite nano-fiber	石墨纳米纤维
HER	hydrogen evolution reaction	析氢反应
HEV	hybrid electric vehicle	混合动力汽车
HMII	1-hexyl-3-methylimidazolium iodide	1-甲基-3-己基咪唑碘
HOMO	highest occupied molecular	最高占据分子轨道
HOR	hydrogen oxidation reaction	氢氧化反应
HW	hot wire	热丝法
ICBA	indene-C60 bisadduct	茚双加成 C60 衍生物
IEA	international energy agency	国际能源署
LANL	los alamos national laboratory	洛斯阿拉莫斯国家实验室
LISICON	lithium super ionic conductor	锂超离子导体
LPCVD	low pressure chemical vapor deposition	低压化学气相沉积
LPE	liquid phase epitaxy	液相外延法
LUMO	lowest unoccupied molecular orbital	最低未占分子轨道

MAI	methylammonium iodide	甲基碘化胺
MCMB	mesocarbon microbeads	中间相碳微球
MEA	membrane electrode assembly	膜电极组件
MOFs	metal organic frameworks	金属有机骨架化合物
MOFs	metal organic frameworks	金属有机骨架化合物
MPII	1-methyl-3-propylimidazolium iodide	1-甲基-3-丙基咪唑碘
NASICON	Na super ionic conductor	钠超离子导体
NCFs	nano-cellulose fibers	纳米纤维素纤维
NGK	NAGAKI	日本永木精械株式会社
OECD	organization for economic cooperation and development	经济合作与发展组织
OER	oxygen evolution reaction	析氧反应
ORR	oxygen reduction reaction	氧还原反应
P3HT	poly(3-hexylthiophene-2,5-diyl)	聚 3-己基噻吩
PA	polyamide	聚酰胺
PANI	polyaniline	聚苯胺
PCBM	[6,6]-phenyl-C61-butyric acid methyl ester	富勒烯衍生物
PC	propylene carbonate	碳酸亚丙酯
PECVD	plasma enhanced chemical vapor deposition	等离子增强化学气相沉积
PEDOT	poly(3,4-ethylenedioxythiophene)	聚 3,4-乙烯二氧噻吩
PEMFC	proton exchange membrane fuel cell	质子交换膜燃料电池
PEM	proton exchange membrane	质子交换膜
PEO	polyethylene oxide	聚氧化乙烯
PE	polyethylene	聚乙烯
PET	polyethylene terephthalate	聚对苯二甲酸
Photo-CVD	photo chemical vapor deposition	光化学气相沉积法
PI	polyimide	聚酰亚胺
PP	polypropylene	聚丙烯
PPy	polypyrrole	聚吡咯
PSA	pressure swing adsorption	变压吸附
PSS	poly(styrenesulfonate)	聚苯乙烯磺酸
PS I	photosystem I	光系统 I
PS II	photosystem II	光系统 II

PTC	positive temperature coefficient	正温度系数
PTFE	polytetrafluoroethylene	聚四氟乙烯
SCF	supercritical fluid	超临界流体
SEGS	solar electric generating system	太阳能发电系统
SEI	solid electrolyte interface film	固体电解质膜
SOEC	solid oxide electrolysis cell	固体氧化物电解池
SP	sputtering	溅射法
SPFC	solid polymer fuel cell	固体聚合物燃料电池

Spiro-OMeTAD $2,2',7,7'$-Tetrakis[N,N-di(4-methoxyphenyl)amino]-9,9'-spirobifluorene

$2,2',7,7'$-四[N,N-二(4-甲氧基苯基)氨基]-9,9'-螺二芴

SRH 复合	shockley-read-hall 复合	肖克莱复合(间接复合,即借助于复合中心的复合)
TCO	transparent conductive oxide	透明导电氧化物
TEPCO	Tokyo Electric Power Company	日本东京电力公司
Thio-LISICON	硫化-锂超离子导体	
TOC	total organic carbon	有机碳含量
TPE	tedlar polyethylene	聚乙烯膜
TPT	thermoplastic elastomer	热塑性弹性体
TRPL	time-resolution photoluminescence	时间分辨光谱
US gal	美加仑	
UV-Vis	ultraviolet-visible spectrophotometry	紫外-可见分光光度法

目录
CONTENTS

1
能源概述

1.1 能

　　能，是物质运动转化的量度，也称为"能量"。从物理学的观点看，能量可以简单地定义为物理系统做功的能力。广义而言，任何物体都可以转化为能量，但是转化的数量、转化的难易程度是不同的。比较集中而又可轻易转化的含能物质称为能源。由于科学技术的进步，人类对物质性质的认识及掌握能量转化的方法都在不断地深化，同时，对于能源的认识也在不断地丰富。在不同的工业发展阶段，人类对能源有着不同的定义。时至今日，能源的定义可描述为：可以直接或经转换提供人类所需的光、热、动力等任何形式能量的载能体资源。

　　能量的单位与功的单位一致。常用的单位是尔格、焦耳、千瓦·时、电子伏特等。能源的单位也就是能量的单位。在实际工作中，能源还用煤当量（标准煤）和油当量（标准油）来衡量，1kg 标准煤的发热量为 29307kJ，1kg 标准油的发热量为 41868kJ。千克标准煤用符号 kgce 表示，千克标准油用符号 kgoe 表示。也可以用吨标煤（tce）或吨标油（toe）及更大的单位计量能源。

1.2 能量形式

　　按人类现如今的认知，可将能量划分为机械能、热能、电能、辐射能、化学能和核能六大能量形式。

　　机械能是与物体宏观机械运动或空间状态相关的能量，前者称为动能，后者称为势能。如果质量为 m 的物体的运动速度为 v，则该物体的动能 E_k 可以用下式计算：

$$E_k = \frac{1}{2}mv^2 \tag{1-1}$$

　　势能包括重力势能和机械势能。如果某物体距地面的高度用 H 表示，重力加速度为 g，则该物体的重力势能 E_p 可按下式进行计算：

$$E_p = mgH \qquad (1\text{-}2)$$

弹性势能 E_τ 按下式计算：

$$E_\tau = \frac{1}{2}kx^2 \qquad (1\text{-}3)$$

式中，k 表示弹性系数；x 表示形变量。

热能为构成物质的微观分子运动的动能和势能的总和。这种能量的宏观表现是温度的高低，它反映了分子运动的激烈程度。通常热能 E_q 可表述成如下的形式：

$$E_q = \int T \mathrm{d}S \qquad (1\text{-}4)$$

式中，S 为物质的熵。

电能是和电子流动与积累有关的一种能量，通常由电池中的化学能转换而来，或是通过发电机由机械能转换得到；反之，电能也可以通过电动机转换为机械能，从而显示出电做功的本领。电能 E_e 按下式计算：

$$E_e = UI \qquad (1\text{-}5)$$

式中，U 为电压；I 为电流。

辐射能是物体以电磁波形式发射的能量。物体的辐射能 E_r 可用下式计算：

$$E_r = \varepsilon c_0 \left(\frac{T}{100}\right)^4 \qquad (1\text{-}6)$$

式中，ε 表示物体的发射率（黑度）；c_0 为黑体辐射常数，其值为 5.67×10^{-8} W/($\mathrm{m}^2 \cdot \mathrm{K}^4$)。

化学能是物质结构能的一种，即原子核外进行化学变化时放出的能量。按化学热力学定义，物质或物系在化学反应过程中以热能形式释放的内能称为化学能。

核能是蕴藏在原子核内部的物质结构能。轻质量的原子核（氘、氚等）和重质量的原子核（铀等）核子之间的结合力比中等质量原子核的结合力小，这两类原子核在一定的条件下可以通过核聚变和核裂变转变为在自然界更稳定的中等质量原子核，同时释放出巨大的结合能。这种结合能就是核能。

1.3 能源发展史

纵观人类文明发展史，随着社会生产力和科技水平的发展，人类利用能源的历史经历了五个阶段：

第一阶段：火的发现和利用。

第二阶段：畜力、风力、水力等自然动力的利用。

第三阶段：化石燃料的开发利用。

第四阶段：电力的发现、开发及利用。

第五阶段：原子核能的发现、开发及利用。

在能源的利用历史上，其划时代的革命性转折有三个。同时，这三个转折也意味着三个能源时期的结束。第一个时期称为"薪柴时期"，这一时期以薪柴等生物质燃料为主要能源，生产和生活水平极其低下，社会发展缓慢。在18世纪，煤炭取代薪柴成了人类社会中的主要能源，人类能源史上出现了第一个转折，薪柴时期结束，人类开始进入第二个时期"煤炭时期"。这一时期蒸汽机成为生产的主要动力，工业迅速发展，劳动生产力增长很快。19世纪，电力成为工矿企业的主要动力，成为生产和生活照明的主要能源。但这时的电力工业主要依靠煤炭作为燃料。19世纪中期，石油取代煤炭而占据了人类能源的主导地位。人类能源史上的第二个转折出现，从此人类开始进入第三个时期"石油时期"，近30年来世界上许多国家依靠石油和天然气创造了人类历史上空前的物质文明。随着科学技术的发展，进入21世纪，核能成为世界能源的主角，人类开始进行多能源结构的过渡，第三次能源转折开始发生，清洁能源的时代也即将到来。

1.4 常规能源

在相当长的历史时期和一定的科学技术水平下，已经被人类长期广泛利用的能源，称之为常规能源，如煤炭、石油、天然气、水能、核能等。

（1）煤炭

煤炭是埋在地壳中亿万年以上的树木等植物，由于地壳变动等原因，经过物理和化学作用而形成的含碳量很高的可燃物质，又称作原煤。按煤炭的挥发物含量的不同，将其分为泥煤、褐煤、烟煤和无烟煤等类型。

煤炭既是重要的燃料又是珍贵的化工原料，在国民经济的发展中起着重要作用。煤炭在电源结构中约占72%，在化工生产原料用量中约占50%，在工业锅炉燃料中约占90%，在生活民用燃料中约占40%。自20世纪以来，煤炭主要用于电力生产和在钢铁工业中炼焦，某些国家蒸汽机车用煤的比例也很大。电力工业多用劣质煤（灰分大于30%）。蒸汽机车对用煤质量的要求较高，即灰分应低于25%，挥发分含量要求大于25%，易燃并具有较长的火焰。在煤矿附近建设的坑口发电站，使用了大量的劣质煤作为燃料，直接转化为电能向各地输送。另外，由煤转化的液体和气体合成燃料对补充石油和天然气的使用也具有重要意义。

（2）石油

石油是一种用途极为广泛的宝贵矿藏，是天然的能源物资。在陆地、海上和空中交通方面，以及在各种工厂的生产过程中，都是使用石油或石油产品来作为动力燃料的。在现代国防方面，新型武器、超音速飞机、导弹和火箭所用的燃料都是从石油中提炼出来的。石油是重要的化工原料，可以制成发展石油化工所需的绝大部分基础原料，如乙烯、丙烯、苯、甲苯、二甲苯等。石油化工可生产出成百上千种化工产品，如合成树脂、合成纤维、合成橡胶、合成洗涤剂、染料、医药、农药、炸药和化肥等与国民经济息息相关的产品。因此可以说石油是国民经济的"血脉"；石油的动荡对于国民经济而言是"牵一发而动全身"。

科学家一直对石油是如何形成的这个问题有争论。目前大部分的科学家都认同的一个理论是：石油是沉积岩中的有机物质变成的。因为已经发现的油田 99% 以上都分布在沉积岩区。另外，人们还发现现代的海底、湖底的近代沉积物中的有机物正在向石油慢慢地变化。石油是一种黏稠的液体，颜色深，直接开采出来的未经加工的石油称为原油。由于所含的胶质和沥青的比例不同，石油的颜色也不同。石油中含有石蜡，石蜡含量的高低决定了石油的黏稠度的大小。另外，含硫量也是评价原油的指标，含硫量对石油加工和产品性质的影响很大。

（3）天然气

天然气是地下岩层中以碳氢化合物为主要成分的气体混合物的总称。它主要由甲烷、乙烷、丙烷和丁烷等烃类综合组成，其中甲烷占 80%～90%。天然气有两种不同的类型：一种是伴生气，由原油中的挥发性组分所组成，约有 40% 的天然气与石油一起伴生，称为油气田，它溶解在石油中或是形成石油构造中的气帽，并为石油储藏提供气压。另一种是非伴生气，即气田气。它埋藏更深，很多来源于煤系地层的天然气称为煤成气，它可能附于煤层中或另外聚集，在 700 万～1700 万帕和 40～70℃时每吨煤可吸附 $13～30m^3$ 的甲烷。即使是在伴生油气田中，液体和气体的来源也不一定相同。它们所经历的不同的迁徙途径和迁移过程完全有可能使它们最终来到同一个岩层构造中。这些油气构造不是一个大岩洞，而是一些多孔岩层，其中含有气、油和水。这些气、油和水通常都是分开的，各自聚集在不同的高度水平上。油、气分离程度与二者的相对比例、石油黏度及岩石的空隙度有关。

天然气是一种重要能源，燃烧时有很高的发热值，对环境的污染也较小。同时也是一种重要的化工原料，以天然气为原料的化学工业简称为天然气化工。主要有天然气制炭黑，天然气提取氦气，天然气制氢，天然气制氨，天然气制甲醇，天然气制乙炔，天然气制氯甲烷，天然气制四氯化碳，天然气制硝基甲烷，天然气制二硫化碳，天然气制乙烯，天然气制硫黄等。

天然气的勘探、开采与石油类似，但采收率较高，可达 60%～95%。大型稳定的气源常用管道输送至消费地区，每隔 80～160km 必须设一增压站，加上天然气压力高，故长距离管道输送投资很大。最近 10 年液化天然气技术有了很大发展。液化后的天然气体积仅为原来体积的 1/600，因此可以用冷藏油轮进行运输，运到使用地后再进行气化。另外，天然气液化后，可为汽车提供方便的污染小的天然气燃料。

（4）水能

许多世纪以前，人类就开始利用水下落时所产生的能量。最初，人们以机械的形式利用这种能量。在 19 世纪末期，人们学会将水能转换为电能。早期的水电站规模非常小，只为电站附近的居民服务，随着输电网的发展及输电能力的不断提高，水力发电逐渐向大型化方向发展，并从这种大规模的发展中获得益处。水能资源最显著的特点是可再生、无污染。开发水能对江、河的综合治理和综合利用具有积极作用，对促进国民经济发展，改善能源消费结构，缓解由于消耗煤炭、石油等化石能源所带来的污染有重要意义。因此，世界各国都把开发水能放在能源发展战略的优先地位。到1998年，发达国家可开发水能资源已经开发了60%，而发展中国家仅开发了20%。所以今后大规模的水电开发主要集中在发展中国家。中国水能资源的理论蕴藏量、技术可开发量和经济可开发量均居世界第一位，其次为俄罗斯、巴西和加拿大。

（5）核能

由于原子核的变化而释放的巨大能量叫作核能，也叫作原子能。经过科学家们的大量实验研究和理论分析，发现释放核能可以有重核的裂变和轻核的聚变两条途径。核能发电是一种清洁、高效的能源获取方式。对于核裂变，核燃料是铀、钍等元素。核聚变的燃料则是氘、氚等物质。有一些物质，如钍，其本身并非核燃料，但经过核反应可以转化为核燃料。

科学家们发现，用中子去轰击质量数为235的铀核，铀核会分裂成大小相差不大的两个部分，这种现象叫作裂变。裂变后的产物以很大的速度向相反方向飞开，与周围的物体分子碰撞，使分子动能增加，核能转化成周围物体的内能。实验表明，裂变时释放的核能十分巨大。1kg铀-235中的铀核如果全部发生裂变，释放出的核能是同样质量煤燃烧时放出能量的250万倍。

从1932年发现中子到1939年发现裂变，经历了7年之久才把巨大的裂变能从铀核中解放出来。仅发生裂变释放能量还不够理想，作为核燃料的原子核在中子轰击下发生分裂，一个原子核吸收一个中子裂变后，除了能释放巨大的能量，还伴随产生2～3个中子。即由中子引起裂变，裂变后又产生更多的中子。在一定的条件下，这种反应可以连续不断地进行下去，称为链式反应。经过科学家的努力，实现了人为控制链式反应，使裂变可以进行、可以停止，形成了核反应堆。

科学家们在对核反应的研究中还发现，两个较轻的原子核结合成一个较重的原子核时，也能释放出核能，这种现象叫作聚变。由于聚变必须在极高的温度和压强下进行，所以也叫作热核反应。例如，把一个氘核（质量数为2的氢核）和一个氚核（质量数为3的氢核）在高温、高压的环境下结合成一个氦核时，就会释放出核能。我们最熟悉的太阳内部就在不断地进行着大规模的核聚变反应，由此释放出的巨大核能以电磁波的形式从太阳辐射出来。地球上的人类自古以来，每天都在使用着这种聚变释放出的核能。

面对强大的核能，人们总是又爱又怕。第二次世界大战中使用的原子弹已经给人类的记忆留下了很深的伤痕。核武器的发展是科学家们所忌惮的事情，实现核能的和平利用，就能够代替化石燃料。人们已经成功地生产出各种规格的核反应堆，它是核潜艇、核动力破冰船、核电站等设施的核心部件。

1.5 新能源

一些虽属古老的能源，但只有采用先进方法才能加以利用，或采用新近开发的科学技术才能开发利用的能源；有些能源近一二十年来才被人们所重视，新近才开发利用，而且在目前使用的能源中所占的比例很小，但很有发展前途的能源，称为新能源，或称为替代能源，属于可再生能源，如太阳能、地热能、潮汐能、生物质能、风力等。有关常规能源与新能源的具体分类如表1-1所示。

表1-1 能源的分类

项目	可再生能源	不可再生能源
常规能源	水力（大型） 核能（增殖堆） 地热 生物质能（薪材秸秆、粪便等） 太阳能（自然干燥等） 水力（风车、风帆等） 畜力	化石燃料（煤、石油、天然气等） 核能
新能源	生物质能（燃料作物制沼气、酒精等） 太阳能（收集器、光电池等） 水力（小水电） 风力（风力机等） 海洋能 地热	

新能源的各种形式都是直接或者间接地来自于太阳或地球内部深处所产生的热能。包括太阳能、风能、生物质能、地热能、核聚变能、水能和海洋能以及由可再生能源衍生出来的生物燃料和氢所产生的能量。也可以说，新能源包括各种可再生能源和核能。相对于传统能源，新能源普遍具有污染小、储量大的特点，对于解决当今世界严重的环境污染问题和资源（特别是化石能源）枯竭问题具有重要意义。同时，由于很多新能源分布均匀，对于解决由能源引发的战争也有着重要意义。

1.6 思考题

（1）试分析子弹从枪膛中飞出过程中能的转化。

（2）核电站利用原子能发电，试说明从燃料铀在核反应堆中到发电机发出电的过程中能的转化。

（3）在下列两种情况下将一个金属球加热到某一温度，哪一种需要的热量多些？a. 将金属球用一根金属丝挂着；b. 将金属球放在水平支承面上（假设金属丝和支承物都不吸收热量）。

（4）光滑水平桌面上一块质量 $m=400g$ 的木块，被一颗质量 $m=20g$ 以水平速度 $v=500m/s$ 飞行的子弹击中，子弹穿出木块时的速度 $v_1=300m/s$。若子弹击中木块的过程中系统损失的机械能全部转变为内能，其中 $\eta=41.8\%$ 部分被子弹吸收使其温度升高，已知子弹的比热容 $c=125J/(kg \cdot \mathcal{C})$，试求子弹穿越木块过程中升高的温度。

（5）可逆热机效率最高，那用可逆热机去开火车一定很快吗？

（6）你知道自然界中哪些能量之间可以相互转化吗？举例说明。

（7）从能的转化和守恒的观点来看，用热传递来改变物体的内能，实际上是什么过程？用做功的方法来改变物体的内能，实际上是什么过程？

（8）当水壶中的水烧开时，壶盖会被顶起，从能量转化的观点解释这一现象。

（9）火电厂进的是"煤"，出的是"电"，试说出这个过程中能量转化的形式。

（10）列举出自然界存在的各种形式的能（三项以上），哪些可以较为方便地转化为电能；列举出使用电能对减少污染、保持环境有利的三个具体例子。

2

能源物理化学

物理化学是化学的一个分支，涉及物质的物理性能，现代物理化学包括化学热力学、动力学、平衡、光谱和量子化学等。物理化学研究物质的不同物理状态（如气态、液态和固态），以及温度和光（电磁辐射）对其物理性能和化学反应的影响。学习物理化学就是明确物理数值及相互关联问题（表 2-1），要知道如何用物理原理解决化学问题。能源物理化学主要研究物质的物理和化学状态性能，涉及能量守恒、贬值、储存及转换过程的物理化学原理。

表 2-1　单位及应用

物理量	国际标准单位（符号）	非标常用单位（符号）
质量	千克（kg）	克（g）
长度	米（m）	厘米（cm）
温度	开尔文（K）	摄氏度（℃）
密度	千克/立方米（kg/m^3）	克/立方厘米（g/cm^3）
能	焦耳（J）	尔格（erg）
力	牛顿（N）	达因（dyn）
压强	帕斯卡（Pa）	大气压（atm）
表面张力	牛顿/米（N/m）	达因/厘米（dyn/cm）

2.1　能量定律

19 世纪初期，不少人曾一度梦想着制造一种不靠外部提供能量，本身也不减少能量的可以永远运动下去的机器（永动机）。即只需提供初始能量使其运动起来就可以永远地运动下去的一种机器，可以源源不断自动地对外做功。热力学第一定律被发现后，这个梦想便不攻自破。热力学第一定律的发现是人类认识自然的一个伟大进步，第一次在空前广阔的领域里把自然界各种运动形式联系了起来。既为自然科学领域增加了崭新的内容，又大大推动了哲学理论的前进。现在，随着自然科学的不断发展，能量守恒和转化定律经受了一次又一次的考验，并且在新的科学事实面前不断得到新的充实与发展。

2.1.1 能量守恒定律

19 世纪中叶发现的能量守恒定律是自然科学中十分重要的定律。它的发现是人类对自然科学规律认识逐步积累到一定程度的必然事件。尽管如此，它的发现仍然是艰辛和激动人心的。18 世纪 50 年代，英国科学家布莱克发现了潜热理论，之后，亚历山大·希罗发明的蒸汽机实现了热能转变为机械能。

在前面这些科学研究的基础上，机械能的度量和守恒的提出、热能的度量、机械能和热能的相互转化、永动机的大量实践被宣布为不可能。由此，能量守恒定律的发现条件逐渐成熟了。迈尔在 1841 年最早提及了热功当量。他说："对于我能用数学的可靠性来阐述的理论来说，极为重要的仍然是解决以下问题，某一重物［例如 100lb（1lb＝0.45359237kg）］必须举到地面上多高的地方，才能使得与这一高度相应的运动量和将该重物放下来所获的运动量正好等于将 1lb 0℃的冰转化为 0℃的水所必需的热量。"之后，亥姆霍兹在这方面也发表了同样的论点。1840 年焦耳经过多次测量通电的导体，发现电能可以转化为热能，并且得出一条定律：电导体所产生的热量与电流强度的平方、导体的电阻和通过的时间成正比。后来焦耳继续探讨各种运动形式之间的能量守恒与转化关系，并提出了："自然界的能是不能毁灭的，哪里消耗了机械能，总能得到相当的热，热只是能的一种形式。"

能量守恒定律指出："自然界的一切物质都具有能量，能量既不能创造也不能消灭，而只能从一种形式转换成另一种形式，从一个物体传递到另一个物体，在能量转换和传递过程中能量的总量恒定不变"。其含义为：①从一种形式转换成另一种形式是泛指，是指所有形式能量；②能量转换和传递过程中能量的总量恒定不变，并没有限制是哪几种形式能量。设一体系有 3J 动能增量和 6J 电能增量全部转换为势能。根据各种形式的能量相互转化的规律可知：要保证系统能量守恒，其根本原因：一是系统内各种形式的能量可以相互转换，且转换的量值一定相等（以下称为等量转换原则）；二是系统内变化形式能量的减少量与变化形式能量的增加量相等。即 $\sum \mathrm{d}E_{减少} = \sum \mathrm{d}E_{增加}$。

另外，系统内的作用是有时间与过程的，不同形式能量之间的转换是多种多样的，故要确保能量守恒定律成立的条件之一就是所有形式能量之间是可以相互转换的，且转换量一定相等。

由此，我们可得出：

① $\sum E = 常量$，只是保证总能量守恒或总能量增量守恒，并不保证体系内的所有形式能量之间能量转换必须遵守等量转换原则，在 $\sum E = 常量$ 中，不仅

含有不同形式能量之间转换遵守等量转换原则的总能量守恒或总能量增量守恒，而且还含有不同形式之间能量之间转换不遵守等量转换原则的总能量守恒或总能量增量守恒。而根据能量守恒定律，能量的变化只能是不同形式的能量互相转化，在转化中每一种形式的能量转化为另一种形式的能量时，都要严格遵守等量转换原则，从而才能保证总能量守恒。明显 $\sum E =$ 常量等同于能量守恒定律。

② 能量守恒定律成立的条件：一是功和能的关系——各种不同形式的能可以通过做功来转化，能转化的多少通过功来度量，即功是能转化的量度；二是能量增量与各种形式能量之间的关系——各种形式能量的转换遵守等量转换原则，能量增量是所有形式能量的增量，是此形式能量的增量，也是彼形式能量的增量。而 $\sum E =$ 常量与 $\sum dE_{减少} = \sum dE_{增加}$ 是结果。

③ 能量守恒定律与总能量守恒（总改变量守恒）以及几种能量形式等量转换之间的关系是不可逆的，由能量守恒定律可得总能量守恒（总改变量守恒）以及能量形式等量转换，但由总能量守恒（总改变量守恒）以及几种能量形式之间等量转换是不能得到能量守恒定律的。能量守恒定律与总能量守恒（总改变量守恒）以及几种能量形式等量转换是不能等同对待的。

④ 能量守恒有二，一是等量转换，二是总量守恒，二者不可或缺。

⑤ 功能原理与能量守恒定律的本质是一致的。

2.1.2 能量转换定律

我们生活在一个复杂而多变得世界中，物质、能量和信息是构成世界的基本要素。能量无处不在，能量转换无时不有，表2-2列出了常见的示例。能量既不会凭空消失，也不会凭空产生，如图2-1所示，它只会从一种形式转化为其他形式，或者从一个物体转移到另一个物体，而在转化或转移的过程中，能量的总量保持不变。这就是能量转化遵循的规律。

虽然自然界中能量是守恒的，但是由于能量的转化和转移是有方向性的，因此还存在能源危机。这就需要我们提高能源的使用效率。

表 2-2　常见的能量形式

能量形式	含义	实例
机械能	机械能是与物体的运动或位置的高度、形变相关的能量，表现为动能和势能	流动的河水、被拉开的弓、声音等
内能	内能是组成物体的分子的无规则运动所具有的动能和势能的总和	一切由分子构成的物质
电能	电能是与电有关的能量	电气设备消耗的能量
电磁能	以各种电磁波形式传递的能量	可见光、紫外线、红外线
核能	是一种储存在原子核内部的能量	核电站、核武器等
化学能	储存在化合物的化学键里的能量	巧克力、燃料都具有化学能

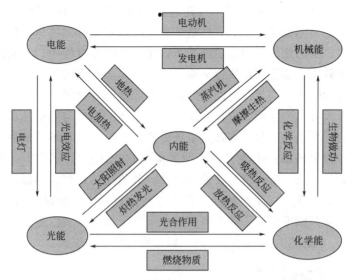

图 2-1　不同形式能量之间的转换

2.1.3　能量贬值原理

　　能量不仅有量的多少，还有质的高低。热力学第一定律只说明了能量在量上要守恒，并没有说明能量在"质"方面的高低。事实上能量是有品质上的差别的。自然界进行的能量转换过程是有方向性的。不需要外界帮助就能自动进行的过程称为自发过程，反之为非自发过程。自发过程都有一定的方向。前述温差传热就是典型的例子，即热量只能自发地（即不花代价的）从高温物体传向低温物体，却不能自发地由低温物体传向高温物体。由此可见，自发过程都是朝着一定方向进行的，若要使自发过程反向进行并回到初态则需付出代价，所以自发过程都是不可逆过程。过程的方向性反映在能量上，就是能量有品质的高低。

　　热力学第二定律指出，在自然状态下，热量只能从高温物体传给低温物体，高品位能量只能自动转化为低品位能量，所以在使用能量的过程中，能量的品位总是不断地降低，因此热力学第二定律也称为能量贬值原理。

　　能量从"量"的观点看，只有是否已利用、利用了多少的问题；而从"质"的观点看，还有是否按质用能的问题。所谓提高能量的有效利用，其实质就在于防止和减少能量贬值发生。人们常把能够从单一热源取热，使之完全变为功而不引起其他变化的机器叫作第二类永动机。人们设想的这种机器并不违反热力学第一定律。它在工作过程中能量是守恒的，只是这种机器的热效率是 100%，而且可以利用大气、海洋和地壳作热源，其中无穷无尽的热能完全转换为机械能，机械能又可变为热，循环使用，取之不尽，用之不竭。其实这违背了热力学第二定律。

　　从热力学过程方向性的现实例子来看，所有的自发过程，无论是有势差存在的自发过程，还是有耗散效应的不可逆过程，虽然过程没有使能量的数量减少，但却使能量的品质降低了。例如：热量从高温物体传向低温物体，使所传递的热能温度降低了，从而使能量的品质降低了；在制动刹车过程中，飞轮的机械能由于摩擦变成了热能，能量的品质也下降了。正是孤立系统内能量品质的降低才造成了孤立系统的熵增。如果没有能量的品质高低就没有过程的方向性和孤立系统的熵增，也就没有热力学第二定律。这样，孤立系的熵增与能量品质的降低，即能量的"贬值"联系在一起。在孤立系统中使熵减小的过程不可能发生，也就意味着孤立系中能量的品质不能升高，即能量不能"升值"。事实上，所有自发过程的逆过程若能自动发生，都是使能量自动"升值"的过程。因而热力学第二定律还可以表述为：在孤立系统的能量传递与转换过程中，能量的数量保持不变，但能量的品质却只能下降，不能升高，极限条件下保持不变。这个表述称为"能量贬值原理"，它是热力学第二定律更一般、更概括性的说法。

2.2 能量储存技术

2.2.1 机械能的储存

在许多机械和动力装置中，常采用旋转飞轮来储存机械能。飞轮储能系统的核心是电能与机械能之间的转换，所以能量转换环节是必不可少的，它决定着系统的转换效率，支配着飞轮系统的运行情况。电力电子转换器对输入或输出的能量进行调整，使其频率和相位协调起来。总结起来，在能量转换装置的配合下，飞轮储能系统完成了从电能转化为机械能，机械能转化为电能的能量转换环节。例如，在带连杆曲轴的内燃机、空气压缩机及其他工程机械中都利用旋转飞轮储存的机械能使汽缸中的活塞顺利通过上死点，并使机器运转更加平稳；曲柄式压力机更是依靠飞轮储存的动能工作。核反应堆中的主冷却剂泵也必须带一个巨大的重约 6t 的飞轮，这个飞轮储存的机械能即使在电源突然中断的情况下仍能延长泵的转动时间达数十分钟之久，而这段时间是确保紧急停堆安全所必需的。

机械能以势能方式储存是最古老的能量储存形式之一，包括弹簧、扭力杆和重力装置等。这类储存装置大多数储存的能量都较小，常被用来驱动钟表、玩具等。需要更大的势能储存时，只能采用压缩空气储能和抽水储能。

压缩空气是工业中常用的气源，除了吹灰、清砂外，还是风动工具和气动控制系统的动力源。现在大规模利用压缩空气储存机械能的研究已呈现诱人的前景。它是利用地下洞穴（如废弃的矿坑、废弃的油田或气田、封闭的含水层、天然洞穴等）来容纳压缩空气。供电需要量少时，利用多余的电能将压缩空气压入洞穴，当需要时，再将压缩空气取出，混入燃料并进行燃烧，然后利用高温烟气推动燃气轮机做功，所发的电能供高峰时使用。与常规的燃气轮机相比，因为省去了压缩机的耗功，故可使然汽轮机的功率提高 50%。2009 年压缩空气储能被美国列入未来十大技术，德、美等国有示范电站投入运营，如 1978 年德国亨托夫投运的 290MW 的压缩空气蓄能电站、美国电力研究协会（EPRI）研发的 220MW 的压缩空气蓄能电站。

利用谷期多余的电能，通过抽水蓄能机组（同一机组兼有抽水和发电的功能）将低处的水抽到高处的上池（水库）中，这部分水量以势能形式储存，待电力系统的用电负荷转为高峰时，再将这部分水量通过水轮机组发电。这种大规模的机械能储存方式已成为世界各国解决用电峰谷差的主要手段。目前我国已建成抽水蓄能电站 20 余座，占全国总装机容机容量的 1.73%。典型的抽水储能示范工程有惠州抽水储能电站、十三陵抽水储能电站等。惠州抽水储能电站是目前我国最大的抽水储能示范工程，十三陵蓄能电厂是华北电网最大的抽水蓄能电厂，建在风景秀丽的十三陵水库旁，为华北电网提供可靠的调频、调峰紧急事故备用电力，为保证首都的政治供电发挥很重要的作用。抽水蓄能电站如图 2-2 所示。

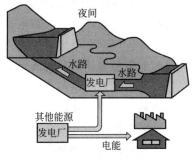

图 2-2　抽水蓄能电站

2.2.2　热能的储存

热能是最普遍的能量形式，所谓热能储存，就是把一个时期内暂时不需要的多余热量通过某种方式收集并储存起来，等到需要时再提取使用。从储存的时间来看，有 3 种情况：①随时储存。以小时或更短的时间为周期，其目的是随时调整热能供需之间的不平衡，例如热电站中的蒸汽蓄热器，依靠蒸汽凝结或水的蒸发来随时储热和放热，使热能供需之间随时维持平衡。②短期储存。以天或周为储热的周期，其目的是维持 1 天（或 1 周）的热能供需平衡。例如对太阳能采暖，太阳能集热器只能在白天吸收太阳的辐射热，因此集热器在白天收集到的热量除了满足白天采暖的需要外，还应将部分热能储存起来，供夜晚或阴雨天采暖使用。③长期储存。以季节或年为储存周期，其目的是调节季节（或年）的热量供需关系。例如把夏季的太阳能或工业余热长期储存下来，供冬季使用；或者冬季将天然冰储存起来，供来年夏季使用。热能储存的方法一般可以分为显热储存、潜热储存和化学储存 3 大类。

2.2.3　电能的储存

储能技术目前在电力系统中的应用主要包括电力调峰、提高系统运行稳定性和提高供电质量等。能量存储技术可以提供一种简单的解决电能供需不平衡问题的办法，这种方法在早期的电力系统中已经有所应用。

日常生活和生产中最常见的电能储存形式是蓄电池。它先将电能转换成化学能，在使用时再将化学能转换成电能。此外，电能还可储存于静电场和感应电场中。

电能储存常用的是蓄电池，正在研究开发的是超导储能。世界上铅酸蓄电池的发明已有 100 多年的历史，它利用化学能和电能的可逆转换，实现充电和放电。铅酸蓄电池价格较低，但使用寿命短，质量大，需要经常维护。近来开发成功少维护、免维护铅酸蓄电池，使其性能有一定提高。目前，与光伏发电系统配套的储能装置，大部分为铅酸蓄电池。1908 年发明镍-铜、镍-铁碱性蓄电池，其使用维护方便、寿命长、质量轻，但价格较贵，一般在储能量小的情况下使用。现有的蓄电池储能密度较低，难以满足大容量、长时间储存电能的要求。新近开发的蓄电池有银锌电池、钾电池、钠硫电池等。某些金属或合金在极低温度下成为超导体，理论上电能可以在一个超导无电阻的线圈内储存无限长的时间。这种超导储能不经过任何其他能量转换直接储存电能，效率高，启动迅速，可以安装在任何地点，尤其是消费中心附近，不产生任何污染。但目前超导储能在技术上尚不成熟，需要继续研究开发。

钠硫电池在 300℃ 的高温环境下工作，其正极活性物质是液态硫（S），负极活性物质是液态金属钠（Na），中间是多孔性陶瓷隔板，如图 2-3 所示。钠硫电池在国外已是发展相对成熟的储能电池，其寿命可以达到使用 10～15 年。日本东京电力公司在钠硫电池系统开发方面处于国际领先地位，2002 年开始进入商品化实施阶段，2004 年在 Hitachi 自动化系统工厂安装了当时世界上最大的钠硫电池系统，容量是 57.6MW·h 。

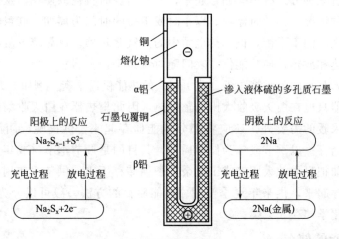

图 2-3　钠硫电池

锂离子电池由于兼具高比能量和高比功率的显著优势，被认为是最具发展潜力的动力电池体系。目前制约大容量锂离子动力电池应用的最主要障碍是电池的安全性，即电池在过充、短路、冲压穿刺、振动、高温热冲击等滥用条件下，极易发生爆炸或燃烧等不安全行为，其中，过充电是引发锂离子电池不安全行为的最危险因素之一。近年来锂离子电池作为一种新型的高能蓄电池，它的研究和开发已取得重大进展。

超级电容器根据电化学双电层理论研制而成，可提供强大的脉冲功率，充电时处于理想极化状态的电极表面，电荷将吸引周围电解质溶液中的异性离子，使其附于电极表面，形成双电荷层，构成双电层电容，如图2-4所示。超级电容器历经多年的发展，已形成系列产品，储能系统最大储能量达30MJ。但超级电容器价格较为昂贵，目前在电力系统中多用于短时间、大功率的负载平滑和电能质量峰值功率场合，如大功率直流电机的启动支撑、动态电压恢复器等，在电压跌落和瞬态干扰期间提高供电水平。

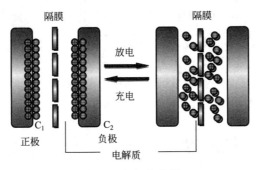

图 2-4　超级电容器

2.2.4　化学能的储存

化学能是各种能源中最易储存和运输的能源形态。稳定化合物（比如化石燃料等）可以储存化学能。生物系统能够将能量储存在富含能量的分子［比如葡萄糖和三磷酸腺苷（ATP）等］的化学键中。其他形式的化学能储存包括氢气、烃类的燃烧和各种电池。化学物质（储能材料）所含的化学能通过化学反应释放出来，反之，也可通过反应将能量储存到物质中，实现化学能与热能、机械能、电能、光能等能量之间的相互转换。从广义上讲，储存原油和各种石油产品、液化石油气（LPG）、液化天然气（LNG）、煤等化石燃料本身就是对化学能的储存。

制氢储能电站是化学能储存电能的一个例子。抽水蓄能电站日益被人们重视，它在削峰填谷方面确实发挥着越来越大的作用。但是，其致命的缺点是对地形的依赖性太强，化学能储电中化学电源是很典型的。化学电源是将物质化学反应所产生的能量直接转换为电能的一种装置。按其工作性质和储存方式不同，可分为原电池（一次电池）、蓄电池（二次电池）、储备电池和燃料电池。用完即丢弃的电池称为一次电池，作为小型便携式的电源产品而被广泛使用。可以充放电的电池叫作二次电池，广泛用作汽车的辅助电源。在当今社会中，化学电源已被广泛应用，如锰干电池和汽车上使用的铅蓄电池。铅酸蓄电池如图2-5所示。

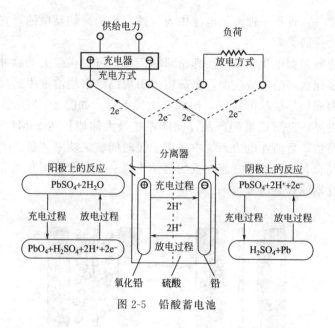

图 2-5　铅酸蓄电池

2.3　能量的转换过程

2.3.1　概述

能量转换是能量最重要的属性，也是能量利用中的最重要的环节。人们通常所说的能量转换是指能量形态上的转换，如燃烧的化学能通过燃烧转换成热能，热能通过热机再转换成机械能等。然而广义地说，能量转换还应当包括以下两项内容：

① 能量在空间上的转移及能量的传输；

② 能量在时间上的转移及能量的储存。

任何能量转换过程都必须遵守自然界的普遍规律——能量守恒定律，即

$$输入能量-输出能量=储存能量的变化$$

不同的能量形态可以互相转换，而显然，任何能量转换过程都需要一定的转换条件，并在一定的设备或系统中实现。表 2-3 给出了能量转换过程及实现能量转换所需的设备或系统。

表 2-3　能量转换过程及实现能量转换所需的设备或设备

能源	能量形态转换过程	转换设备或系统
石油、煤炭、天然气等化石能源	化学能→热能 化学能→热能→机械能 化学能→热能→机械能→电能	炉子，燃烧器 各种热力发电机 热机，发电机，磁流体发电机
氢和酒精等二次能源	化学能→热能→电能 化学能→电能	热力发电，热电子发电 燃料电池

能源	能量形态转换过程	转换设备或系统
水能，风能 潮汐能 海流能 波浪能	机械能→机械能 机械能→机械能→电能	水车，水轮机，风力机，水轮发电机组，风力发电机组，潮汐发电装置，海洋能发电装置，波浪能发电装置
太阳能	辐射能→热能 辐射能→热能→机械能 辐射能→热能→机械能→电能 辐射能→热能→电能 辐射能→电能 辐射能→化学能 辐射能→生物能 辐射能→电能	热水器，太阳灶，光化学反应 太阳能发动机 太阳能发电 热力发电，热电子发电 太阳能电池，光化学电池 光化学反应（水分解） 光合成
海洋温差能	热能→机械能→电能	海洋温差发电（热力发动机）

2.3.2 化学能转换为热能

燃料燃烧是化学能转换为热能的最主要方式。能在空气中燃烧的物质称为可燃物，但不能把所有的可燃物都称为燃料（如米和砂糖之类的食品）。所谓燃料，就是在空气中容易燃烧并释放出大量热能的气体、液体或固体物质，是在经济上值得利用其发热量的物质的总称。燃料通常按形态分为固体燃料、液体燃料和气体燃料。天然的固体燃料有煤炭和木材；人工的固体燃料有焦炭、型煤、木炭等。其中煤炭应用最为普遍，是我国最基本的能源。天然的液体燃料有石油（原油）；人工的液体燃料有汽油、煤油、柴油、重油等。天然的气体燃料有天然气，人工的气体燃料则有焦炉煤气、高炉煤气、水煤气和液化石油气等。通过燃料燃烧将化学能转换为热能的装置称为燃烧设备。燃烧设备主要有锅炉、工业窑炉等。

2.3.3 热能转换为机械能

将热能转换为机械能是目前获得机械能的最主要的方式。热能转换成机械能的装置称为热机。因为热机能为各种机械提供动力，故通常又将其称为动力机械。应用最广泛的热机有内燃机、蒸汽轮机、燃气轮机等三大类。蒸汽轮机，简称汽轮机，是将蒸汽的热能转换为机械功的热机。汽轮机单机功率大、效率高、运行平稳，在现代火力发电厂和核电站中都用它驱动发电机。汽轮发电机组所发的电量占总发电量的80%以上。此外，汽轮机还用来驱动大型鼓风机、水泵和气体压缩机，也用作舰船的动力。燃气轮机和蒸汽轮机最大的不同是，它不是以水蒸气作工质而是以气体作工质。燃料燃烧时所产生的高温气体直接推动燃气轮机的叶轮对外做功，因此以燃气轮机作为热机的火力发电厂不需要锅炉。它包括三个主要部件：压气机、燃烧室和燃气轮机。

燃气轮机具有以下优点：

① 质量轻、体积小、投资省。

② 启动快、操作方便。

③ 水、电、润滑油消耗少，只需少量的冷却水或不用水，因此可以在缺水的地区运行；辅助设备用电少，润滑油消耗少，通常只占燃料费的 1% 左右，而汽轮机要占 6% 左右。

内燃机包括汽油机和柴油机，是应用最广泛的热机。大多数内燃机是往复式，有气缸和活塞。内燃机有很多分类方法，但常用的是根据点火顺序分类或根据气缸排列方式分类。按点火或着火顺序可将内燃机分成四冲程发动机和二冲程发动机。

2.3.4　机械能转换为电能

将机械能转换为电能的主要设备为发电机。当下主要的发电设备主要有火力发电机组、风力发电机组以及水轮发电机组。本节着重介绍风力发电，它是将机械能直接转换为电能。把风的动能转换成机械动能，再把机械能转换为电力动能，这就是风力发电。风力发电的原理，是利用风力带动风车叶片旋转，再透过增速机将旋转的速度提升，来促使发电机发电。依据目前的风车技术，大约每秒三米的微风速度（微风的程度）便可以开始发电。风力发电正在世界上形成一股热潮，因为风力发电不需要使用燃料，也不会产生辐射或空气污染。风能够产生三种力以驱动发电机工作，分别为轴向力（即空气牵引力，气流接触到物体并在流动方向上产生的力）、径向力（即空气提升力，使物体具有移动的趋势的、垂直于气流方向的压力和剪切力的分量，狭长的叶片具有较大的提升力）和切向力，用于发电的主要是前两种力，水平轴封机使用轴向力，竖直轴风机使用径向力。

2.3.5　光能转换为电能

将光能转化为电能的主要方式是太阳能光利用。太阳是一个巨大、久远、无尽的能源。尽管太阳辐射到地球大气层的能量仅为其总辐射能量（约为 3.75×10^{26} W）的二十二亿分之一，但已高达 1.73×10^{17} W，换句话说，太阳每秒钟辐射到地球上的能量就相当于 500 万吨煤燃烧的能量。地球上的风能、水能、海洋温差能、波浪能和生物质能以及部分潮汐能都来源于太阳；地球上的化石燃料从根本上说也是远古以来储存下来的太阳能。太阳能既是一次能源，又是可再生能源。它资源丰富，既可免费使用，又无需运输，对环境无任何污染。但太阳能也有两个主要缺点：一是能流密度低；二是其强度受各种因素的影响，不能维持常量。这两大缺点大大限制了太阳能的有效利用。太阳能光利用主要是太阳能光伏发电和太阳能制氢。太阳能光利用最成功的是用光-电转换原理制成的太阳能电池（又称光电池）。太阳能电池 1954 年诞生于美国贝尔实验室，随后 1958 年被用作"先锋 1 号"人造卫星的电源上了天。太阳能电池是利用半导体内部的光电效应，当太阳光照射到一种称为"p-n 结"的半导体上时，波长极短的光很容易被半导体内部吸收，并去碰撞硅原子中的"价电子"，使"价电子"获得能量变成自由电子而逸出晶格，从而产生电子流动。

常用太阳能电池按其材料可以分为：晶体硅电池、硫化镉电池、硫化锑电池、砷化镓电池、非晶硅电池、硒钢铜电池、叠层串联电池等。太阳能电池重量轻，无活动部件，使用安全。单位质量输出功率大，即可作小型电源，又可组合成大型电站。目前其应用已从航天领域走向各行各业，走向千家万户，太阳能汽车、太阳能游艇、太阳能自行车、太阳能飞机都相继问世，然而对人类最有吸引力的是所谓太空太阳站。太空太阳电站的建立无疑将彻底改善世界的能源状况，人类都期待这一天的到来。

2.3.6　化学能转换为电能

将化学能转化为电能的主要装置是化学电源，即电池。自 1800 年意大利科学家 Volta 发明了伏打电池算起，化学电源已有 200 余年的历史。化学电源能量转化率高，方便并安全可靠，在不同领域应用广泛。按工作性质分类，化学电源主要有四种。

① 一次电池（原电池）　电池反应本身不可逆，电池放电后不能充电再使用的电池。一次电池主要有锌-锰电池、锌-汞电池、锌-银电池、锌-空气电池等。

② 二次电池（蓄电池）　可重复充放电循环使用的电池，充放电次数可达数十次到上千次。二次电池主要有铅酸蓄电池、镉-镍蓄电池和锂离子电池等。二次电池能量高，用于大功率放电的人造卫星、电动汽车和应急电器等。

③ 燃料电池（连续电池）　活性物质可从电池外部连续不断地输入电池，连续放电。主要有氢-氧燃料电池、肼-空气电池等。燃料电池适合于长时间连续工作的环境，已成功用于飞船和汽车。

④ 储备电池（激活电池）　电机的正负极和电解质在储存期不直接接触，使用前采取激活手段，电池便进入放电状态。如：锌-银电池、镁-银电池、铅-二氧化铅电池等。储备电池用于导弹电源、心脏起搏器电源。

2.3.7　电能转换为化学能

将电能转换为化学能主要发生在二次电池的充电中。这个过程正好与电池使用相反，通过将电能源源不断地导入电池转化为化学能，从而储存起来。

以锂离子电池为例（示意图见图 2-6）：目前已产业化的锂离子电池的负极材料为碳材料，正极为 $LiCoO_2$ 材料，电解质是 $LiPF_6$（$LiClO_4$）和有机试剂。锂离子电池的电化学表达式：

$$(-)Cu \mid LiPF_6\text{-}EC+DEC \mid LiCoO_2(+)$$

正极反应：$\qquad LiCoO_2 \underset{\text{充放电}}{\xrightleftharpoons{}} Li_{1-x}CoO_2 + xLi^+ + xe^-$

负极反应：$nC + xLi^+ + xe^- \underset{\text{充放电}}{\xrightleftharpoons{}} Li_xC_n$

电池反应：$\qquad LiCoO_2 + nC \underset{\text{充放电}}{\xrightleftharpoons{}} Li_{1-x}CoO_2 + Li_xC_n$

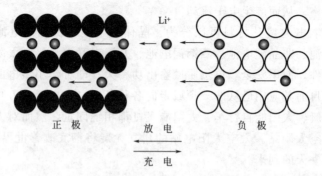

正极   放电   负极

充电

图 2-6   锂离子电池工作示意图

2.4 原电池与电解池

2.4.1 原电池

电化学体系中的两个电极和外电路负载接通后，能自发地将电流送到外电路中做功，该体系成为原电池。以最简单的原电池丹尼尔电池为例（如图 2-7 所示），在电池中发生的反应为：

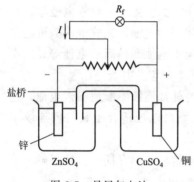

图 2-7   丹尼尔电池

$$阳极（-）\qquad Zn-2e^- \longrightarrow Zn^{2+}$$
$$阴极（+）\qquad Cu^{2+}+2e^- \longrightarrow Cu$$
$$电池反应 \qquad Zn+Cu^{2+} \longrightarrow Zn^{2+}+Cu$$

在普通化学中，曾看到过与上述相似的化学反应。例如，将一块纯锌片投入硫酸铜溶液中，于是发生了置换反应，即

$$Zn+CuSO_4 \longrightarrow ZnSO_4+Cu$$

其本质也是一个氧化还原反应。即

$$阳极（-）\qquad\qquad Zn-2e^- \longrightarrow Zn^{2+}$$
$$阴极（+）\qquad\qquad Cu^{2+}+2e^- \longrightarrow Cu$$
$$电池反应 \qquad\qquad Zn+Cu^{2+} \longrightarrow Zn^{2+}+Cu$$

从化学式上看，丹尼尔电池反应和铜锌置换反应没有什么差别。这表明，两种情况下的化学反应本质上是一样的，它们都是氧化还原反应。但是，反应的结果却不一样：在普通的化学反应中，除了铜析出和锌溶解外，仅仅伴随着溶液温度的变化；在原电池中，则伴有电流的产生。

为什么同一性质的化学反应在不同的装置中进行时会有不同的结果呢？这是因为在不同的装置中，反应的条件不同，因而能量的转换形式也就不同。在置换反应中锌片直接与铜离子接触，锌原子与铜离子在同一地点、同一时刻直接交换电荷，完成氧化还原反应。反应前后，物质的组成发生了变化，故体系的总能量发生了变化，这一能量以热能形式释放。

而在原电池中，锌的溶解（氧化反应）和铜的析出（还原反应）是分别在不同的地点——阳极区和阴极区进行的电荷转移，要通过外电路中的自由电子的流动和溶液中的离子迁移得以实现。像这样，电池反应所引起的化学能变化成载流子传递的动力并转化为电能的电化学装置叫作原电池或者自发电池。

由此可见，原电池区别于普通氧化还原反应的基本特征就是能通过电池反应将化学能转变为电能。所以原电池实际上是一种可以进行能量转换的电化学装置。有些电化学家就把原电池称为"能量发生器"。根据这一特性。我们可以把原电池定义为：凡是能将化学能直接转变为电能的电化学装置叫作原电池或自发电池，也可叫作伽伐尼电池。

2.4.2 电解池

由两个电子导体插入电解质溶液所组成的电化学体系和一个直流电源接通时，外电源将源源不断地向该电池体系输送电流，而体系中的两个电极上分别持续地发生氧化反应和还原反应，生成新的物质。这种将电能转化为化学能的电化学体系就叫作电解电池或电解池。

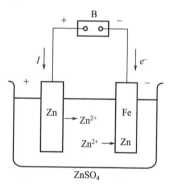

图 2-8 镀锌过程示意图

如果选择适当的电极材料和电解质溶液，就可以通过电解池生产人们所预期的物质。如图 2-8 所示，将铁片和锌片分别浸入 $ZnSO_4$ 溶液中组成一个电解池，与外电源 B 接通后，由电源负极输送过来的电子流入铁电极，溶液中的 Zn^{2+} 在铁电极上得到电子，还原成锌原子并沉积在铁上。即

$$Zn^{2+} + 2e^- \longrightarrow Zn(Fe) \tag{2-1}$$

而与电源正极相连的金属锌却不断溶解生成锌离子，锌失去的电子从电极中流向外线路。即

$$Zn(Zn) \longrightarrow Zn^{2+} + 2e^- \tag{2-2}$$

由此可见，电解池是依靠外电源迫使一定的电化学反应发生并生成新的物质的装置，也可以称作"电化学物质发生器"。没有这样一种装置，电镀、电解、电合成、电冶金等工业过程便无法实现。所以，它是电化学工业的核心——电化学工业的"反应器"。

将图 2-7 和图 2-8 进行比较，可以看出电解池和原电池的主要同异之处。电解池和原电池是具有类似结构的电化学体系。当电池反应进行时，都是在阴极上发生得电子的还原反应，在阳极上发生失电子的氧化反应。但是它们进行反应的方向是不同的。在原电池中，反应是向自发方向进行的，体系自由能变化 $\Delta G < 0$，化学反应的结果是产生可以对外做功的电能。电解池中，电池反应是被动进行的，需要从外界输入能量促使化学反应发生，故体系自由能变化 $\Delta G > 0$。所

以，从能量转化的方向看，电解池与原电池中进行的恰恰是互逆的过程。在回路中，原电池可作电源，而电解池是消耗能量的负载。

由于能量转化方向不相同，在电解池中，阴极是负极，阳极是正极。在原电池中，阴极是正极，阳极是负极，与电解池恰好相反。这一点，需特别注意区分，切勿混淆。

2.4.3 界面双电层

我们已经知道，电极反应是伴随着电荷在电子导体相和离子导体相两相之间转移而发生的物质变化过程。电荷的运动受电场作用力的支配。电场作用于单个正电荷的力是电场强度（简称场强）。

$$\varepsilon = -\frac{\partial \phi}{\partial x} \qquad (2\text{-}3)$$

式中，ε 是电场中 x 处的电场强度；ϕ 是 x 处的电位。最简单的情况是均匀的电场，即场强处处相同的电场。在这样的电场中，若 A 点的电位为 ϕ_A，B 点的电位为 ϕ_B，则推动一个单位正电荷从 A 点移向 B 点的力是这个电场的场强，可简单地由下式求得。

$$\varepsilon = -\frac{\phi_B - \phi_A}{x} = \frac{\phi_A - \phi_B}{x} \qquad (2\text{-}4)$$

式中，x 是 A 点与 B 点之间的距离。

当一个金属电极浸入溶液中时，由于金属相与溶液相的内电位不同，在这两个相之间存在一个电位差，但是这两个相之间的界面并不是厚度等于零的几何学上二维的面，而是一层具有一定厚度的过渡区。或更确切地说，在这两个相之间是一层"相界区"。在相界区的一侧是作为电极材料的金属相，另一侧是溶液相。

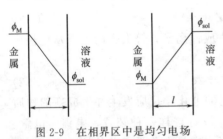

图 2-9　在相界区中是均匀电场情况下电位分布示意图

现在我们以 ϕ_M 表示金属相的内电位，以 ϕ_{sol} 表示溶液相的内电位，以 $\Phi = \phi_M - \phi_{sol}$ 表示由这一个金属电极和这一溶液组成的电极系统的绝对电位，则作为最粗略的近似，可以用图 2-9 来表示相界区的电位分布情况。

在这里要特别说明一下：图中表示的相界区中的电位分布情况与实际情况并非完全一致。因为对它作了两点简单化的假设：一点是假设相界区中的电场是均匀电场，另一点是假设溶液相中不存在空间电荷层。这两点假设都与实际情况不符，故实际上相界区中的电位分布曲线要比图 2-9 中所表示的斜线复杂，但就本书要讨论的深度来说，不妨作这两种粗略的简单化。读者如果需要深入了解这个问题，可以阅读其他参考文献。

金属材料与溶液之间的相界区通常称为双电层。双电层结构的最简略模型大致如下。

我们假定一个金属电极浸入溶液中时，在金属相与溶液相之间不发生电荷转移，即不发生电极反应。由于在一个相的表面上，分子和原子所受到的力不能像在相的内部那样各个方面都是平衡的，这就使一个相的表面显现表面力。这种表面力对与之接触的另一个相的组分的作用使得另一个相靠近界面处的一些组分的浓度不同于那个相的本体中浓度。例如，在金属/溶液的相界区，由于金属表面力的作用，在金属表面上就会吸附溶液中的一些组分，首先是吸附溶液中大量存在的水分子，此外还吸附溶液中的一些其他组分，特别是没有水化层包围的阴离子。除了表面力的作用外，还有静电作用力。当溶液中的荷电粒子如离子接近金属表面时，静电感应效应将使金属表面带有电量与之相等而符号与之相反的电荷。这两种异号电荷之间就有静电作用力，这种力叫作静电力。另外，水分子是极性分子，每一个水分子就是一个偶极子。当金属表面带有某种符号的过剩电荷时，水分子就以其带有符号与之相反的电荷的一端吸附在金属表面上，而以另一端指向溶液。总的情况如图 2-10 所示。这样，就在金属相与溶液相之间形成了一个既不同于金属本体情况，也不同于溶液本体情况的相界区。这个相界区的一个端面是带有某种符号电荷的金属表面，另一端是电荷与之异号的离子。在这两个端面之间则主要是定向排列的水分子，所以这个相界区就叫作双电层。图 2-9 所表示的仅是简化了的理想情况。在实际情况下，特别是在稀溶液中，在溶液的一侧还有一层空间电荷层过渡到溶液本体。所以严格说来，双电层本身还由两部分组成，靠近金属表面的像图 2-10 所示的，叫作紧密层，在紧密层外面还有一层空间电荷层，也叫分散层。

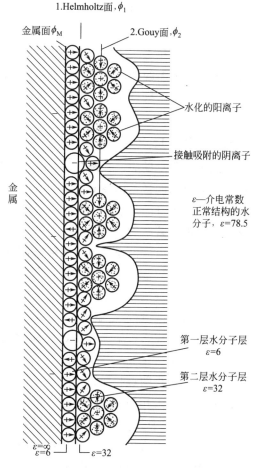

图 2-10　双电层结构示意图

2.5 电极过程动力学导论

2.5.1 电极过程动力学的发展

20世纪40年代以来,电化学科学的主要发展方向是电极过程动力学。电极过程是指在电子导体与离子导体二者之间的界面上进行的过程,包括在电化学反应器(如各种化学电池、工业电槽、实验电化学装置等)中进行的过程,也包括并非在电化学反应器中进行的一些过程,如金属在电解质溶液中的腐蚀过程等。因此,电极过程动力学一方面是一门基础学科,一直在不断以新的概念和新的实验方来加深对这一界面的认识;另一方面,它在化学工业、能源研究、材料科学和环境保护等许多重要领域中有着广泛的应用。在登月飞行中首先得到实际应用的燃料电池,近年来正在迅速发展成为新一代汽车的动力源。最初用于心脏起搏器的高度可靠的锂电池已发展成为便携式电器中首选的高比能二次电池。这些都是电化学科学和工艺的几个比较突出的例子。正是这些应用背景,使电化学科学的发展具有强大的生命力。近几十年来,这一学科一直在快速纵深发展,并形成了一系列新的学科方向,如半导体电化学和光电化学、生物电化学、波谱电化学等等。

2.5.2 电池反应与电极过程

所谓电化学反应大多是在各种化学电池和电解池中实现的。如果实现电化学反应所需要的能量是由外部电源供给的,就称为电解池中的电化学反应。如果体系自发地将本身的化学自由能变成电能,就称为化学电池中的电化学反应。但二次化学电池(蓄电池)中进行的充电过程属于前一类,不论是电解池或化学电池中的电化学反应,都至少包括两种电极过程——阳极过程和阴极过程,以及电解质相(在大多数情况下为溶液相)中的传质过程——电迁过程、扩散过程等。由于电极过程涉及电极与电解质间的电量传送,而电解质中不存在自由电子,因此通过电流时在"电极/电解质"界面上就会发生某一或某些组分的氧化或还原,即发生化学反应。电解质相中的传质过程只会引起其中各组分的局部浓度变化,不会引起化学变化。

就稳态进行的过程而言,上述三种过程是串联进行的,即每一过程中涉及的净电量转移完全相同。但是,除此以外,这三种过程又往往是彼此独立的,即至少在原则上我们可以选择任一对电极和任一种电解质相来组成电池反应,基于这一原因,电池反应可以分解为界面上的电极过程及电解质相中的传质过程来分别加以研究,以便弄清每一种过程在整个电池反应中的地位和作用。例如,电解池的槽压——阴、阳极之间的电压差——是一个比较复杂的参数,影响槽压的因素包括阳极电势、阴极电势和电极及电解质相中的 IR 降等。如果用参比电极分别测出每一电极电势的数值,就能弄清影响槽压的各种因素。

静止液相中的电迁移过程属于经典电化学的研究范畴，有关这方面的知识可以在许多专著中找到，本书中不再介绍，况且，在大多数实际电化学装置中引起液相传质过程的主要因素是搅拌和自然对流现象，而不是静止液相中的电迁移过程。因此，在讨论电池反应的动力学时，我们较少注意两个电极之间溶液中的传质过程，而将注意力集中在电极表面上发生的过程，不过，由于溶液的黏滞性，不论搅拌或对流作用如何强烈，附着于电极表面上的薄层液体总是或多或少地处于静止状态。这一薄层液体中的电迁移过程和扩散过程对电极反应的进行速度有着很大的影响，有时在这一薄层中还进行着与电极反应直接有关的化学变换。因此，习惯上往往将电极表面附近薄层电解质层中进行的过程与电极表面上发生的过程合并起来处理，统称为"电极过程"。换言之，电极过程动力学的研究范围不但包括在电极表面上进行的电化学过程，还包括电极表面附近薄层电解质中的传质过程及化学过程等。

　　在本书以后各节中，一般是讨论单个电极上发生的过程。为了适应这种将电池反应分解为电极过程来研究的方法，在实验工作中往往采用所谓"三电极"法（图 2-11），其中"工作电极"上发生的电极过程是我们研究的对象，"参比电极"被用来测量工作电极的电势，至于"辅助电极"的作用，则只是用来通过电流，使工作电极上发生电化学反应并出现电极电势的变化。由此测得工作电极上电流密度随电极电势的变化，即单个电极的极化曲线。在早期的研究工作中曾采用分解电压曲线，即通过电池的电流随槽压的变化。对于研究电极过程的动力学性质，虽然单个电极的极化曲线比分解电压曲线有用得多，但是，若完全将电池反

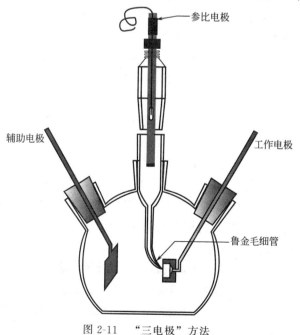

参比电极

辅助电极

工作电极

鲁金毛细管

图 2-11　"三电极"方法

应分解为单个电极反应来研究也有其缺点，即忽视了两个电极之间的相互作用，而这类相互作用在不少电化学装置中是不容忽视的，经常可以遇到这样一类情况：某一电极上的活性物质或反应产物能在电解质相中溶解，然后通过电解质相迁移到另一电极上去，并显著影响后一电极上发生的过程。例如，在甲醇-空气燃料电池中，甲醇往往扩散到空气电极一侧并使后者的性能显著变劣，而这种情况在单独研究空气电极时是观察不到的。因此，我们一方面常将整个电池反应分解为若干个电极反应来分别加以研究，以弄清每一电极反应在整个电池反应中的作用和地位；另一方面又必须将各个电极反应综合起来加以考虑，只有这样，才能对电化学装置中发生的过程有比较全面的认识。由于本书中用较多的篇幅来讨论单个电极过程，更有必要在这里强调指出，处理任何实际电化学问题时都不可以脱离电化学装置整体。

2.6 思考题

(1) 机械能的储存原理是什么，有哪些常见的机械能储存方式？

(2) 温度恒定的水池中，有一气泡缓慢上升，在此过程中，气泡体积会如何变化，原理是什么？

(3) 常见的能量形式有哪些？能量的转化是如何实现的？

(4) 能量转化遵循什么规律？能量会被永久利用吗？

(5) 如何解释机械能可以不花代价地全部转化为热能，而热能却不能全部转化为机械能？

(6) 举例说明能量转换和传递过程的方向、条件及限度。

(7) 试比较各种储能手段的优缺点？

(8) 列举常见的热能的储存方法，在房屋建设中有什么借鉴意义？

(9) 常见的储能过程中能量是如何转化的？

(10) 什么是储能技术，其目的是什么？

(11) 电能的来源有哪些，如何进行电能的储存？

(12) 储能技术的评价指标有哪些？

(13) 储能过程中如何提高效率？

(14) 中国最大的水电站是三峡水电站，其简化的工作原理就是用拦河坝提高上游水位，被提高了水位的水流下来时，冲击水轮机的叶轮，带动发电机发电。在这个过程中，能量的转化顺序是怎样的？

(15) 举出常见的利用化学能来做功的实例。

(16) 来自自然界，不需要加工或转换而直接加以利用的能源有哪些？

(17) 能源是指提供能量的自然资源，是机械能、热能、化学能、原子能、生物能、光能等的总称。存在于自然界的一次能源可分为可再生能源和不可再生能源，分别有哪些？

（18）我国的能源消费以哪种能源为主，主要特点是什么？

（19）太阳能有哪些转化形式？

（20）太阳能热水器是人们利用太阳能的哪种转化方式？

（21）太阳能来自太阳内部物质的什么反应？

（22）人们根据对能源利用成熟程度的不同，把能源分为常规能源和新能源两大类，分别有哪些主要成员？

3

太阳能电池材料与器件

3.1 光电转换理论

太阳能是一种辐射能，要将这种辐射能（或其他光能）转换为电能，必须借助"能量转换器"——太阳能电池，也称为光电池。因为常见的太阳能电池都是由半导体材料制造，所以有时也称为半导体光电池。

太阳能电池的工作原理是基于半导体 p-n 结的光生伏特效应。即太阳光或其他光照射半导体 p-n 结时，就会在 p-n 结的两边出现电压，叫作光生电压。下面以单晶硅太阳能电池为例做以下介绍。

原子由带正电荷的原子核和带负电荷的电子组成，原子核外的电子围绕着原子核旋转，其运动轨迹遵循一定的轨道。单晶硅原子共有三个电子层，最外电子层中有 4 个电子，这 4 个电子都有着固定的位置且受原子核的约束。当有外来能量激发（如受到太阳能辐射）时，最外层的电子即可摆脱原子核的束缚而变成自由电子，与此同时，此电子原来所在地方形成一个"空位"，此"空位"可看成一个正电荷，被称为"空穴"。在单晶硅中，带负电的电子和带正电的空穴都是可以运动的电荷。

在本征半导体晶体硅中，自由电子的数目等于空穴的数目。但如果在硅晶体中掺入能够俘获电子的杂质，如硼、铝、镓或铟等，就变成了空穴型半导体，简称 p 型半导体；而如果在硅晶体中掺入能够释放电子的杂质，如磷、砷或锑等，则变成电子型半导体，简称 n 型半导体。若将这两种半导体结合在一起，在 p 型半导体和 n 型半导体交界处就会形成载流子浓度差，在界面层附近会发生载流子的扩散运动，空穴从 p 区向 n 区扩散，电子从 n 区向 p 区扩散。对于 p 区，空穴离开后，留下不可移动的带负电荷的受主离子；对于 n 区，电子离开后，留下不可移动的带正电荷的施主离子。这样，在 p-n 结交界面附近就出现一个 p 区一侧为负，n 区一侧为正的空间电荷区，电荷区的正负电荷形成一个内建电场，其方向由 n 区指向 p 区。

当光线照射在 p-n 结上并且光在界面层被吸收时，具有足够能量的光子能够在 p 型硅和 n 型硅中将电子从共价键中激发，产生电子-空穴对。界面层附近的电子和空穴在复合之前，将通过内建电场的作用被相互分离。电子向带正电的 n 区运动，空穴向带负电的 p 区运动。最后造成 n 区有大量负电荷（电子）积累，p 区有大量正电荷（空穴）积累。这样，在 p-n 结附近就形成了一个电场，称为光生电场。光生电场的方向与内建电场相反，因此它的一部分可与内建电场相抵消，其余部分则可使 p 区带正电，n 区带负电；这样就在 n 区与 p 区之间产生一个电动势，称为光生伏特电动势，当外电路接通时，即可产生电流。

晶体硅太阳能电池原理见图 3-1。

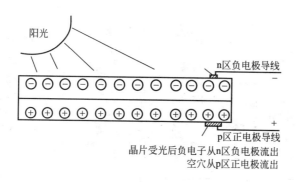

图 3-1　晶体硅太阳能电池原理图

对于太阳能电池来说，太阳能或其他光能到电能的转换仅在界面层附近才有效。这取决于光线在界面层周围被吸收和尽可能地将光子能量传输给晶体的能力。因此，太阳能电池的光线入射的一面应该相对做得薄一些，以便光线可以几乎无衰减地到达界面层。

通过分析，太阳能电池的发电过程可概述为 4 步：①太阳光或其他光照射在太阳能电池的表面上；②太阳能电池吸收具有一定能量的光子激发出非平衡载流子（光生载流子），即电子-空穴对，它们的寿命要足够长，以确保它们在被分离之前不会复合；③电子-空穴对在 p-n 结内建电场的作用下被分离，电子与空穴分别集中 n 区和 p 区，p-n 结两边的异性电荷的积累形成光生电动势；④在太阳能电池两侧引出电极并接上负载形成电路，即在电路中获得光生电流。这样，太阳能电池就完成了将太阳能（或其他光能）直接转换为电能。只要太阳光照持续不断，负载上就一直有电流通过。

3.2　太阳能电池的分类

人类对光伏现象的认识可追溯到 1839 年，当时的法国科学家 E. Becquerel 在一次实验中观察到电压随光照强度改变的实验现象。1941年，美国Bell实验室R.S.Ohl在Si材料上发现了光伏效应，并且提出了半导体p-n结太阳能电池概念。之后逐渐形成了现在的太阳能电池。

经过近几十年的发展，太阳能电池按电池结构分为两类：①同质结电池。在相同的半导体材料上构建的一个或多个p-n结的电池。②异质结电池。在不同禁带宽度的两种半导体材料接触的界面上构成一个异质p-n结的光伏电池。按照太阳能电池的发展历程可将其分为三代太阳能电池，具体分类如图3-2所示。

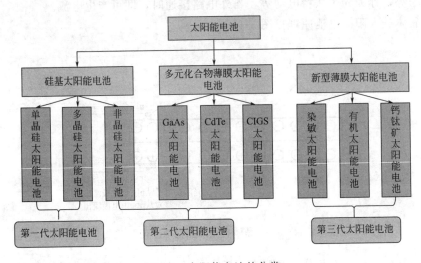

图 3-2　太阳能电池的分类

其中第一代太阳能电池主要是指晶体硅电池，包括单晶硅和多晶硅，这类电池的发展历史最为悠久，制造工艺和产业化程度也最为成熟，并且具有原料丰富、高效稳定等特点，目前占据了大部分的市场。其中单晶硅的实验室效率已经达到25.6%，但由于其禁带宽度仅有1.12V，因此已经非常接近其29%的理论极限，同时晶体硅生产过程中伴随的重污染和高能耗问题也导致其价格较为昂贵，尽管经过多年的发展，太阳能电池组件的成本已经降低至目前的约0.6美元/W，但与传统能源相比仍有较大差距。

第二代太阳能电池是指以薄膜技术为核心的非晶硅（a-Si）、碲化镉（CdTe）和铜铟镓硒（CIGS）等电池，这些材料大多为直接带隙半导体，具有较高的吸光系数，因此可以通过薄膜技术大大降低活性材料的使用量而降低成本，但效率及寿命相对晶体硅而言也逊色很多，即通过牺牲效率来换取成本。同时薄膜电池目前仍大多采用真空蒸镀的方法制备，生产成本很高，质量也很难控制，仅有少量实现了规模化产业应用，除此之外，镉污染和铟资源的稀缺也制约着其进一步的应用和发展。

第三代太阳能电池是指突破传统的平面单 p-n 结结构的各种新型电池，这类电池通过引入多 p-n 结叠层、介孔敏化、体相异质结等新型结构以及新型材料以获得低成本、高效率的太阳能电池，代表了太阳能电池未来的发展方向。目前主要包括叠层电池（tandem）、染料敏化电池（dye-sensitized）、有机光伏电池（organic）、量子点电池（quantum dots）以及最新的钙钛矿电池（perovskite）等。但由于发展时间较短，很多科学问题尚未解决，转化效率还不够高，并且稳定性较差，目前基本仍都处于实验室研究阶段，但未来发展潜力巨大。

图 3-3 是晶体硅太阳能电池和薄膜太阳能电池的产品图。

图 3-3　太阳能电池产品图

其中以有机无机杂化钙钛矿材料为基础的钙钛矿太阳能电池的发展最为迅猛，钙钛矿太阳能电池的能量转换效率从 2009 年的 3.8％ 快速增长到近期的 22.1％。

3.3　硅太阳能电池

3.3.1　晶体硅太阳能电池

3.3.1.1　从砂子到单晶硅太阳能电池片

硅是地壳内第二丰富的元素，占地壳总质量的 25.7％。提炼硅的原始材料是 SiO_2，它是砂子的主要成分。然而，在目前工业提炼工艺中，采用的是 SiO_2 结晶态即石英态。为了制取硅，将石英岩在大型电弧炉中用碳（木屑、焦炭和煤的混合物）按照以下反应方程式进行还原：

$$SiO_2 + 2C \longrightarrow Si + 2CO \qquad (3-1)$$

硅定期从炉中倒出，并用氧气或氧氯混合气体吹之以进一步提纯。然后，它被倒入浅槽，在槽中凝固，随后被破成碎块。所得硅纯度为 95％～98％，称为粗硅，或冶金级硅（MG-Si）。其中含有各种杂质，如 Al、Fe、Cr、B 和 P 等（表 3-1）。

表 3-1　冶金硅中典型的杂质浓度

杂质	浓度范围（原子分数）/10^{-6}
Al	1500～4000
B	40～80
Cr	50～200
Fe	2000～3000
Mn	70～100
Ni	30～90
P	20～50
Ti	160～250
V	80～200

用于太阳能电池以及其他半导体器件的硅，其纯度比冶金级硅更高。因此，必须经过化学提纯将冶金硅提纯到太阳能电池所需的纯度。硅的化学提纯是指采用化学反应把硅转化为中间化合物，再将中间化合物提纯至所需的高纯度，然后再将其还原成为高纯硅。中间化合物一般选用易于被提纯的化合物，曾被研究过的中间化合物有 $SiCl_4$、SiI_4 和 SiH_4 等，而目前工业上广泛采用的是 $SiHCl_3$ 还原法，即西门子还原法，如图 3-4 所示。

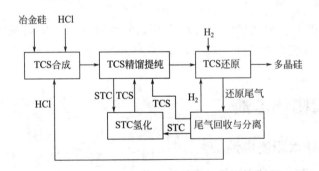

图 3-4　西门子还原法示意图

西门子还原法采用流化床工艺，用 HCl 把细碎的冶金级硅颗粒变成流体，用铜催化剂加速反应的进行：

$$Si + 3HCl \longrightarrow SiHCl_3 + H_2 \tag{3-2}$$

释放的气体经过冷凝塔形成液体，在工业上采用蒸馏塔，对所得液体经过多级蒸馏，可得到 12 个 9 纯度的三氯氢硅（$SiHCl_3$），这是半导体和太阳能电池工业高纯多晶硅材料的原料。

为了提纯半导体硅，将高纯 $SiHCl_3$ 液体通过高纯气体携带入充有大量氢气的还原炉中，$SiHCl_3$ 在通电加热的细长的硅芯表面，经过一周或更长的反应时间，还原炉中的 8mm 的硅芯将生长到 150mm 左右。

对于单晶硅太阳能电池来说，硅不仅要很纯，而且必须是晶体结构中基本上没有缺陷的单晶形式。工业生产这种单晶硅所用的主要方法是直拉工艺。在坩埚中，将半导体多晶硅熔融，同时加入微量的期间所需的一种掺杂剂，对太阳能电池来说，通常用硼（p 型掺杂）。在温度可以精细控制的情况下用籽晶能够从熔融硅中拉出大圆柱形的单晶硅。如图 3-5 所示，通常用这种方法能够生长直径超过 12.5cm、长度 1～2m 的晶体。

图 3-5　直拉法生长单晶示意图

通过线锯可将单晶硅棒切成厚度为 $200～300\mu m$ 的硅片。在切片（图 3-6）的过程中，会有 30%～50% 的硅因为刀槽或切割损失被浪费掉。并且在切割的过程中，会在硅片表面形成一些损伤层。

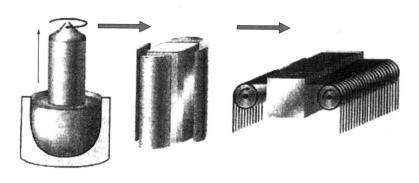

图 3-6　切片示意图

3.3.1.2　硅片清洗与制绒

在切片过程中，会形成表面机械切痕与损伤线，切割损伤层厚度可达 $10\mu m$。因此，太阳能电池制造的第一道常规工序即是去除硅片表面损伤层，目前主要采用化学腐蚀，不仅可以有效地去除由于切片造成的表面损伤，而且还可在硅片表面形成一层能减少光反射的绒面。单晶硅片通常采取碱腐蚀，因为单晶硅片具有（100）晶向，在碱腐蚀中会表现出择优性能，即（100）和（111）的腐蚀速率不同，而在表面出现金字塔构造，即形成多个（111）小面。其反应方程式为：

$$Si + 2NaOH + H_2O \longrightarrow Na_2SiO_3 + 2H_2\uparrow \qquad (3-3)$$

经过与碱液反应后，就会在硅片表面形成一个具有陷光作用的表面绒面构造，光线在这样的表面上至少会有两次机会与硅片接触，这样可有效地减少太阳光在硅片表面的反射。硅的折射率为 3.84（波长 $6.5\mu m$），光线第一次与表面接触可高达 30% 的反射，但由于金字塔构造，第二次接触时光线反射就可降到 9% 以下，使太阳能电池能吸收更多的阳光。如图 3-7 所示。

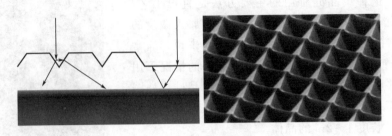

图 3-7　绒面的陷光作用

3.3.1.3　扩散制结

太阳能电池的"心脏"就是 p-n 结，因此扩散制结是太阳能电池制造的核心工序。大多数厂家都选用 p 型硅片来制作太阳能电池，为了形成 p-n 结一般采用的是磷扩散。三氯氧磷（$POCl_3$）是目前磷扩散用得较多的一种杂质源，进行磷扩散形成 n 型层。扩散过程的反应式为：

$$4POCl_3 + 3O_2（过量）\longrightarrow 2P_2O_5 + 6Cl_2\uparrow \tag{3-4}$$

$$2P_2O_5 + 5Si \longrightarrow 5SiO_2 + 4P \tag{3-5}$$

扩散设备可用横向石英管或链式扩散炉，扩散的最高温度可达到 $850\sim900℃$。这种 $POCl_3$ 液态源扩散方法制出的 p-n 结均匀、平整，方块电阻的不均匀性小于 10%，少子寿命可达 $10\mu s$ 以上，生产效率较高，这对于制作具有大的结面积的太阳能电池是非常重要的。

3.3.1.4　边缘刻蚀

在扩散过程中，硅片的所有表面（包括边缘）都将不可避免地扩散上磷。p-n 结的正面所收集到的光生电子会沿着边缘含磷的区域流到 p-n 结的背面，而造成短路，因此边缘的扩散层必须除去，如图 3-8 所示。目前很多企业采用的是等离子边缘刻蚀，也称为干法刻蚀。

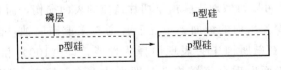

图 3-8　边缘刻蚀示意图

3.3.1.5　去磷硅玻璃

在磷扩散过程中，P_2O_5 和硅反应生成磷原子和 SiO_2，这样会在硅片表面形成一层含有磷元素的 SiO_2，称之为磷硅玻璃（phosphorosilicateglass，PSG）。用化学方法可去除扩散层 SiO_2，SiO_2 与氢氟酸（HF）反应能生成易挥发且可溶于水的气体四氟化硅（SiF_4），若 HF 过量，SiF_4 会进一步与 HF 反应生成可溶性络合物六氟硅酸（H_2SiF_6），从而使硅表面的磷硅玻璃溶解，化学反应方程式为：

$$SiO_2 + 4HF \longrightarrow SiF_4 \uparrow + 2H_2O \qquad (3\text{-}6)$$

$$SiF_4 \uparrow + 2HF \longrightarrow H_2SiF_6 \qquad (3\text{-}7)$$

$$SiO_2 + 6HF \longrightarrow H_2SiF_6 + 2H_2O \qquad (3\text{-}8)$$

3.3.1.6 制备减反射膜

在真空或大气中，光照射在硅片表面时，因为反射会使光损失约 1/3：长波范围的入射光损失总量为 34%，短波范围为 54%。即使在硅表面制作了绒面，入射光产生多次反射而增加了吸收，也有约 11% 的反射损失。如图 3-9 所示，如果在硅表面制备一层减反射膜（anti-reflecting-coating，ARC），由于膜的两个界面上的反射光相互干涉，可以使光的反射大为减少，电池的短路电流和输出就有很多的增加，效率也有相当的提高。

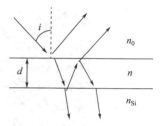

图 3-9　减反射膜示意图

3.3.1.7 制作电极

太阳能电池的下一道制作工序是制作电极，即在电池的正、背面镀上导电金属电极。最早采用的是真空蒸镀或化学电镀，而目前普遍采用丝网印刷，即通过丝网印刷机和网版在太阳能电池的正、背面印刷上银浆、铝浆，形成正、负电极。太阳能电池的背面因为无需接受光照，可在整个背面制作上一层薄的金属层，现在一般为铝。但太阳能电池的正面必须要尽可能接受更多的光照，因此，电池的正面的电极通常呈梳子状或丝网状。正面电极的形状要保证两方面因素的平衡：一方面要保证透光率尽可能高；另一方面要保证金属电极与半导体硅片的接触电阻尽可能小。对此，各生产厂家有许多不同的制作工艺。通常电池片正面（负极）的梳子状电极结构中，一般有 2 条或 3 条粗的主栅线，以便于连接条焊接。而背面（正极）则往往以铝硅合金作为表面场，以提高开路电压，背面也会有 2 条或 3 条粗电极以便焊接。

3.3.1.8 烧结

烧结是制造太阳能电池片的最后一步，其目的是干燥硅片上的浆料，燃尽浆料的有机组分，使浆料和硅片形成良好的欧姆接触。高温烧结结束后，整个太阳能电池制造过程也就完成了。在光照下将太阳能电池正、负极连上导线，就有电流通过了。

3.3.2 太阳能电池片封装成太阳能电池组件

3.3.2.1 太阳能电池组件概述

太阳能电池片的工作电压只有 0.4～0.5V，而且由于制作太阳能电池的硅片的尺寸通常是固定的，使得单个太阳能电池片的功率很小，远不能满足很多用电设备对电压、功率的要求，因此需要根据要求将一些太阳能电池片进行串、并联。此外，太阳能电池片机械强度很小，很容易破碎。太阳能电池若是直接暴露于制作大气中，水分和一些气体会对电池片产生腐蚀和氧化，时间长了甚至会使电极生锈或脱落，而且还可能会受到酸雨、灰尘等的影响，这使得太阳能电池片需要与大气隔绝。因此，太阳能电池片需要封装成太阳能电池组件。封装示意见图 3-10。

图 3-10　封装示意图

太阳能电池组件的封装即是将太阳能电池片的正面和背面各用一层透明、耐老化、抗剥离性好的热熔型 EVA 胶膜包封；用透光率高且耐冲击的低铁钢化玻璃作上盖板，用耐湿抗酸的聚氟乙烯复合膜（TPT）或玻璃等其他材料作背板，通过相关工艺使 EVA 胶膜将电池片、上盖板和背板整合为一个整体，从而构成一个实用的太阳能电池发电器件，即太阳能电池组件或光伏组件，俗称太阳能电池板。其结构如图 3-11 所示。

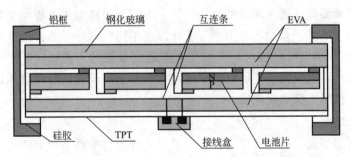

图 3-11　普通（单玻）太阳能电池组件结构

近些年，随着国内外光伏建筑一体化（BIPV）的推广，各组件封装厂商纷纷推出双面玻璃太阳能电池组件。与普通组件结构相比，双面玻璃组件用玻璃代替TPE（或 TPT）作为组件背板材料，其结构如图 3-12 所示。这种组件有美观、透光的优点，在光伏建筑上应用非常广泛，如：太阳能智能窗、太阳能凉亭和光伏建筑顶棚、光伏幕墙等。与建筑结合是太阳能光电发展的一大趋势。因此，预计双面玻璃组件商业市场会进一步扩大。

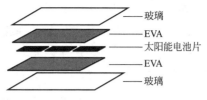

图 3-12　双玻型太阳能电池的结构示意图

　　太阳能电池组件的制造过程主要有以下一些步骤：激光划片→串焊（将电池片焊接成串）→手工焊（焊接汇流条）→层叠（玻璃-EVA-电池-EVA-TPT/TPE/玻璃）→中测→层压→固化→装边框（双玻组件没有铝框，则不需要此步骤）、接线盒→终测。

3.3.2.2　激光划片

　　一片太阳能电池片切成两片后，其电压不变，且太阳能电池的功率与面呈正比。这样，根据组件所需要的电压与功率，即可计算出所需电池片的面积与片数。由于太阳能电池片尺寸一定，当面积通常不能满足组件需要时，需要对电池片进行切片。现在许多工厂都采用激光划片机来切割太阳能电池片，以满足小型太阳能电池组件的需要。在切割前，应设计好切割线路，画好草图，要尽量利用好切割剩余的电池片，提高电池片的利用率。

3.3.2.3　焊接

　　切割好的太阳能电池片需要将其连接起来，焊接这一道工序就是用焊条（连接条）按需要将电池串联或并联好，最后汇成一条正极或负极引出来。图3-13为某组件生产过程中焊接后操作图。多片太阳能电池串联后，总电流等于电流最小的电池片的电流，因此，串联时要尽量将电流相等或相近的电池片串联，而且尺寸与颜色要一致，这样一方面可保证光电转换效率，另一方面使组件外表美观。

图 3-13　焊接后组件示意图

3.3.2.4　层压

　　电池片按要求焊接好后，层压前一般先用万用表通过测电池电压的方式检查焊接好的太阳能电池有没有短路、断路，然后清洗玻璃，按照比玻璃略大的尺寸裁制 EVA、TPT，将玻璃-EVA-电池片-EVA-TPT（玻璃）层叠好，如图 3-14

所示，然后放入层压机层压。在层压的过程中，温度会上升并将 EVA 熔化成熔融状态，在挤压和真空工艺的作用下，熔融态的 EVA 充满上下盖之间的空间，并排除中间的气泡。这样，玻璃、电池片、TPT（或玻璃）就通过 EVA 牢牢地黏合在一起了。

图 3-14　待层压组件

太阳能电池层压工艺中，消除 EVA 中的气泡是封装成功的关键，层叠时进入的空气与 EVA 交联反应产生的氧气是形成气泡的主要原因。当层压组件中出现气泡，说明工作温度过高或抽气时间过短，应该重新设置工作时间和抽气、层压时间。

3.3.2.5　固化

从层压机取出的太阳能电池板由于未经固化，EVA 容易与 TPT、玻璃脱层，则需进入烘箱进行固化，或在层压机内直接固化。目前，工厂大部分采用在烘箱中快速固化 EVA。这种固化方法效果好、速度快，可以节约层压机的使用时间。

3.3.2.6　检测

太阳能电池组件投入使用前需先进行各项性能测试，具体方法主要参考 GB/T 9535—1988《地面用晶体硅光伏组件设计鉴定和定型》、DB41/T 1277—2016《并网光伏发电系统性能测试技术规范》。

3.3.3　光伏系统

3.3.3.1　光伏系统概述

太阳能电池片封装成太阳能电池组件后，仍然不能直接用来发电，因为太阳能电池有着自身的一些特点：在光线良好的白天发电多，阴天发电少，夜晚或无光照时不发电，因此需要把白天产生的电能储存下来，而在不发电的时候将电能释放出来，这样又可能需要控制器或其他辅助设备。这样，能直接发电使用的太阳能电池的应用产品就叫光伏系统，光伏系统由以下三部分组成：太阳能电池组件（阵列）；充放电控制器、逆变器、测试仪表和计算机监控等电力电子设备；蓄电池或其他蓄能和辅助发电设备。

相对于其他发电形式，光伏系统具有以下特点：

① 基本上无噪声；

② 不产生废气，不排放废水；

③ 没有燃烧过程，不需要燃料；

④ 维修保养简单，维护费用低；

⑤ 可靠性、稳定性良好；

⑥ 太阳能电池板组件为光伏系统核心部件，使用寿命很长，晶体硅太阳能电池寿命可达到 25 年以上；

⑦ 如有需要，扩大发电规模的工作很容易。

光伏系统的规模跨度很大，小到 0.3～2W 的太阳能草坪灯，大到 MW 级的光伏电站。其应用形式也多种多样，在无电缺电地区供电、交通、通信、国防、军事、太空航天器、微波中继站、家用电、水泵、小型玩具、装饰等诸多领域都能得到广泛的应用。尽管规模和形式繁杂，但其工作原理和组成结构基本相同，光伏系统所包含的主要部件有：

① 光伏组件方阵：由光伏组件按照系统需求串、并联而成，在光照时将太阳能转换成电能，是光伏系统的核心部件。

② 蓄电池：当光伏组件产生的电能大于负载所需电能时，将光伏组件产生的电能储存起来；当在光照不足或夜晚时，或负载所需电能大于光伏组件所发的电量时，将储存的电能释放以满足负载的电量需求，是光伏系统的储能件。目前光伏系统常用的是铅酸蓄电池。

③ 控制器：对蓄电池的充、放电条件加以规定和控制，并按照负载的电量需求控制光伏组件和蓄电池对负载的电能输出，是光伏系统的核心控制部件。

④ 逆变器：如果需要对交流负载供电，那么就要使用逆变器将太阳能电池组件产生的直流电或者蓄电池释放的直流电转化为负载所需的交流电。

太阳能光伏发电系统的基本工作原理就是在光照下，光伏组件产生的电能直接给负载供电，若有多余的电能，则输送给蓄电池进行充电。在日照不足的时候或者在夜间则由蓄电池给负载供电，对于含有交流负载的光伏系统而言，还需要增加逆变器，将直流电转换成交流电。光伏系统的应用具有多种形式，一般将光伏系统分为独立系统、并网系统和混合系统。

3.3.3.2 并网系统

并网系统（grid-connected system）示意图如图 3-15 所示，它最大的特点就是不采用蓄电池作为电能储存设备，而是将光伏组件所发的电力接入了公共电网。即光伏组件产生的电力除了供给交流负载外，多余的部分输送给电网；而光伏组件不产生电力或者其电力不足以供给负载时，则由公共电网为负载供电。因为省掉了蓄电池充放电的过程，更充分地利用了光伏组件的电力，减小了能量损耗，降低了系统成本。

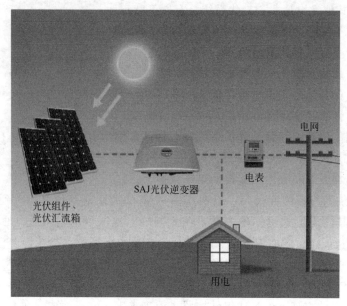

图 3-15 并网光伏系统示意图

最初的并网系统是安装在私家房的屋顶上，目前并网系统的安装逐渐扩展到任何种类的建筑（如：公寓楼、学校及农业和工业厂房）。另外，并网系统也应用到越来越多的其他机构上（如高速公路隔声屏障和火车站台顶）。

3.3.3.3 独立系统

独立系统（stand-alone system）示意如图 3-16 所示。独立系统因为没有并网，一般都需要有蓄电池，在零负载或低负载时，光伏组件的过剩电能为蓄电池充电，而在无光照或弱光照时，蓄电池放电以供应负载。充电控制器能对充/放过程进行管理以保证蓄电池的长寿命。在必需的时候，也要用逆变器将直流电转换为交流电。

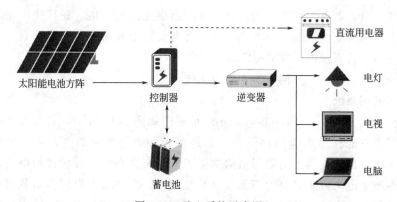

图 3-16 独立系统示意图

在远离电网的偏僻地带或经常无人问津的特殊用电点，如山区、灯塔、航标等，独立系统是最有效的选择，其成本能与电网连接其他供电途径的成本相竞争。此外，独立系统的应用非常广泛：通信基站、交通灯、水泵、节能灯、收音机、计算器、装饰品等。

3.3.3.4 混合系统

混合系统（hybrid system）示意如图 3-17 所示。在混合系统中，除了使用太阳能电池组件阵列外，还使用了其他发电设备作为备用电源。使用混合系统供电的目的就是综合利用各种发电技术的优点，避免各自的缺点。其普遍的备用电源为风力发电机或柴油发电机，光伏组件与水力发电机结合的混合系统则一般比较少见。

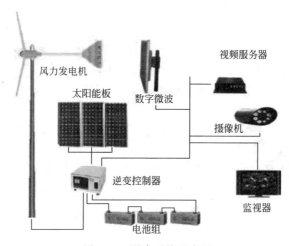

图 3-17　混合系统示意图

风光混合系统更多用在北纬地区，夏天阳光充足，由太阳能电池组件供电，冬季光照减弱而风力充足，则由风力涡轮机供电。在这种系统中，两个控制器分别控制太阳能电池组件和风力发电机的系统更为普遍。在风能潜力很大的海岸或丘陵地区，风光混合系统也得到了较多的应用。

除了风力发电机外，混合系统也可以使用燃油发电机作为备用电源，独立系统有对天气的依赖程度很大的缺点，综合使用柴油发电机和光伏组件的混合系统与单一能源的独立系统相比所提供的能源对天气的依赖性要小得多。很多在偏远无电地区的通信电源和民航导航设备电源，因为对电源的要求很高，都采用混合系统供电，以求达到最好的性价比。我国新疆、云南建设的很多乡村光伏电站就是采用光柴混合系统。

3.3.4 多晶硅太阳能电池

多晶硅太阳能电池的主要优势是降低成本。由于单晶硅太阳能电池需要高纯硅材料，其材料成本占电池总成本的一半以上。相比之下，多晶硅电池材料制备方法简单、耗能少，可连续化生产。但多晶硅太阳能电池的光电转换效率较低，目前仅为18%左右。多晶硅太阳能电池与单晶硅太阳能电池的不同之处在于电池的表面存在多种界面，与单晶硅的<100>晶面相比，得到理想的绒面结构比较困难，因此要有多种形式的减反射处理。

多晶硅薄膜太阳能电池的出现进一步降低了成本。多晶硅薄膜太阳能电池可以在廉价衬底上制备，耗料少且无效率衰减。

(1) 多晶硅太阳能电池制备过程

多晶硅太阳能电池与单晶硅太阳能电池的不同之处在于电池的表面存在多种界面，与单晶硅的<100>晶面相比，得到理想的绒面结构比较困难，因此要有多种形式的减反射处理。多晶硅太阳能电池板由厚度 $350\sim450\mu m$ 的高质量硅片组成，图3-18展示了这一过程。

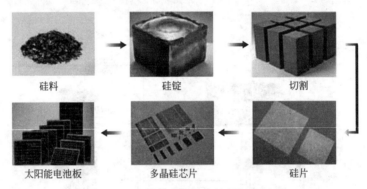

硅料　　　　　硅锭　　　　　切割

太阳能电池板　　　多晶硅芯片　　　硅片

图 3-18　多晶硅太阳能电池板制备过程

(2) 多晶硅的制备技术

多晶硅按纯度可分为电子级多晶硅（EG）和太阳能级多晶硅（SOG），电子级多晶硅的纯度是 99.9999%，太阳能级多晶硅的纯度达到 99.999999%～99.99999999999%。

长期以来，太阳能级多晶硅都是采用电子级硅单晶制备的头尾料来制备。多晶硅材料的传统制备方法是以工业硅为原料，经一系列物理化学反应提纯后达到一定纯度的半导体材料。

目前，世界先进的电子级多晶硅生产技术由美国、日本、德国三国的七家公司所垄断，其生产技术主要有以下三种。

① 改良西门子法　西门子法是以 HCl（或 Cl_2）和冶金级工业硅为原料，在高温下合成为 $SiHCl_3$，然后对 $SiHCl_3$ 进行化学精制提纯，接着对 $SiHCl_3$ 进行多级精馏，使其纯度达标，最后在还原炉中 1050℃ 的芯硅上用超高纯的氢气对 $SiHCl_3$ 进行还原而生长成高纯多晶硅棒。主要工艺流程如图 3-19 所示。

② 硅烷法　硅烷法是以氟硅酸、钠、铝和氢气为主要原料制取高纯硅烷，然后硅烷热分解生产多晶硅的工艺。主要工艺流程如图 3-20 所示。

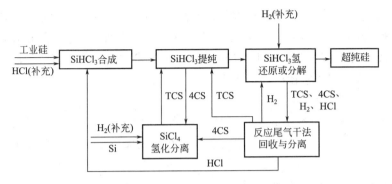

图 3-19 改良西门子法的工艺流程

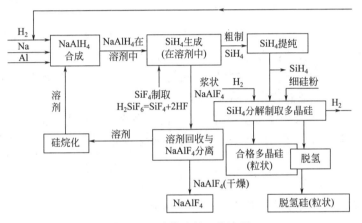

图 3-20 硅烷法的工艺流程

③ 流态床反应法 流态床反应法是以 $SiCl_4$ 和冶金级硅为原料生产多晶硅的工艺,其工艺流程如图 3-21 所示。

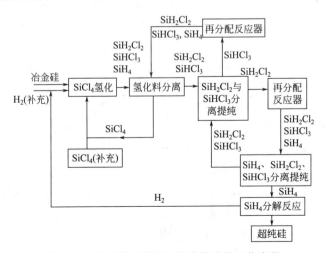

图 3-21 流态床反应法生产多晶硅的工艺流程

比较以上三种工艺技术，硅烷的易爆性使得改良西门子法成为主流技术，世界上约有 80% 的多晶硅由此工艺方法得到，例如，美国 Hemlock、日本 Tokuymaa、德国 Wacker 和日本 Mitsubishi 的技术均属于改良西门子法。由于其技术成熟，今后很长一段时间内仍将成为主流技术。

(3) 太阳能级多晶硅制备新工艺

西门子法是电子多晶硅生产的成熟技术，但是也存在缺陷，例如，设备复杂、耗能高、污染重且成本高。世界各国都在研究廉价生产太阳能级多晶硅的新工艺。

① 化学法制备太阳能级多晶硅

a. 还原＋热分解。以 $SiHCl_3$ 和 SiH_4 为原料，采用改进的沸腾床法进行还原和热分解工艺。

b. 熔融析出法。使用 $SiHCl_3$ 为原料，在桶状反应炉内进行气相反应，直接析出液体状硅，该法的析出速率比西门子法快 10 倍，同时降低成本。

c. 沉积法。利用 Si 气体在特殊加热的硅管中沉积多晶硅，既利用了硅管面积较大的优点，又把硅管作为晶种材料。

② 冶金法制备太阳能级多晶硅　冶金法制备多晶硅可直接由工业硅制得太阳能电池用高纯多晶硅锭，具有环境污染小、不需要重熔设备且生产成本相对较低的优点。

a. 电子束真空熔炼。硅在 1700K 时的蒸气压为 0.0689Pa，在此温度下，蒸气压高于此值的杂质（如磷和铝等）能挥发出去。

b. 区域悬浮熔炼。利用感应圈（电子束或离子束）使硅棒加热熔化一段并从下端逐步向上端移动，凝固过程也随之顺序进行，当熔化区走完一遍之后，分离系数 $k^0 < 1$ 的杂质将富集到上端。

c. 等离子弧精炼。研究发现，利用等离子弧氧化精炼可以很好地除去硅中的硼和碳，如果发展大功率等离子弧装置，可以实现大容量生产，具有很好的工业应用前景。

③ 多晶硅薄膜制备　多晶硅薄膜太阳能电池可以在廉价衬底上制备，耗料少且无效率衰减。目前，制备多晶硅薄膜电池主要包括化学气相沉积法，包括低压化学气相沉积（LPCVD）、液相外延法（LPPE）、溅射沉积法和等离子增强化学气相沉积（PECVD）等工艺。

化学气相沉积主要以 SiH_2Cl_2、$SiHCl_3$、$SiCl_4$ 或 SiH_4 为反应气体，在一定的保护气氛下反应生成硅原子并沉积在加热的衬底上。衬底材料一般选用 Si、SiO_2、Si_3N_4 等。但研究发现，在非硅衬底上很难形成较大的晶粒，并且容易在晶粒间形成空隙。解决这一问题的办法是先用 LPCVD 在衬底上沉积一层较薄的非晶硅层，再将这层非晶硅层退火，得到较大的晶粒，然后再在这层籽晶上沉积厚的多晶硅薄膜。再结晶技术是很重要的一个环节，目前采用的技术主要有固相结晶法和区熔再结晶法。

3.3.5 非晶硅太阳能电池

非晶硅太阳能电池的优势是硅资源消耗少、生产成本低，近年来发展迅速。非晶硅对太阳光的吸收系数大，因此非晶硅太阳能电池可以做得很薄，膜厚度通常为 $1\sim2\mu m$，仅为单晶硅和多晶硅电池厚度的 1/500。

非晶硅中原子排列缺少结晶硅中的规则性，往往在单纯的非晶硅 p-n 结构中存在缺陷，隧道电流占主导地位，无法制备太阳能电池。因此要在 p 层和 n 层中间加入本征层 i，形成 p-i-n 结，可改善稳定性和提高效率，同时扼制隧道电流。如果制成 p-i-n/p-i-n/p-i-n 的多层结构便形成叠层结构，在提高非晶硅太阳能电池的转换效率和可靠性方面，叠层太阳能电池是一个重要的发展方向。

非晶硅太阳能电池的研究集中在：①提高转换效率；②提高可靠性；③开发批量生产技术。

3.3.5.1 非晶硅太阳能电池的工作原理

非晶硅太阳能电池的工作原理与单晶硅太阳能电池类似，都是利用半导体的光伏效应，与单晶硅太阳能电池不同的是，在非晶硅太阳能电池中光生载流子只有漂移运动而无扩散运动。由于非晶硅材料结构上的长程无序性，无规网络引起的极强散射作用使载流子的扩散长度很短。如果在光生载流子的产生处或附近没有电场存在，则光生载流子由于扩散长度的限制，将会很快复合而不能被收集。为了使光生载流子能有效地被收集，就要求在非晶硅太阳能电池中光注入所涉及的整个范围内尽量布满电场。因此，电池设计成 p-i-n 型（p 层为入射光面，i 层为本征吸收层，处在 p 和 n 产生的内建电场中）。

当入射光通过 p 层后进入 i 层，产生 e-h 对时，光生载流子一旦产生便被 p-n 结内建电场分开，空穴漂移到 p 边，电子漂移到 n 边，形成光生电流 I_L 和光生电动势 U_L。U_L 与内建电势 U_b 反向。当 $|U_L| = |U_b|$ 达到平衡时，$I_L = 0$，U_L 达到最大值，称之为开路电压 U_{oc}。当外电路接通时，则形成最大光电流，称之为短路电流 I_{sc}，此时 $U_L = 0$。当外电路中加入负载时，则维持某一光电压 U_L 和光电流 I_L。非晶硅太阳能电池的转换效率表示为：

$$\eta = J_m U_m / P_i = FF J_{sc} U_{oc} / P_i \tag{3-9}$$

式中　J_m，U_m——电池在最大输出功率下工作的电流密度和电压；

　　　　U_{oc}——开路电压；

　　　　P_i——光入射到电池上的总功率密度；

　　　　J_{sc}——短路电流密度；

　　　　FF——电池的填充因子。

由上式可见，$FF = J_m U_m / (J_{sc} U_{oc})$。电池效率的高低由 FF、U_{oc} 和 J_{sc} 决定。

非晶硅太阳能电池为 n-i-p 型时，n 层为入射光面。实验表明，p-i-n 型电池的特性好于 n-i-p 型，实际的电池都做成 p-i-n 型。

3.3.5.2　非晶硅太阳能电池的电池结构

非晶硅太阳能电池是以玻璃、不锈钢及特种塑料为衬底的薄膜太阳能电池，结构如图 3-22 所示。

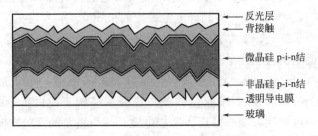

图 3-22　非晶硅太阳能电池的结构

玻璃衬底的非晶硅太阳能电池，光从玻璃面入射，电池电流从透明导电（TCO）膜和电极铝引出。不锈钢衬底的太阳能电池的电极与 c-Si 电池类似，在透明导电膜上制备梳状银（Ag）电极，电池电流从不锈钢和梳状电极引出。根据太阳能电池的工作原理，光要通过 p 层进入 i 层才能对光生电流有贡献。因此，p 层应尽量少吸收光，称其为窗口层。

电池各层厚度的设计要求是：保证入射光尽量多地进入 i 层，最大限度地被吸收，并最有效地转换成电能。以玻璃衬底 p-i-n 型电池为例，入射光要通过玻璃、TCO 膜、p 层后才到达 i 吸收层，因此对 TCO 膜和 p 层厚度的要求是：在保证电特性的条件下要尽量薄，以减少光损失。一般 TCO 膜厚约 80nm，p 层厚约 10nm，要求 i 层厚度既要保证最大限度地吸收入射光，又要保证光生载流子最大限度地输运到外电路。计算机模拟结果显示，非晶硅太阳能电池中收集光生载流子所需的最小电场强度应大于 10^5 V/m。综合以上两方面考虑，i 层厚度约 500nm，n 层约 30nm。

为使在第 i 个异结构的半导体结中有能量增益，叠层电池的各子电池 i 层光伏材料的选择应保证以下条件：

① 相邻子电池 i 层光伏材料的光吸收系数满足：

$$\alpha_{i-1}(\lambda) < \alpha_i(\lambda) < \alpha_{i+1}(\lambda) \tag{3-10}$$

② 光学带隙应满足：

$$E_{\text{opt},i-1}(\lambda) > E_{\text{opt},i}(\lambda) > E_{\text{opt},i+1}(\lambda) \tag{3-11}$$

集成型非晶硅太阳能电池的结构为减小串联电阻，集成型电池通常用激光器将 TCO 膜、α-Si 膜和 Al 电极膜分别切割成条状，如图 3-23 所示。国际上采用的标准条宽约 1cm，称为一个子电池。用内部连接的方法将各子电池连接起来，因此集成型电池的输出电流为每个子电池的电流，总输出电压等于各子电池的串联电压。

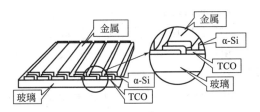

图 3-23 α-Si 非晶硅太阳能电池结构

在实际应用中，可根据电流、电压的需要选择电池结构和面积，并可制成输出任意电流电压的非晶硅太阳能电池。

叠层型太阳能电池模块的器件结构是：玻璃/TCO/p-i-n/p-i-n/Al/EVA/玻璃，其中前 p-i-n 结采用了能隙宽度约 1.78eV 的本征 α-Si:H 吸收层，后 p-i-n 结使用能隙宽度 1.45～1.55eV 的本征 α-Si/Ge:H 层。前接触电极是用常压 CVD 法沉积的绒面氧化锡透明导电膜，非晶硅膜则采用等离子增强化学气相沉积（PECVD）法制备，其中约 10nm 厚的 p 型 α-Si/Ge:H 合金膜层直接沉积在镀有 TCO 膜的玻璃上。前 p-i-n 结的本征 α-Si:H 膜层利用硅烷和氢气的混合气体进行沉积之后再沉积约 10nm 的掺磷微晶硅膜层。接下来的第二个 p 型 α-SiC:H 膜层形成了隧道结并作为第二个结的组成部分，然后是用硅烷、锗烷和氢气沉积的能隙宽度小的 α-Si/Ge:H 合金膜层。背接触电极由利用低压 CVD 法沉积的 100nm ZnO 和利用磁控溅射沉积的约 300nm Al 层组成。

太阳光光谱可以被分成连续的若干部分，用能带宽度与这些部分有最好匹配的材料做成电池，并按能隙从大到小的顺序从外向里叠合起来，让波长最短的光被最外边的宽能隙材料电池利用，波长较长的光能够透射进去让较窄能隙材料电池得到利用，这就有可能最大限度地将光能变成电能，如图 3-24 所示。

由于太阳光谱中的能量分布较宽，现有的任何一种半导体材料都只能吸收其中能量比其能隙值高的光子。太阳光中能量较小的光子将透过电池，被背电极金属吸收，转变成热能；而高能光子超出能隙宽度的多余能量，则通过光生载流子的能量热释作用传给电池材料本身的点阵原子，使材料本身发热。这些能量都不能通过光生载流子传给负载变成有效的电能。因此对于单结太阳能电池，即使是由晶体材料制成的，其转换效率的理论极限一般也只有 25%左右。

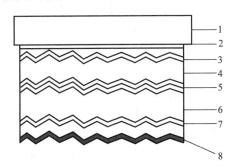

图 3-24 叠层非晶硅太阳能电池的结构
1—玻璃；2—SiC；3—SnO；4—非晶硅 p-i-n；
5—通道；6—α-SiGe p-i-n；7—ZnO；8—Al

3.3.5.3 非晶硅太阳能电池的制备工艺

制备 p-i-n 集成型非晶硅太阳能电池工艺流程如图 3-25 所示。根据离解和沉积的方法不同，气相沉积法分为辉光放电分解法（GD）、溅射法（SP）、真空蒸发法、光化学气相沉积法（Photo-CVD）和热丝法（HW）等。气体的辉光放电分解技术在非晶硅基半导体材料和器件制备中占有重要地位。

目前常规的叠层电池结构为 α-Si/α-SiGe、α-Si/α-Si/α-SiGe、α-Si/α-SiGe/SiGe、α-SiC/α-Si/α-SiGe 等。制备叠层电池，在生长本征 α-Si：H 材料时，在 SiH_4 中分别混入甲烷（CH_4）或锗烷（GeH_4），就可制备出宽带隙的本征 α-SiC：H 和窄带隙的本征 α-SiGe：H。调节 CH_4 和 GeH_4 对 SiH_4 的流量比可连续改变 E_g。

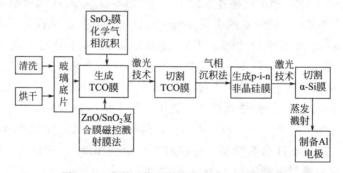

图 3-25　非晶硅太阳能电池制备工艺流程图

α-Si：H 膜的质量与沉积条件（如衬底温度、反应气体压力、辉光功率等）有关。一般在衬底温度约 200℃、反应气体压力 60～90Pa、辉光功率密度 200～500W/m^2 时，可制备出性能优良的非晶硅基材料。

3.3.5.4 非晶硅太阳能电池的材料

同晶体材料相比，非晶硅的基本特征是组成原子的长程无序性，仅在几个晶格常数范围内具有短程有序。原子之间的键合十分类似晶体硅，形成一种共价无规网络结构。

在非晶硅半导体中可以实现连续的物性控制，例如，当连续改变非晶硅中掺杂元素和掺杂量时，可连续改变电导率、禁带宽度等。目前已应用于太阳能电池的掺硼（B）的 p 型 α-Si 材料和掺磷（P）的 n 型 α-Si 材料，它们的电导率可以由本征 α-Si 的约 10^{-9} S/m 提高到 10^{-2} S/m，本征 α-Si 材料的带隙 E_g 约 1.7eV，通过掺 C 可获得 $E_g > 2.0$ eV 的宽带隙 α-SiC 材料，通过掺入不同量的 Ge 可获得 1.4～1.7eV 的窄带隙 α-SiGe 材料。通常把这些不同带隙的掺杂非晶硅材料称为非晶硅基合金。

非晶硅基合金半导体材料的电学、光学性质及其他参数依赖于制备条件，因此性能重复性较差，结构也十分复杂。大量的实验证实，实际的非晶硅基半导体材料结构既不像理想的无规网络模型，也不像理想的微晶模型，而是含有一定量的结构缺陷，如悬挂键、断键、空洞等。这些缺陷有很强的补偿作用，使 α-Si 材料没有杂质敏感效应，因此，尽管对 α-Si 的研究早在 20 世纪 60 年代即已开始，但很长时间未付诸应用。α-Si:H 材料用 H 补偿了悬挂键等缺陷态，实现了对非晶硅基材料的掺杂，非晶硅材料应用开始了新时代。

α-Si:H 材料在结构上是一种共价无规网络，没有周期性排列的约束，所以其光学和电学性质不同于晶体硅材料。典型的 α-Si:H 能带结构见图 3-26，图中 E_C、E_V 为迁移率边；$E > E_C$、$E < E_V$ 为扩展态；$E_A < E < E_C$ 为导带尾；$E_V < E < E_B$ 为价带尾；E_F 为费米能级；N_E 为能级密度。

由图 3-26 看出，其能带结构除了存在类似于晶体硅半导体导带和价带的扩展态外，还存在着带尾定域态和带隙中缺陷定域态。这些定域态起陷阱和复合中心作用，它们对非晶硅半导体的电学和光学性能具有决定性影响。在电学性质上最明显的特征是非晶硅中电子和空穴的迁移率比晶体硅小得多。一般电子迁移率 μ_n 约为 $1cm^2/(V \cdot s)$，空穴迁移率 μ_n 约为

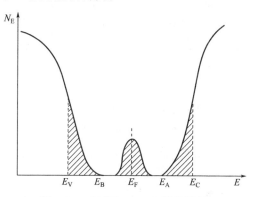

图 3-26　典型的 α-Si:H 能带结构

$0.1cm^2/(V \cdot s)$。在光学特性方面，由于非晶硅半导体不具有长程有序性，电子跃迁过程中不再受准动量守恒定则限制，因此，可以更有效地吸收光子。一般在太阳光谱可见光波长范围内，非晶硅的吸收系数比晶体硅要大将近一个数量级，其本征吸收系数高达 $10^5 cm^{-1}$。而且非晶硅太阳能电池光谱响应的峰值与太阳光谱峰值接近。这就是非晶硅材料首先被应用于太阳能电池的一个重要原因。

由于非晶硅材料的本征吸收系数很大（约 $10^5 cm^{-1}$），因此，非晶硅太阳能电池的厚度小于 $1\mu m$ 就能充分吸收太阳光能。这个厚度不足 α-Si 电池的 1/100，可以明显节省昂贵的半导体材料，这是非晶硅材料在光伏应用中的又一显著特点。

3.4　化合物半导体太阳能电池

化合物半导体太阳能电池突破了由硅原料→硅锭→硅片→太阳能电池的工艺路线，采用直接由原材料到太阳能电池的工艺路线，发展了薄膜太阳能技术，这适应了太阳能电池的高效率、低成本、大规模生产化发展的要求。

目前，薄膜光伏材料发展前景极为广阔，主要有 CdTe、CuInSe$_2$、CdS、GaAs 和 InP 等材料。化合物半导体薄膜太阳能电池的主要类型有 CdTe 系太阳能电池、CuInSe$_2$ 系列太阳能电池、CdS/CuInSe$_2$ 太阳能电池、GaAs 系列太阳能电池和 InP 系列太阳能电池。

3.4.1 CdTe 系薄膜太阳能电池

CdTe 系薄膜太阳能电池是发展较快的一种化合物半导体薄膜太阳能电池，美国第一太阳能（First Solar）在量产此类太阳能电池，截至 2016 年 2 月，按直流计算累计产量达到了 6GW。该公司研发的产品转换效率最近迅速提高，2013 年 4 月模块效率达到 16.1%；2014 年 3 月模块效率达到 17.0%，电池单元转换效率达到 20.4%；2015 年 6 月模块效率达到 18.2%（仅开口部为 18.6%）；2016 年 2 月 23 日更是宣布电池单元转换效率达到了 22.1%。

CdTe 是公认的高效廉价的薄膜电池材料。CdTe 是 ⅡB、ⅥA 族化合物，是直接带隙材料，其带隙结合能为 1.45eV。CdTe 的光谱响应与太阳光谱十分吻合，CdTe 膜的光吸收系数大，厚度为 $1\mu m$ 的薄膜可以吸收大于 99% 的 CdTe 禁带辐射能量，因而降低了对材料扩散长度的要求。CdTe 结构与 Si、Ge 有相似之处，晶体主要靠共价键结合，但有一定的离子性。与同一周期的 ⅥA 族半导体相比，CdTe 的结合强度很大，电子摆脱共价键所需能量更高，因此常温下 CdTe 的导电性主要由掺杂决定，薄膜组分、结构、沉积条件、热处理过程对薄膜的电阻率和导电类型有很大影响。

以 CdTe 作吸收层、CdS 作窗口层的 n-CdS/p-CdTe 半导体异质结电池的典型结构为：减反射膜（MgF_2）/玻璃/（SnO_2，F）/CdS/p-CdTe/背电极。

CdTe 光伏技术的一大障碍是材料中含元素 Cd，而 Cd 和 Cd 的化合物均有毒性，其尘埃对人和动物的危害很大。对破损玻璃片上的 Cd 和 Te 应去除并回收。损坏或废弃的组件必须妥善处理或用 60%（体积分数）H_2SO_4＋1.5%（体积分数）H_2O_2 的溶液处理。

3.4.2 CuInSe₂ 薄膜太阳能电池

$CuInSe_2$（简称 CIS）是三元 ⅠB、ⅢA、ⅥA 族化合物半导体材料，是重要的多元化合物半导体光伏材料。它具有高转换效率、低制造成本及性能稳定的优点而成为国际光伏界研究热点之一，有可能成为下一代的商品化薄膜太阳能电池。CIS 为直接带隙半导体材料，77K 时带隙结合能为 1.04eV，300K 时为 1.02eV，其带隙对温度的变化不敏感，吸收系数高达 $10^5 cm^{-1}$。CIS 的电子亲和势为 4.58eV，与 CdS 的电子亲和势（4.50eV）相差很小（0.08eV），这使得它们形成的异质结没有导带尖峰，降低了光生载流子的势垒。

CIS 太阳能电池是在玻璃或其他廉价衬底上分别沉积多层薄膜构成的光伏器件，其结构为：光/金属栅状电极/减反射膜/窗口层（ZnO）/过渡层（CdS）/光吸收层（CIS）/金属背电极（Mo）/衬底。改变窗口材料，CIS 太阳能电池有不同结构。在 300～350℃ 之间，将 In 扩散入 CdS 中，把本征 CdS 变成 n-CdS，用作 CIS 太阳能电池的窗口层，近年来窗口层改用 ZnO，其带宽可达到 3.3eV。为了增加光的入射率，在电池表面做一层减反膜 MgF_2，有益于电池效率的提高。

为了进一步提高电池的性能参数，以 Zn_xCd_{1-x} 代替 Cd 制成了 $Zn_xCd_{1-x}S/CuInSe_2$（$x=0.1\sim0.3$）太阳能电池。ZnS 的掺入可减少电子亲和势差，从而提高开路电压，并提高窗口材料的带隙结合能。这样就改善了晶格匹配，从而提高短路电流。

3.4.3　GaAs 太阳能电池

GaAs 太阳能电池出现于 1956 年，初期研究的 GaAs 太阳能电池为同质结，其效率和成本均无法与硅太阳能电池竞争，直到 1970 年异质结 GaAs 太阳能电池研制成功，GaAs 太阳能电池才受到重视。目前，GaAs 太阳能电池的实验室最高效率已达到 24％以上，用于航天的 GaAs 太阳能电池的效率在 18％～19.5％之间。实验室已制出面积为 $4m^2$、转换效率达到 30.28％的 $In_{0.5}Ga_{0.5}P/GaAs$ 叠层电池和转换效率达 21.9％的 $p-Al_xGa_{1-x}As/p-GaAs/GaAs$ 三层结构异质结太阳能电池。

GaAs 太阳能电池在效率方面超过了同质结的硅太阳能电池，但其材料成本比硅昂贵。GaAs 是一种理想的太阳能电池材料，它与太阳光谱的匹配较适合、禁带宽度适中、耐辐射且高温性能比硅强。在 250℃的条件下，GaAs 太阳能电池仍保持很好的光电转换性能，最高光电转换效率约 30％，因而特别适合于做高温聚光太阳能电池。GaAs 太阳能电池的制备有晶体生长法、直接拉制法、气相生长法、液相外延法等。目前 GaAs 太阳能电池在降低成本和提高生产效率方面成为研究重点。GaAs 太阳能电池目前主要用在航天器上。

3.4.4　InP 系列太阳能电池

InP 也是直接带隙半导体材料，在太阳光谱最强的可见光波段和近红外光波段也有很大的光吸收系数，所以 InP 电池的有源层厚度也只需 $3\mu m$ 左右。InP 的带隙宽度为 1.35eV（300K），也处在匹配于太阳光谱的最佳能隙范围。电池的理论能量转换效率和温度系数介于 GaAs 电池与 Si 电池之间。InP 的室温电子迁移率高达 $4600cm^2/(V\cdot s)$，也介于 GaAs 与 Si 之间。所以 InP 电池有潜力达到较高的能量转换效率。

InP 太阳能电池更引人注目的特点是它的抗辐照能力强，它远优于硅电池和 GaAs 电池。在一些高辐照剂量的空间发射中，例如需穿越 van Allen 强辐射带时，Si 和 GaAs 电池的 EOL 效率都很低，只有 InP 电池能胜任这样环境下的空间能源任务。

3.5　有机薄膜太阳能电池

有机太阳能电池源于植物、细菌的光合成系的模型研究，植物、光合成细菌利用太阳的能量将二氧化碳和水合成糖等有机物。光合作用过程中，叶绿素等色素吸收太阳光所激发的能量产生电子、正孔，导致电荷向同一方向移动而产生电能。有机太阳能电池是一种新型的太阳能电池，它可分成湿式色素增感太阳能电池以及干式有机薄膜太阳能电池。

（1）色素增感太阳能电池

所谓色素增感太阳能电池就是在光激励状态下伴随化学反应产生光电流的光化学电池。它可分成三种：光异化型、光酸化还原型以及半导体增感型。色素增感太阳能电池的构造如图 3-27 所示，由透明导电性玻璃、微结晶膜、无机酸化物或增感色素以及电解质溶液等材料构成。

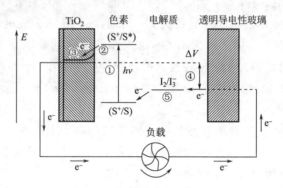

图 3-27　色素增感太阳能电池

这种太阳能电池比硅电池便宜，可用简单的印刷方式进行制造，可大量生产，不需昂贵的制造设备。因此具有制造成本低、制造所需材料丰富、耗能少、品种多样以及对环境的影响不大等特点。据估算，结晶硅太阳能电池的制造成本约为 3 美元/Wp，而色素增感太阳能电池的制造成本约为 0.6 美元/Wp，为结晶硅太阳能电池的 1/5，由此可见，色素增感太阳能电池的制造成本很低。

目前，色素增感太阳能电池的转换效率为 10% 左右。根据所使的色素的种类和使用量，可以制成各种各样的颜色、透明的太阳能电池，用于建材以及钟表等领域。

（2）有机薄膜太阳能电池

有机薄膜太阳能电池由色素或高分子材料构成。这种太阳能电池的成本低、对环境无影响、制造方法简单、能耗较少。转换效率为 10% 左右。由于这种太阳能电池柔软性较好，因此可使用简单的方法制成各种形状的低成本太阳能电池。

近年来，由于有机太阳能电池的转换效率大幅度提高，人类已认识了光合成系的高效率转换原理，再加上地球升温的加速，有机太阳能电池的研究、开发已成为一大亮点，对它的研究、开发正在加速进行。

3.6　染料敏化太阳能电池

3.6.1　染料敏化太阳能电池的结构

染料敏化纳米晶太阳能电池主要由纳米多孔半导体薄膜、染料敏化剂、氧化还原电解质、对电极和导电基底等几部分组成。纳米多孔半导体薄膜构成光阳极，最常用的是 TiO_2 纳米晶多孔膜，ZnO、SnO_2、Nb_2O_5 等也被广泛研究。纳米多孔半导体薄膜起吸附染料、分离电荷及传输光生载流子的功能，而吸收光能的作用则由其表面吸附的敏化染料承担。
电池的对电极一般用铂来修饰，除了具有收集电子的作用外，还可以起到催化作用，加速电解质中氧化还原电对的转换。电解质按物态可以分为液态、凝胶态和全固态三类，其中的氧化还原电对主要为 I_3^-/I^-。两电极把电解质夹在其中，构成"三明治"式结构，如图 3-28 所示。

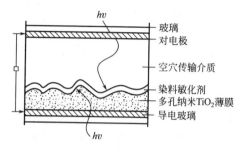

图 3-28　DSC 结构图

3.6.1.1　光阳极

纳米晶 TiO_2 多孔薄膜具有吸附染料、分离电荷、传输光生载流子、使电解质充分渗透到纳晶薄膜网络内部有效还原染料正离子等功能。因此制备的纳晶 TiO_2 多孔薄膜的性能好坏直接关系到电池的光电转换效率及使用性能。

纳米 TiO_2 通常采用溶胶-凝胶法、水热合成法、电化学法和模板法等制备，结合刮涂、浸渍、旋转、提拉、溅射、沉积和丝网印刷等技术制成 TiO_2 薄膜。TiO_2 薄膜在 DSCs 中兼具多重作用，因此具有以下特征：足够大的比表面积；多孔结构；薄膜材料的禁带宽度与太阳光谱相匹配。为此可通过改性 TiO_2 薄膜满足上述要求，常采用表面修饰、离子掺杂、量子点敏化、多手段共改性以及制备复合薄膜和微观有序空间结构、核壳结构薄膜等手段改性 DSCs 中的 TiO_2 薄膜。

在 1985 年以前，由于采用的是平板半导体电极，比表面积小，吸附的单层染料分子少，光电转化效率不高。1985 年 Gratzel 等首次将高比表面积的纳米晶 TiO_2 电极引入染料敏化太阳能电池中，大大提高了单分子层染料吸附量。

从晶型方面来看，（101）面是锐钛矿型 TiO_2 的最低能势面，暴露更多的（101）面有利于染料的吸附，这是薄膜电极选择锐钛矿型 TiO_2 的重要原因之一。Park 等比较了由金红石和锐钛矿两种不同晶型 TiO_2 组成的电池，在相同膜厚（$12\mu m$）情况下，得出单位体积的金红石比锐钛矿型 TiO_2 薄膜表面积小 25%，同时少吸附 35% 的染料分子，但金红石型比锐钛矿型 TiO_2 粒子具有更好的光散射性能，有利于光的吸收。

在晶型相同的条件下，一般来说，薄膜的比表面积越大，吸附的染料分子越多，光电效应越好。而比表面积又与薄膜中纳米晶颗粒粒径分布、微孔孔径尺寸分布、孔隙率、薄膜厚度等参数有关。通常纳米晶粒径越小、膜越厚、比表面积越大，越有利于染料吸附。但在相同比表面积情况下，孔隙率和孔径大小也有着较大的影响。

纳米晶粒径小、比表面积大有利于染料的吸附，但粒径太小，颗粒之间的孔径不足以容纳染料分子，导致染料吸附量减小。从染料与 TiO_2 粒子的键合方式来看，粒径过小也不利于染料的吸附。戴松元等通过实验得到薄膜对染料的最大吸附率为 51.5％，与理论值相差不多。粒径太小，使光的透过率降低，从而影响光的吸收；粒径太大，降低染料吸附量。此外，颗粒粒径大小的不同也会影响光在薄膜中传播时的散射性能。大量研究表明，较大的 TiO_2 颗粒（100~400nm）具有较强的散射光能力，光的散射使光在薄膜内的路程增长，造成染料分子吸收光的概率增大。光散射对于 700nm 波长以上的红外区特别重要，因为染料对这部分光吸收很弱。由此可见，为了提高光的有效吸收，TiO_2 纳米晶薄膜电极中纳米晶颗粒尺寸存在一个最佳组合以平衡光的透过率、大颗粒对光的散射性和薄膜表面积。

在 DSC 中，光阳极膜通过其大的表面积，吸附大量的单分子层染料分子，提高太阳光的收集效率。半导体电极的巨大表面积也增加了电极表面的电荷复合，降低太阳能电池的光电转换效率。为了改善电池的光伏性能，人们开发了多种物理化学修饰技术来改善纳米 TiO_2 电极的特性。这些技术包括 $TiCl_4$ 表面处理、表面包覆、掺杂等。

（1）表面处理

采用 $TiCl_4$ 水溶液处理纳米 TiO_2 光阳极，可以在纯度不高的 TiO_2 核外面包覆一层高纯的 TiO_2，增加电子注入效率，在半导体、电解质界面形成阻挡层，在纳米 TiO_2 薄膜之间形成新的纳米 TiO_2 颗粒，增强纳米 TiO_2 颗粒间连接，从而改善电池的光伏性能。与 $TiCl_4$ 表面处理作用类似的方法有酸处理和表面电沉积等。用盐酸对有机染料敏化 TiO_2 膜进行处理，电池的电流和电压及光电转换效率均有大幅提高。用表面电沉积处理纳米 TiO_2 膜，同样也可提高电池的光电压、短路光电流和光电转换效率。

（2）表面包覆

由于纳米 TiO_2 多孔薄膜电极具有高的比表面积，TiO_2 粒子的尺寸又比较小，和体材料相比，在多孔薄膜内，表面态数量相对较多，导致 TiO_2 导带电子与氧化态染料或电解质中的电子受体复合严重。为此人们利用表面包覆具有较高导带位置的半导体或绝缘层形成所谓核-壳结构的阻挡层来减少复合。

（3）掺杂

单一的光阳极膜光电性能并不是很理想，在纳米 TiO_2 的制备过程中，进行适当的离子掺杂，在一定程度上影响 TiO_2 电极材料的能带结构，可以减少电子-空穴对的复合，延长电荷在光阳极膜中的寿命，增强其光电性能，从而提高电池的光电流。在纳米晶二氧化钛胶体中掺入 Nd^{3+} 的电极的开路电压和短路电流高于没有掺杂的电极。纳米 TiO_2 掺杂 Al 和 W 对光电性质有明显的影响。掺杂 Al

的 TiO_2 可以增强开路电压，然而会适当降低短路电流；掺杂 W 则相反，W 的掺杂不仅能够改变 TiO_2 颗粒的团聚状态和染料的结合程度，而且能够改善电子的传输动力。

3.6.1.2　对电极

对电极又称为阴极，在染料敏化太阳能电池中起着收集外电路电子，并且将电子传递给电解液的 I_3^- 的作用。因此这就要求对电极必须导电性好，传输电子快；比表面积大，催化活性高；能够将未被染料吸收的太阳光反射回光阳极，使染料重新吸收。目前广泛使用的对电极可分为三种：Pt 对电极、非 Pt 金属对电极和碳对电极。

（1）Pt 对电极

目前大部分还是运用在导电玻璃上负载 Pt 作为对电极来还原电解液中的 I_3^-。Pt 的催化活性很高，能大大提高对电极与 I^-/I_3^- 的电子交换速度，而且一定厚度的铂镜反光作用比较好。一般，Pt 对电极可以通过氯铂酸醇溶液热分解法、溅射法、真空镀膜法、电镀法等方法来制备。热分解法铂的负载量低、催化活性高、操作简单、重复性好，是目前使用最多的方法。但是使用此种方法制备 Pt 对电极时，由于导电玻璃表面凹凸不平，氯铂酸溶液在旋转涂布时势必会在电极表面的低凹处聚集，使得生成的 Pt 颗粒尺寸偏大，而且厚度不均匀。因此热分解法也有一定的不足。

（2）非 Pt 金属对电极

昂贵的 Pt 对电极增加了 DSC 的成本，有限的 Pt 资源限制了 DSC 的大规模生产和使用，而且在含有 I_3^- 的电解液中 Pt 可能被腐蚀生成 PtI_4。因此，寻找一种可替代的、廉价的、具有较好催化性能的对电极材料被广泛关注。后来，有研究者研究了用一些其他金属制备对电极，如 Au、Ni、Ag、Fe、Co 等，但催化活性都不是太高。

（3）碳对电极

碳对电极是最近几年新兴起的对电极材料，被认为是最有应用前景的对电极材料。目前应用在对电极上的碳材料主要有石墨、炭黑、活性炭、乙炔黑和碳纳米管等。虽然碳对电极在最近几年发展迅速，而且取得了很好的研究成果，但是还是有许多问题需要解决，如：电导率不太高；与导电玻璃的结合力不好，容易脱落；制备工艺不成熟；转换效率不高等。这些都是今后研究者们要解决的问题。

3.6.1.3　染料

与自然界光合作用相比，基于 TiO_2 纳米晶膜的太阳能电池也是一个由太阳光驱动的分子泵。DSC 就像人工合成的树叶，多孔纳米 TiO_2 膜取代了植物中的磷酸类脂膜，而敏化染料则代替了叶绿素，所以被称为"人工光合"。"叶绿素"敏化染料在 DSC 中起着举足轻重的作用，通常要符合以下条件：

① 在纳米 TiO_2 膜上有良好的吸附，不易脱附；

② 可见光响应范围广，吸收强；

③ 激发态寿命较长，且具有高的电荷传输效率；

④ 氧化态和还原态都较稳定；

⑤ 能级分布与半导体相匹配，其 LUMO 要高于半导体导带底，便于电子传输；

⑥ 氧化还原电位要高于电解质体系中的氧化还原对，以利于染料通过氧化还原反应从氧化态回到还原态。

目前 DSC 染料研究中，以联吡啶钌类化合物为主要研究方向，人们合成了各种联吡啶钌化合物，这类化合物的特点是非常高的化学稳定性、突出的氧化还原性和良好的可见光谱响应特性。黑色染料（black dye）是目前为止 DSC 所使用的转化效率最高的染料，它通过表面的羧基与 TiO_2 表面键合，使得处于激发态的染料能将其电子有效地注入纳米 TiO_2 表面。羧酸多吡啶钌染料虽然具有很多优点，但其在 pH＞5 的水溶液中容易从纳米半导体表面脱落。使用磷酸多吡啶钌类可以克服这项缺点，但是磷酸多吡啶钌的缺点也是显而易见的：磷酸基团的中心原子磷采用 sp^3 杂化，为非平面结构，不能和多吡啶平面很好地共轭，电子激发态寿命较短，不利于电子的注入。

联吡啶钌是迄今发现性能最好的钌配合物电荷转移敏化剂。但联吡啶钌类化合物制备过程复杂、在 TiO_2 催化下易光解、在红外光区缺乏吸收，钌价格昂贵，资源有限，限制了大规模应用。因此寻找成本低、性能好、吸收广的敏化染料成为当前研究的热点。一些其他染料也被广泛应用于 DSC 的研究，如酞菁染料导电高分子、卟啉等都是研究热点，这些染料成本较低，吸光系数高，便于进行结构设计。

3.6.1.4 电解质

电解质在 DSC 中主要起传输电子的作用，其原理是利用氧化剂（I_3^-）和还原剂（I^-）的氧化还原反应实现。目前，按照电解质的物理状态不同，可以将电解质分为三种：液态电解质、准固态电解质和固态电解质。

（1）液态电解质

液态电解质按照其成分不同可以分为有机溶剂液态电解质和离子液体基电解质。

用于液体电解质中的有机溶剂常见的有：1,2-二氯乙烷,丙酮,乙腈,乙醇,甲醇,叔丁醇,二甲基甲酰胺,碳酸丙酯,3-甲氧基丙腈,二甲基亚砜,吡啶等。这些有机溶剂必须具有以下特性：不参与电极反应；凝固点较低，温度范围宽，黏度低；浸润性和渗透性良好；能够溶解很多氧化还原电对、添加剂等有机物和无机物。

DSC 电解质溶液中的常用添加剂是 4-叔丁基吡啶（TBP）或 N-甲基苯并咪

唑（NMBI）。这些添加剂的加入可以抑制暗电流，提高电池的光电转换效率。由于有机溶剂电解质对纳米多孔膜的渗透性好，氧化还原电对扩散快，DSC光电转换效率的最高纪录都是在基于有机溶剂电解质特别是高挥发性有机溶剂电解质的太阳能电池中获得的。但有机电解质存在着有机溶剂易挥发、电解质易泄漏、电池不易密封和电池在长期工作过程中性能下降等问题，缩短了太阳能电池的使用寿命。

室温离子液体（RTILs）与传统的有机溶剂相比，具有一系列突出的优点：①离子液体几乎不挥发；②它具有较好的化学稳定性及较宽的电化学窗口；③不易燃；④由于离子液体的离子本性，它具有较高的电导率；⑤毒性小。而且当阴离子为 I^- 时，该离子液体既可以作为溶剂，也可以作为 I^- 的来源，近年来成为DSC电解质的新宠。DSC中的RTILs虽然是液态，但是它摒弃了传统溶剂液态电解质的诸多缺点。Wataru等考察了不同长度烷基链的 1-甲基-3-烷基咪唑碘离子液体的物理性能，将其作为溶剂制备离子液体电解质，结果发现基于HMII的离子液体电解质要比基于MPII的离子液体电解质好。Mazille等在MPII的 3-丙基链的末端引入氰基功能基团，其电池的光伏性能并未发生明显变化。构成离子液体的阴离子有 I^-、$N(CN)_2^-$、$B(CN)_4^-$、$(CF_3COO)_2N^-$、BF_4^-、PF_6^-、NCS^- 等。离子液体在室温下虽然呈液态，其黏度比液态电解质高，I_3^- 扩散到对电极上的速率慢，质量传输过程占据主导地位。在太阳能电池中应用的离子液体，常用的氧化还原电对是 I^-/I_3^-，通过在 I^- 中加入 I_2 形成 I_3^-，阴离子的体积增大，离子液体的黏度下降。因此，以离子液体介质为基础的太阳能电池中 I_3^- 的浓度要比液态电解质中高。

（2）准固态电解质

从实用的角度考虑，用固体电解质替代液体电解质将是染料敏化太阳能电池发展的趋势。然而，直到目前为止，全固态染料敏化纳米晶太阳电池转换效率仍然不高。而准固态电解质一直是该领域研究的热点，所谓准固态电解质，是指其力学性能介于液态和固态电解质之间，外观呈凝胶状，导电机理跟液态电解质一样，依靠离子导电。准固态电解质相对液态和全固态电解质有着许多优点，一是它相对液态电解质来说比较稳定，基本上可以克服液态电解质的很多问题，如不易封装、漏液、容易使染料降解等；二是把有些液态电解质变成准固态电解质后并不影响电池的效率，制作的太阳能电池仍具有很高的效率。制备准固态电解质的重要手段是在液态电解质当中加入一些其他物质，如小分子凝胶剂、高分子聚合物以及纳米颗粒等。这些物质能够在电解质体系当中产生交联，从而使液态电解质变成准固态电解质。根据凝胶化的方法不同可以将准固态电解质分为三类，即有机小分子凝胶电解质、聚合物凝胶电解质和添加纳米粒子的凝胶电解质。

应用于染料敏化太阳能的有机小分子凝胶剂主要包括糖类衍生物、氨基酸类化合物、酰胺类化合物、联（并）苯类化合物等。小分子凝胶剂分子之间只是依靠比较弱的分子间力形成不稳定的物理交联。所以这种电解质往往力学性能很差，而且这种准固态电解质是热可逆性的，在比较高的温度下还会变成液态电解质。这样一来，电池的稳定性就会下降，寿命就会降低。

（3）固态电解质

虽然准固态的溶胶-凝胶电解质在一定程度上能防止电解质的泄漏，降低有机溶剂的蒸气压，减缓有机溶剂的挥发，但其长期稳定性还是存在问题，所以开发全固态太阳能电池仍然是最终的目标。目前对于全固态电解质的研究主要集中在p-型无机半导体材料、有机/聚合物空穴传输材料以及聚合物固态电解质等。固体电解质应具备的条件是：透明或在可见光区吸收率低；固体电解质与染料层良好接触，且不破坏染料分子的完整性；一定的空穴电导率；不易光腐蚀；适当的氧化电势；合适的沉积手段。

相对于无机材料，有机空穴传输材料来源广泛、制备方便、价格便宜。但是，由于纳米晶多孔膜存在着孔径大小、分布和形貌等许多复杂性因素，有机空穴传输材料在 DSC 中的应用目前还存在以下的一些问题：有机空穴传输材料和纳米晶多孔膜的接触；空穴传输速率低；有机空穴传输材料自身的电阻高。

3.6.2　染料敏化太阳能电池的工作原理

DSC 的工作原理类似于自然界中植物的光合作用，通过有效的光吸收和电荷分离把光能转变为电能。由于 TiO_2 的禁带较宽（$E_g = 3.2eV$），太阳的可见光不能直接被吸收。故在 TiO_2 表面吸附一层对可见光吸收良好的染料敏化剂，当入射光照射在电极上时，染料分子吸收光子的能量而形成染料激发态分子（D^*）。激发态分子将电子转移到 TiO_2 导带后生成染料分子的氧化态，电子通过外电路形成电流，电流经过外电路到达对电极上，与电解液中 I_3^- 进行还原反应，从而完成一个光电化学反应循环。在这个循环过程中，光生载流子的产生和传输分别由敏化剂和 TiO_2 半导体来完成。当 TiO_2 导带上的电子直接与电解液中的 I_3^- 发生反应时形成暗电流。理论上，电池的光电压为光照时 TiO_2 的准费米能级与电解质溶液中氧化还原电对的能斯特电位之差。可用公式表示为：

$$V_{oc} = \frac{1}{q}(E_{Femi,TiO_2} - E_{R/R^-}) \tag{3-12}$$

式中，q 为完成一个氧化还原过程所需的电子数。图 3-29 为 DSC 工作原理示意图。

反应过程如下：

① 染料（D）受光激发由基态跃迁到激发态（D^*）：

$$D + h\nu \longrightarrow D^* \tag{3-13}$$

② 激发态染料分子将电子注入半导体的导带中（电子注入速率常数为 k_{inj}）

$$D^* \longrightarrow D^+ + e^-(CB) \tag{3-14}$$

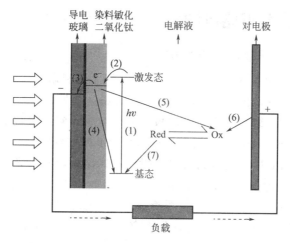

图 3-29　DSC 原理图

③ I^- 还原氧化态染料可以使染料再生：

$$3I^- + 2D^+ \longrightarrow I_3^- + 2D \tag{3-15}$$

④ 导带中的电子与氧化态染料之间的复合（电子回传速率常数为 k_b）

$$D^+ + e^-(CB) \longrightarrow D \tag{3-16}$$

⑤ 导带（CB）中电子在纳米晶网格中传输到后接触面（back contact，用 BC 表示）后流入到外电路中：

$$e^-(CB) \longrightarrow e^-(BC) \tag{3-17}$$

⑥ 纳米晶膜中传输的电子与进入二氧化钛膜孔中的 I_3^- 复合（速率常数用 k_{et} 表示）：

$$I_3^- + 2e^-(CB) \longrightarrow 3I^- \tag{3-18}$$

⑦ I_3^- 扩散到对电极（CE）上得到电子再生：

$$I_3^- + 2e^-(CE) \longrightarrow 3I^- \tag{3-19}$$

一般而言，染料激发态的寿命越长，越有利于电子的注入，如果激发态的寿命短，激发态分子有可能来不及将电子注入半导体的导带中就已经通过非辐射衰减而跃迁到基态。②、④两步为决定电子注入效率的关键步骤。电子注入速率常数（k_{inj}）与逆反应速率常数（k_b）之比越大（一般大于 3 个数量级），电荷复合的机会越小，电子注入的效率就越高。I^- 还原氧化态染料可以使染料再生，从而使染料不断地将电子注入二氧化钛的导带中。I^- 还原氧化态染料的速率常数越大，电子回传被抑制的程度越大，这相当于 I^- 对电子回传进行了拦截。步骤⑥是造成电流损失的一个主要原因，因此电子在纳米晶网络中的传输速度（步骤⑤）越大，且电子与 I_3^- 复合的速率常数 k_{et} 越小，电流损失就越小，光生电流越大。步骤③生成的 I_3^- 扩散到对电极上得到电子变成 I^-（步骤⑦），从而使 I^- 再生并完成电流循环。

3.7 钙钛矿太阳能电池

3.7.1 钙钛矿太阳能电池发展史

谈到钙钛矿太阳能电池的发展，我们不得不提染料敏化太阳能电池。1991 年瑞士洛桑高等工业学院的 Gratzel 教授等在 *Nature* 上发表文章，提出了一种新型的以染料敏化 TiO_2 纳米薄膜为光阳极的光伏电池，它是以羧酸联吡啶钌（Ⅱ）配合物为敏化染料。DSC 是由透明导电玻璃、TiO_2 多孔纳米膜、敏化染料、电解质溶液以及镀 Pt 对电极构成的"三明治"式结构电池。光电转换机理如下：①太阳光照射到电池上，基态染料分子（S）吸收太阳光能量被激发，染料分子中的电子受激跃迁到激发态（S*）；②激发态的电子快速注入 TiO_2 导带中；③电子在 TiO_2 膜中迅速传输，在导电基片上富集，通过外电路流向对电极；④处于氧化态的染料分子（S*）与电解质（I^-/I_3^-）溶液中的电子供体（I^-）发生氧化还原反应而回到基态，染料分子得以再生；⑤在对电极附近，电解质溶液得到电子而还原，见图 3-30。图 3-31 是三种常见的钙钛矿太阳能电池结构示意图。

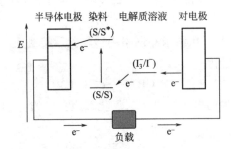

图 3-30　染料敏化太阳能电池基本原理示意图

图 3-31　常见钙钛矿太阳能电池结构

20 世纪 90 年代，IBM 华生研究中心 David Mitzi 等首先开发了一类由胺类插层二价金属卤化物形成的钙钛矿型半导体，发现这种化合物可以兼顾无机半导体的高迁移率和有机物的可溶解加工性。2009 年日本 Miyasaka 等首次将有机-无机

卤化铅钙钛矿材料 $CH_3NH_3PbBr_3$、$CH_3NH_3PbI_3$ 作为敏化剂引入染料敏化太阳能电池,并分别获得了 3.13%、3.81% 的转换效率,自此拉开了人们对钙钛矿太阳能电池研究的序幕。2011 年,Park 等以 $CH_3NH_3PbI_3$ 为光敏化剂制备了量子点敏化太阳能电池,取得了当时同类电池的最高效率 6.54%。随着对钙钛矿太阳能电池结构和材料性能的进一步优化研究,2012 年,Park 与 Grätzel 课题组合作,利用 $CH_3NH_3PbI_3$ 作为敏化剂,Spiro-OMeTAD (2,2',7,7'-四[N,N'-二(4-甲氧基苯基)氨基]-9,9'-螺二芴) 作为空穴收集材料,制备出了光电转换效率达到 9.7% 的全固态太阳能电池。随着效率的不断提升,钙钛矿太阳能电池逐渐吸引了更多科研人员的注意力。

2013 年,Grätzel 等通过两步连续沉积法制得了效率高达 15% 的钙钛矿太阳能电池。这一成果对钙钛矿太阳能电池的发展来说无疑是具有里程碑意义的,造就了当前钙钛矿太阳能电池火热的研究局面。钙钛矿太阳能电池被 Science 评为"2013 年十大科学突破"之一。2014 年,Zhou 等通过对 TiO_2 的掺杂,优化载流子传输路径,最后获得 19.3% 的最高效率,对应的开路电压 1.13V,短路电流 $22.75mA/cm^2$,填充因子 75.01%。令人兴奋的是,钙钛矿太阳能电池的 PCE 现在已经突破 22%,并向着超越单晶硅太阳能电池效率的方向迈进。短短六七年时间,钙钛矿太阳电池以大步伐走向高效太阳能电池行列,得益于钙钛矿材料(以 $CH_3NH_3PbI_3$ 说明)本身和对制备工艺的不断优化。

钙钛矿太阳能电池之所以能够发展如此迅速,与钙钛矿材料本身的光电特性是密不可分的。有机-无机杂化钙钛矿材料具有有机物的易合成、易加工性,同时具有无机物的机械稳定性和高效载流子传输性能,在光学、电学和磁学等方面具有优异的特征,并表现出广泛的应用前景。

为合理有效地利用太阳能,科学家一直在致力于开发转换效率高、发电成本低的太阳能电池器件。以甲氨基卤化铅为代表的钙钛矿型材料具有原料廉价且丰富、光电特性优异、器件制备方法简单、电池性能对污染物不敏感等突出优点,钙钛矿型太阳能电池有望因高效率和低成本而实现大范围应用,但目前的高效钙钛矿太阳能电池材料对紫外线、水分和大气不稳定,是进一步应用必须逾越的障碍。

这几年钙钛矿太阳能电池获得了很大的发展,关于钙钛矿太阳能电池的材料和制备方法层出不穷,电池效率也不断被刷新。但是这类电池还存在很多问题亟待解决,比如稳定性问题。目前钙钛矿太阳能电池的寿命还达不到商业化要求,电池的衰退机理还不是十分明朗,因此总结分析器件稳定性问题、探索新材料、优化制备工艺将是下一步实现电池器件在大气环境长期稳定工作的主要任务。

3.7.2 钙钛矿太阳能电池组成部分

钙钛矿太阳能电池的主要组成部分:①导电玻璃(基底);②电子传输层;③吸光层;④空穴传输层;⑤背电极。

理想的钙钛矿太阳能电池器件不仅需要光电性能优良的吸光材料,作为电池的组成部分——电子传输材料的作用也十分明显。什么样的材料适合作电子传输层?从能带结构上要与吸光材料匹配,而且具有良好的电子传输能力,即具有较高电子亲和能和离子势的半导体材料,目前常用的电子传输材料是 TiO_2。但是 TiO_2 的使用也会带来一些问题,受光照后的 TiO_2 具有一定的光催化能力,会使钙钛矿材料发生分解导致电池器件的失效。因此新的电子传输材料也在不断探索中,目前主要包括金属氧化物、有机小分子等。其中金属氧化物主要有 TiO_2、ZnO;有机小分子电子传输材料有 PCBM、ICBA 等。图 3-32 是几种常用的电子传输材料及其 LUMO 的能级示意图。

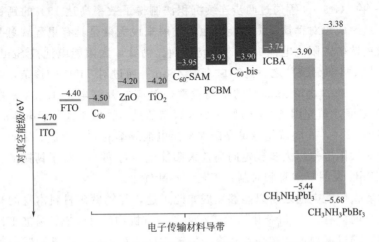

图 3-32 常见电子传输材料及其 LUMO(导带)能级示意图

钙钛矿吸光材料是钙钛矿太阳能电池的核心部分。钙钛矿是以俄罗斯矿物学家 Perovski 的名字命名的,最初是指 $CaTiO_3$,后来经过不断发现和合成了更多相同结构的物质,便将结构形如 ABX_3 的晶体材料统称为钙钛矿,$CH_3NH_3PbI_3$ 就是其中之一。钙钛矿基本结构见图 3-33,在 $CH_3NH_3PbI_3$ 中,A 位对应 $CH_3NH_3^+$,B 位对应 Pb^{2+},X 位对应 I^-。金属阳离子 Pb^{2+} 和卤素阴离子 I^- 在空间形成以 Pb 为中心 I 为角的 PbI_6 正八面体结构,这些正八面体结构在三维空间中通过 I 延伸,而有机基团 $CH_3NH_3^+$ 就位于这些八面体之间的空隙当中。钙钛矿晶体结构的稳定性可以通过容

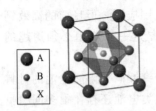

图 3-33 典型钙钛矿(ABX₃)结构示意图

忍因子 t 进行初步判断,$t=(r_A+r_X)/(r_B+r_X)$,其中 r_A 和 r_B 分别是正八面体结构中阳离子 A 和 B 的离子半径,r_X 是阴离子半径。一般来说,若要形成稳定的钙钛矿结构,t 的取值需要在 $0.78\sim1.05$ 之间。但是当 $0.8<t<0.9$ 时,钙钛矿的稳定性存在争议。所以只用 t 来判断钙钛矿的稳定性不准确,因此八面体因

子 μ 也被引入到对钙钛矿稳定性的预测中，其中 $\mu = r_B / r_X$。可以通过引入不同的 A、B、X 组分来调节 t、μ 获得比较稳定的钙钛矿吸光材料。另外，不同 A、B、X 组成导致了钙钛矿吸光材料具有不同的光电性能。

这几年对 $CH_3NH_3PbI_3$ 的研究发现，$CH_3NH_3PbI_3$ 在 $280 \sim 820nm$ 的可见光和近红外区域有强烈的吸收能力，是良好的光吸收剂。另外，其具有电子、空穴双传导的特性，禁带宽度 1.55eV，通过 Cl/Br 的引入可以调节禁带宽度，基本能实现对可见光范围内光谱的全部吸收。$CH_3NH_3PbI_3$ 的电子扩散长度在 105nm 左右，空穴扩散长度在 129nm 左右，引入 Cl 之后，$CH_3NH_3PbI_{3-x}Cl_x$ 的电子和空穴扩散长度比 $CH_3NH_3PbI_3$ 提高近十倍，相应的电子和空穴平均扩散长度分别为 1069nm 和 1213nm 左右。较长的扩散长度有利于载流子在器件中的传输，降低电子-空穴的复合概率，这也是有机-无机杂化钙钛矿具有优良光电性能的原因之一。

混合型 $CH_3NH_3PbX_3$ 钙钛矿由于不同的 X 离子具有不同的离子半径，导致形成钙钛矿晶体具有不同的晶格参数，同时也具体不同的量子力学性质，特别是在光电性质及晶体材料的能级上有重大影响，而这些因素最终直接影响到钙钛矿太阳能电池的光电转换性能和电池器件稳定性上，图 3-34 是不同种钙钛矿材料的能级图。

图 3-34 几种钙钛矿材料的能级图

与电子传输材料要求类似，钙钛矿太阳能电池器件的空穴传输材料处在吸光材料与背电极之间，用来改善界面的接触，促进空穴向背电极的传输并阻挡电子的传输，减小电子-空穴在界面之间的复合。理想的空穴传输材料应该具有较高的空穴迁移率。当前使用最多获得效率最好的基本都是 Spiro-OMeTAD，它也应用于钙钛矿太阳能电池很早的空穴传输材料，因此也一直被用于与其他新型空穴传输材料的性能对比研究。没有掺杂的 Spiro-OMeTAD 空穴迁移率和电导率都不高，分别在 $10^{-4}cm^2/(V \cdot s)$ 和 $10^{-5}S/cm^2$，后来通过掺杂 4-叔丁基吡啶（4-tert-butylpyridine，TBP）和二（三氟甲基磺酸酰）亚胺锂 [lithium bis （triluoromethanesulfonyl）imide，Li-TFSI]，使得电池效率有所提高。

目前常用的空穴传输材料还有 P3HT、PEDOT：PSS、CuSCN、CuI、NiO 等。

背电极主要是电池在使用过程作为必要的电极存在，目的就是收集载流子并连接外电路起到收集连接作用。理想的背电极材料应该具有高的电导率，当前常用的有 Au、Ag、C 等。但是 Au、Ag 价格昂贵，无法满足钙钛矿电池的大规模使用，因此寻找廉价的背电极是实现钙钛矿太阳能电池商业化的必经之路。

3.7.3 钙钛矿膜的制备方法

钙钛矿太阳能电池的关键仍在于钙钛矿材料，除了钙钛矿材料本身的光电性能占主要原因外，钙钛矿材料的微观形貌也会对电池性能产生重大影响。比较理想的钙钛矿晶体薄膜微观形貌应该致密、无针孔、晶粒尺寸均匀且较大（微米级）。这样规整的钙钛矿晶体会减小电子-空穴的复合概率，提高电池器件的光电性能。为了制备良好的钙钛矿晶体薄膜，研究人员尝试了很多方法来优化改进钙钛矿的合成。总的来说有溶液法、双源气相沉积法、气相辅助沉积法等。

（1）溶液法

主要是一步溶液法和两步溶液法，如图 3-35 所示，其中一步溶液法是将 CH_3NH_3X 与 PbX_2（X=Br、I）溶解到二甲基甲酰胺（DMF）中，利用旋涂方式沉积在 TiO_2 上，退火除去溶剂后结晶获得钙钛矿薄膜。目前常用的反应配比为 PbI_2：MAI=1：1 或 $PbCl_2$：MAI=1：3，或根据需要选择不同的摩尔比，热处理温度 100℃ 左右。

虽然一步法制备 $CH_3NH_3PbI_3$ 操作简便，但是利用该方法获得的钙钛矿膜质量不易控制，成膜性差。两步法制备的钙钛矿膜显得更加致密，而且测得的转换效率也表明两步法比一步法更优越（一步法平均效率 7.5%，两步法平均效率 13.9%）。

（2）双源气相沉积法

如图 3-36 所示，双源气相沉积法制备钙钛矿膜就是将用于合成钙钛矿的基础材料（PbI_2、CH_3NH_3I）作为反应源，不断产生气体，在上部的平面接收处进行反应沉积。图 3-37 为双源气相沉积法制备的钙钛矿薄膜与采用溶液法制备的钙钛矿膜形貌对比。不难看出，由双源气相法制备的钙钛矿膜均匀致密，而溶液处理的钙钛矿膜分散不连续。其中气相沉积法获得的最好的电池效率达到 15.4%，对应的短路电流 21.5mA/cm²，开路电压 1.07V，填充因子为 0.68。但是双源气相法条件苛刻，很难大量用于钙钛矿太阳能电池的生产。

（3）气相辅助沉积法

气相辅助溶液控制（VASP）的主要优势是增加了钙钛矿膜质量的可控性，该方法关键在于已经沉积好的无机材料 PbI_2 与 CH_3NH_3I 的原位反应。这种方法制备的钙钛矿薄膜具有良好的反应动力学性质和热稳定性，图 3-38 中的微观形貌显示，表面粗糙度低，表面覆盖完全。

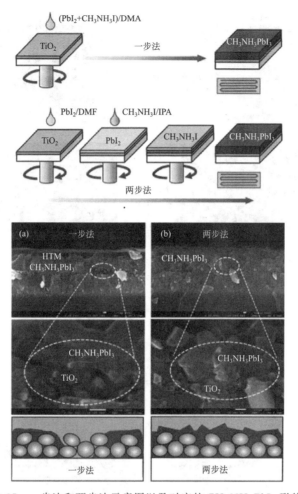

图 3-35 一步法和两步法示意图以及对应的 $CH_3NH_3PbI_3$ 形貌图

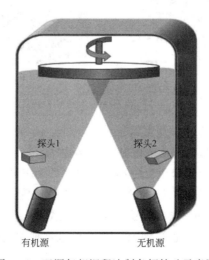

图 3-36 双源气相沉积法制备钙钛矿示意图

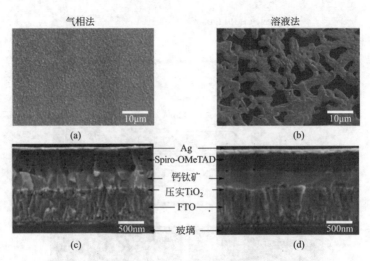

图 3-37　双源气相沉积法与溶液法制备的钙钛矿膜的对比

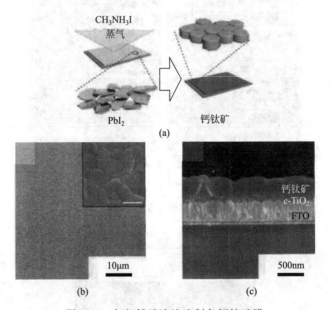

图 3-38　气相辅助溶液法制备钙钛矿膜

（4）真空快速辅助溶剂挥发法

在过去的几年，钙钛矿太阳能电池的效率由 3.8％迅速增加到 22.1％，效率增速惊人，但是这些电池的面积比较小，一般在 0.04～0.2cm² 之间。最近 Li 等设计了一种真空快速辅助溶剂挥发的方法，利用该方法获得了光滑、结晶度好、性能优良的大面积（＞1cm²）的钙钛矿薄膜，见图 3-39。组装电池后获得最高的效率为 20.5％，经过认证的也达到 19.6％。而且这种方法制备器件重现性好，电池 I-V 曲线测试无迟滞。

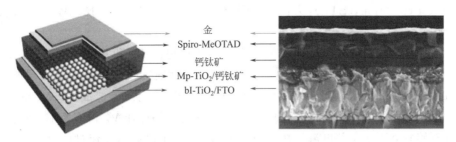

图 3-39　真空快速辅助溶剂挥发法制备钙钛矿膜示意图

在有关钙钛矿材料制备的新方法和工艺不断被发掘的同时，电池器件的整体制备方面也出现了新的、简便的方法。为了降低钙钛矿太阳能电池的制造成本和加快制造速度，2013 年，Han 等采用了全印刷技术，并且用 C 作为背电极。相对于昂贵的 Au、Ag 等，C 在成本上显示了绝对的优势，当然目前使用 C 作为背电极的效果与前二者还是有很大差距的。采用印刷制备的钙钛矿太阳能电池示意见图 3-40。

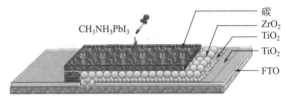

图 3-40　以 C 为背电极的钙钛矿太阳能电池示意图

3.7.4　钙钛矿太阳能电池原理和结构类型

如图 3-41 所示，钙钛矿太阳能电池与染料敏化太阳能电池的机理类似，主要分为：①吸收光子；②产生激子；③收集载流子；④形成闭合回路；⑤载流子复合。对于正型钙钛矿太阳能电池而言，当光照射在电池器件上时，钙钛矿材料作为直接带隙半导体具有优良的光吸收系数（$10^5\,\mathrm{cm}^{-1}$）。由于钙钛矿材料的激子束缚能很小，如 $CH_3NH_3PbI_3$ 的激子束缚能在 30 meV 左右，室

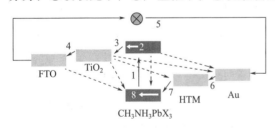

图 3-41　钙钛矿工作机理示意图

温下激子就很容易分离，这也是钙钛矿材料具有优良性能的原因所在。激子分离后形成电子和空穴两种载流子，受电子传输材料和空穴传输材料能级影响，电子向电子传输层移动，空穴向空穴传输层移动，之后由外电路实现导通，对外做功。但是，激子分离为载流子后，载流子也会部分复合，而且载流子在传输的过程中由于材料存在的缺陷，导致能真正传递到外电路的载流子变少，影响电池器件的光电性能。

由于光伏电池的效率受光照条件影响比较大，为了使不同光伏电池之间具有可比性，必须要有一个标准的工作测试条件。光伏电池的标准测试条件（standard test condition，STC）为：大气质量 AM 1.5G，辐照度 1000W/m²，温度（25±1）℃。

太阳能电池的等效电路如图 3-42 所示。串联电阻 R_s 和并联电阻 R_{sh} 都是能够影响 J-V 特性曲线和太阳能电池性能的参数。串联电阻 R_s 是由活性层厚度、活性层与电极的接触电阻，以及电极与外电路的连接电阻等造成的。R_s 的存在会减小填充因子 FF 和短路电流密度 J_{sc}，但是对开路电压 V_{oc} 没有影响，这是因为在开路状态下，全部电流均从二极管流过而 R_s 中没有电流流过。串联电阻应该最小化，以减少能量损失。并联电阻 R_{sh} 与器件结构和薄膜形貌有关，形貌和膜厚的优化加工可以减少孔洞和载流子辐射消耗或非辐射复合的缺陷位，这样可以提高 R_{sh} 值。

如图 3-43 所示，对太阳能电池的评价主要是对其光电转换性能的考察，其中最重要的综合评定方法就是测定其光电流密度-光电压曲线（J-V），即在一定光照条件下进行测试。测试时采用的光源一般是由氙灯和滤光片等组成的太阳能模拟器，模拟 AM 1.5G 标准状态下的太阳能光谱。

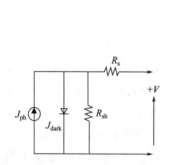

图 3-42　太阳能电池的等效电路图

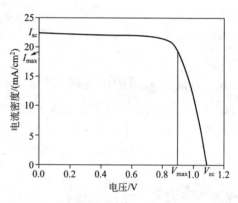

图 3-43　典型钙钛矿太阳能电池的 J-V 曲线

太阳能电池是直接将太阳光转变为电能的器件，其中的光电转换效率自然是判定太阳能电池性能的关键，对其重要的电流-电压曲线进行分析，主要的参数如下：

① 开路电压（open circuit photovoltage，V_{oc}）　在钙钛矿电池器件中，器件的开路电压与不同的器件结构类型有关。开路电压的定义就是电池器件处于开路状态时，电池两端的光生电压。它一般与电池中光吸收层的能级有关。

② 短路电流（short circuit photocurrent，J_{sc}）　短路电流密度是太阳能电池的重要指标，它的定义是电池器件处于短路状态时，单位面积产生的光生电流。它与电池的光吸收层厚度、电池界面的形貌、载流子迁移率和激子有效分离程度等因素有关，而钙钛矿电池的短路电流密度和钙钛矿的厚度、质量密切相关，因此提高钙钛矿的厚度、质量，对于提高钙钛矿电池的短路电流密度是极其

重要的。

③ 填充因子（fill facter，FF）　填充因子表示最大输出功率对应电压、电流的乘积占开路电压与短路电流乘积的百分比，反映了电池器件在工作条件下的载流子输运复合等特性。

④ 能量转换效率（power conversion efficiency，PCE）　PCE 是太阳能电池器件最重要的参数，其定义为电池最大输出功率 P_{max} 与入射光功率 P_{in} 之比，表达式如下：

$$PCE = J_{sc} V_{oc} FF / P_{in} \qquad (3-20)$$

⑤ 单色光电转换效率（monochromatic incident photon-to-electron conversion efficiency，IPCE）　即单色光入射光子-电子转换效率，也称为外部量子效率（external quantum efficiency，EQE）。它的物理意义为：单位时间内外电路中产生的电子数 N_e 与入射光子数 N_p 的比值，其数学表达式为：

$$IPCE = N_e / N_p \qquad (3-21)$$

这几年钙钛矿太阳能电池能够得到如此迅猛的发展不仅是因为其自身优良的光电性能，同时也得益于从染料敏化太阳能电池演变而来，在之前的基础上积累了很多研究经验和成果。到目前为止，钙钛矿太阳能电池结构类型主要有两种：平面异质结结构和介孔结构钙钛矿电池。其中平面异质结结构中又根据器件电荷传递方向的不同分为正型结构钙钛矿电池和反型钙钛矿电池。各种类型的钙钛矿太阳能电池结构见图 3-44 和图 3-45。

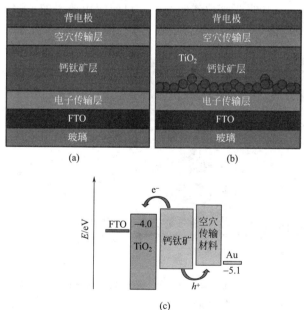

图 3-44　介孔结构型和平面异质结钙钛矿电池结构以及材料对应能级示意图
（a）介孔结构钙钛矿电池结构；（b）平面异质结钙钛矿电池结构；
（c）介观敏化和平面钙钛矿电池中各功能层的能级图

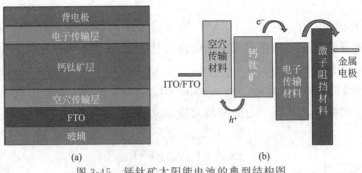

图 3-45 钙钛矿太阳能电池的典型结构图

（a）正式介孔结构；（b）正式平面结构

3.8 太阳能光热发电

3.8.1 太阳能光热发电技术

目前太阳能发电主流技术包括：光伏发电和光热发电。

光伏发电的主流技术是多晶硅太阳能发电技术，其光电转换效率一般在 8%～15% 之间，其转换效率衰减快，一般 3～5 年就衰减到 5%～8%，而且多晶硅生产过程本身就是一个高污染、高排放、高耗能的过程，对环境不友好。

光热发电的原理是，通过反射镜将太阳光汇聚到太阳能收集装置，利用太阳能加热收集装置内的传热介质（液体或气体），再加热水形成蒸汽带动或者直接带动发电机发电。按照聚光器形式的不同，目前应用最多的太阳能热发电技术分别为槽式、塔式和碟式三种。

图 3-46 槽式太阳能聚光器

3.8.1.1 槽式太阳能光热发电技术

槽式太阳能热发电系统是将多个槽形抛物面聚光集热器经过串并联的排列，加热工质，产生高温蒸汽，驱动汽轮机发电机组发电。其阵列实物见图 3-46。设备结构简单而且安装方便，整体使用寿命可达 20 年。美国 20 世纪已经建成 354MW，西班牙已经建成 50MW。该系统使用了真空集热管技术，这种技术难度较大且易损耗，所以电站维护所需资金较多，而且在国内在生产这种集热管技术上仍有一定的困难。

3.8.1.2 塔式太阳能光热发电技术

塔式系统是在很大面积的场地上装有许多台大型太阳能反射镜，每台都各自配有跟踪机构准确地将太阳光反射集中到一个高塔顶部的接收器上，接收器上的聚光倍率可超过1000倍。塔式系统发电的基本工作原理：首先太阳能集热装置收集到的太阳能转化成热能，再将热量传输给液态水，加热液态水使之变成高温蒸汽，再由高温蒸汽驱动汽轮机发电机组发电。其发电系统实物见图3-47。

图 3-47　塔式太阳能光热发电

塔式电站的聚光倍数高（1000～3000），其介质工作温度通常大于350℃，因此通常被称为高温太阳能热发电。塔式电站的优点是聚光倍数高，容易达到较高的工作温度；能量集中过程由反射光一次完成，方法简捷有效；吸收器、散热器面积相对较小，光热转换效率高。但塔式电站建设费用高，其中反射镜的费用占50％以上。太阳能塔式电站的总体效率可以达到20％。

塔式电站可以实现把反射镜聚集的阳光都集中在中心塔顶的焦热器系统上，获得的水蒸气温度较高（达到259℃），发电能力大。

目前世界上较大的太阳能塔式电站功率已达到10^4kW，太阳能的直辐射通过多个反射镜聚集到放置在高塔顶的中心吸收器上。计算机控制每块反射镜都能独立地根据太阳的位置来调整各自的方位和倾角，这保障了每块反射镜都能随时把太阳能反射到吸收器上。但这无疑增加了成本，塔式电站的致命缺点是太阳能电站规模越大，反射镜阵列的占的面积越大，吸收塔的高度也要提升。例如，一个计划中的1MW的塔式电站，要用2093万块反射镜，单镜面积为30m^2。这些反射镜布置在3km^2的场地上，塔的高度为305m。

3.8.1.3　碟式太阳能光热发电技术

碟式光热发电的主要构成部件有聚光器、吸热器以及斯特林发电机。其实物如图3-48所示。

图 3-48　碟式太阳能光热发电

其主要特征是采用高聚光比盘状抛物面点聚焦集热器，可产生非常高的温度。高温通过集热腔内的加热管加热发动机热腔内的工作气体，推动活塞运动，通过连杆机构带动发电机工作。整个过程工质在内部循环，没有消耗，冷却水也是循环工作，理论上也无消耗，所发电力可以直接上网使用，无需逆变。

综合对比，碟式太阳能光热发电系统因具有分布灵活、发电效率高、结构简单易控制成本及占地面积小等特点而更有发展潜力。

3.8.2　斯特林太阳能光热发电系统

3.8.2.1　斯特林发动机

斯特林发动机是伦敦的牧师罗巴特·斯特林（Robert Stirling）于 1816 年发明的。斯特林发动机是独特的热机，因为它们理论上的效率几乎等于理论最大效率，称为卡诺循环效率。而且其使用的燃料形式或来源几乎无限。可利用太阳能、化石燃料、核燃料、废热和就地取材的各种形式的热能。毫无疑问，太阳能是斯特林发动机的最佳外热源。

3.8.2.2　碟式斯特林光热发电技术

碟式斯特林光热发电技术是斯特林发电机技术和碟式光热发电技术两者成功的组合。其系统布置如图 3-49 所示。

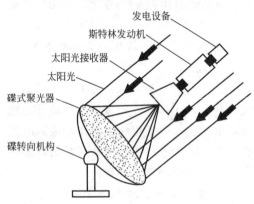

图 3-49　碟式斯特林光热发电系统示意图

从图 3-49 可见，碟式斯特林光热发电系统包括：碟架分系统、斯特林发动机分系统、主控制器、启动并网发电控制器和阳光跟踪分系统。其中碟架分系统中包括：碟架、反光镜、碟架转动机构。阳光跟踪分系统包括：水平角和高度角传感器、水平和高度驱动电机及跟踪控制器。

具体工作原理如下：阳光照射到凹面反射镜，反射镜将过太阳光聚焦到安装于集热腔内的加热管上，加热管与斯特林发动机的热腔相连通，发动机的热腔内充有一定压力的氢气，热腔通过高压电磁阀与高压氢气连接；这样高温的集热腔就成了斯特林发动机的外热源，在此外热源的驱动下工作介质迅速膨胀，推动斯特林发动机对外做功。工作介质进入冷腔，冷腔壁与冷却器相连，工作介质冷却，被移气活塞推回到热腔，进行下一个循环，斯特林发动机通过连杆机构带动发电机发电。

3.8.2.3　碟式斯特林光热发电的发展现状

在这个领域的研究上国外一直处于领先地位，目前规模最大的碟式斯特林光热发电站在国外，其太阳能转换率达到 31.25%，为世界最高，发电站第一阶段的发电功率超过 50 万千瓦。

20 世纪 80 年代通过技术转让我国也开始了这方面的研究。经过近 30 年的发展，国内在这方面的研究虽然取得了一定的研究成果，但并未取得实质性的突破，还停留在实验室阶段，比如南京航空航天大学建了 5kW 的斯特林发动机光热发电系统，中国科学技术大学建了 1kW 的斯特林发动机光热发电系统。

在国内开发出实用斯特林发动机光热发电系统的有西安航空动力股份有限公司太阳能中心，其功率达到 25kW，这是国内最大的斯特林发动机光热发电机组。

3.8.3 太阳能热电站的发展趋势及相关科学问题

太阳能热发电技术涉及光学、热物理、材料、力学及自动控制等学科，是一门综合性的技术，也是太阳能研究领域的难题。当前，太阳发电技术的新方案有以下几种。

（1）以熔盐为传热介质的腔体式直接吸收接收器（DAR）

在 DAR 中有一块隔热良好、倾斜放置的吸热板，来自定日镜场的高强度太阳辐射经腔体内壁反射到吸热板上，吸热板又传给板顶端熔融的碳酸盐。目前开展的研究是：对熔盐掺杂，提高熔盐对太阳辐射的直接吸收能力；研究吸热板与熔盐液膜之间强化传热的途径；研究熔盐在高温下的热物性参数（包括热导率、比热容、黏度和热辐射）。

（2）勃雷登循环

该方案是以微粒和惰性气体组成的固-气两相流为工作介质，当工作介质通过接收器时，强烈地吸收射入接收器窗口的高强度太阳辐射，并在极短时间内达到一高温状态。受热的工质可直接推动燃气轮机工作。

采用耐高温且导热能力强的陶瓷材料（如碳化硅）作吸收器，实际上它是腔体内的一个换热器。当空气通过换热器后，温度升高到 1000℃，压力达 1000kPa，可直接供燃气轮机做功。由于燃气轮机排气温度高达 500℃，利用排气产生蒸汽推动汽轮机。这种燃气-蒸汽联合循环的效率可望达到 40%～50%。为强化传热，降低热损和缩短启动时间，目前开发成功了一种多腔体容积式太阳能接收器。这种接收器由大量小通道组成一个蜂窝状结构，小通道的入口面向定日镜场。当空气被压缩机驱动而通过多腔体接收器时，经聚集的高强度太阳辐射照射的腔体壁能使空气加热到很高的温度。这种多腔体结构的突出优点是接收器入口所处温度较低，减小了对环境的辐射和对流热损。同时多腔体结构不需在高压下工作，不存在腐蚀问题。主要缺点是腔体与空气之间的换热性能差。进一步的工作是研究接收器的材料、结构及因日照变化而引起的动态反应等复杂问题。

（3）两级聚光

从热力学考虑，应尽可能提高工作介质的温度，设备又不能复杂。科学家们完成的一种新的两级光学的槽形抛物镜集热器，使太阳热电站的转换效率大为提高而且成本降低。这种设计能使主级的聚光比增大 2～2.5 倍，并且主级聚光镜的张角可保持 90°甚至 120°，由于作为第二级的复合抛物镜可置于真空接收器之内，可使热损大为降低，工作温度由 400℃增至 500℃，可满足常规火电厂所需的蒸汽参数。

（4）SEGS 单回路系统

SEGS 原来均采用双回路系统，必须装备一系列换热器。采用最新的单回路系统就不再以合成油为传热介质，而使水直接通过真空集热管。为实现这种新方案，必须深入地研究集热管中的两相流传热和高温（420℃）高压（10000～12000kPa）下的流动状态、温度、压力、汽击及振动等控制问题和日照变化时工况的适应问题。

（5）新一代反光镜

传统的玻璃/金属反光镜价格高、反射率低，目前，一种在聚合物上镀银的紧绷式反光镜不仅质量轻、成本低、反射率高并抗老化，而且使用两年后的反射率仍在90％以上。

3.9 思考题

（1）太阳能电池的分类？

（2）高效率太阳能电池必须具备哪些条件？

（3）单节太阳能电池的极限效率与多节太阳能电池的极限效率的理论值分别是多少？

（4）带隙、迁移率与电池光电转换效率的关系？

（5）如何计算太阳能电池的光电转换效率？

（6）缺陷浓度对太阳能电池的各项指标如何影响？

（7）叠层太阳能电池的带隙如何选择？

（8）如何计算材料的迁移率？

（9）外量子效率与内量子效率之间的联系与区别？

（10）为什么太阳能电池使用 p 型材料作为吸收层？

（11）什么样的材料适合作为太阳能电池的吸光材料？

（12）减反射层的材料如何选择？

（13）空穴材料与电子传输材料如何选择？

（14）晶体硅的制备工艺？

（15）单晶硅太阳能电池如何降低成本？

（16）如何减少 SRH 复合？

（17）如何测试 HOMO 和 LUMO？

（18）UV-VIS 与 Bandgap、TRPL 与缺陷态浓度有什么关系？

（19）如何减小钙钛矿太阳能电池的缺陷？

（20）钙钛矿太阳能电池的优势与劣势是什么？

4

氢能材料与器件

4.1 概述

现阶段，人类已经形成以煤炭、石油等化石燃料为主的能源消费模式，但大量的温室气体、酸性氧化物、固体粉尘颗粒等有害物质被排放到大气环境中，使得人们赖以生存的地球出现了温室效应、酸雨增多、雾霾加重等一系列严重威胁人类生存及发展的环境问题。从图 4-1 可以看出，就碳氢比例而言，碳含量较大的能源类型如木材和煤等传统能源对应更严重的环境污染，而氢能可以达到零污染排放。同时，传统能源主要将燃料中的化学能转换成机械能或电能，受卡诺循环限制其转换效率仅有 33%～35%，造成极大的能源浪费，迫切需要寻找一种作为替代品的清洁燃料。氢的来源丰富，不仅可以由其他能源来生产氢能，而且氢能可以高效地转化为其他形式的能量。氢燃料电池是通过含有大量氢气的燃料与氧化剂发生化学反应直接产生电能，而不是利用燃烧来供能。相比于其他把化学能转化成电能的过程，它的发电效率更高，通常能达到 32%～70%。一般而言，燃料电池里的燃料除了氢气，还有天然气、甲醇和柴油等其他液体燃料。如果使用的是纯氢气，燃料电池的排气是水蒸气，那么它对环境的影响可以忽略不计。虽然使用了烃类的燃料，就会有二氧化碳的排放，但是即便这样，使用燃料电池仍具有减轻碳排放的环境价值。

氢位于元素周期表第一位，原子序数为 1，是自然界存在最普遍的元素，相比于化石燃料，氢能资源丰富，具有可再生性、可储存性、环保性等特点，可以同时满足资源、环境和可持续发展的要求，是其他能源所不能比拟的，主要特点如下：

① 如图 4-2 所示，除核燃料外，在所有化石、化工及生物燃料中氢的发热值是最高的，为 120MJ/kg，是汽油发热值的 3 倍。

② 氢燃烧性能好，在空气中可燃范围广，而且燃点高、燃烧速度快。

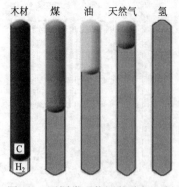

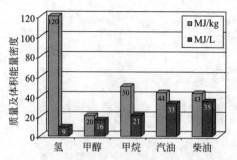

图 4-1　不同类型能源的碳氢比例　　图 4-2　不同类型能源的质量及体积能量密度

③ 氢本身无毒,且燃烧时最清洁,不会产生诸如一氧化碳、二氧化碳、碳氢化合物、铅化物和粉尘颗粒等对环境有害的污染物质。

④ 氢能利用形式多,既可以通过燃烧产生热能,在热力发动机中产生机械功,又可以作为能源材料用于燃料电池,或转换成固态氢用作结构材料。

⑤ 氢可以以气态、液态或固态的氢化物形式出现,能适应储运及各种应用环境的不同要求。

所以说,氢可以作为一种能源载体,并且使用氢能可以提高能源系统的灵活性。质子交换膜燃料电池技术是目前较广泛且具有相当潜力的氢能利用技术。

质子交换膜燃料电池发电作为新一代发电技术,经过多年的基础研究与应用开发,质子交换膜燃料电池用作汽车动力的研究已取得实质性进展,微型质子交换膜燃料电池便携电源和小型质子交换膜燃料电池移动电源已达到产品化程度,中、大功率质子交换膜燃料电池发电系统的研究也取得了一定成果。同时,质子交换膜燃料电池发电系统有望成为移动装备电源和重要建筑物备用电源。采用质子交换膜燃料电池氢能发电将大大提高重要装备及建筑电气系统的供电可靠性,使重要建筑物以市电和备用集中柴油电站供电的方式向市电与中、小型质子交换膜燃料电池发电装置、太阳能发电、风力发电等分散电源联网备用供电的灵活发供电系统转变,极大地提高建筑物的智能化程度、节能水平和环保效益。

总的来说,氢燃料电池可高效清洁地把化学能直接转化为电能,是比常规热机更为先进的转化技术。燃料电池技术的快速发展,为能源动力的变革带来重大契机,而燃料电池汽车被认为是后化石能源时代主要的车用动力能源。与电能一样,氢气作为能源载体,可以通过一次能源的转化获取,成为化石能源向非化石能源转换、碳的低排放向碳的零排放的桥梁。

随着科学技术和新兴产业迅速发展,氢能正广泛应用于能源、化工、冶金、电子、机械等民用行业以及航空航天、核工业等国防工业领域,但氢能的大规模商业应用还要解决以下关键问题:

① 目前制氢效率很低,因此寻求大规模的廉价的制氢技术是各国科学家共同

关心的问题。

②安全可靠的储氢和输氢方法。由于氢易气化、着火、爆炸，因此妥善解决氢能的储存和运输问题也就成为开发氢能的关键。

③高效稳定长寿命的燃料电池发电系统的研发，提升氢能进一步利用的市场空间和商业化水平。

为此，需要对氢能制备、储存及利用、燃料电池等关键技术、关键材料及未来发展方向等进行重点研究。

4.2 电化学催化

燃料电池是运用电化学反应的发电装置，纯水电解制氢利用已有电能催化氢、氧析出的装置，而氧电极表面氧析出与还原反应的缓慢动力学过程是限制质子交换膜燃料电池与水电解性能提高的主要瓶颈，所以有必要对电化学催化的原理及关键材料的制备技术进行系统的研究。

电化学催化不同于常规化学催化，要区分常规化学催化和电化学催化的不同特点：

（1）常规化学催化的特点

①反应物和催化剂之间的电子传递在限定的区域内进行，反应过程中既不能从外电路送入电子，也不能从反应体系导出电子或获得电流；

②电子的转移过程无法从外部加以控制；

③反应主要以反应的焓变化为目的。

（2）电化学催化反应的特点

①有纯电子的转移；

②电机作为非均相催化剂，既是反应场所，又是电子供-受场所，即电催化反应同时具有催化化学反应和使电子迁移的双重功能；

③反应过程可以利用外部回路来控制超电压，从而使反应条件、反应速率比较容易控制；

④反应输出的电流可以作为测定反应速率快慢的依据。

电化学反应一般分为直接反应和间接反应。直接反应是电极直接参加电化学反应，并有所消耗（阳极溶解）或生长（阴极电沉积），多属于金属电极过程；间接反应电极本身并不直接参加电极反应和消耗（惰性电极或不溶性电极），但对电化学反应的速度和反应机理有重要的影响，这一作用称为电化学催化。

电化学催化是在电场作用下，存在于电极表面或溶液相中的修饰物（电活性的、非电活性的）能促进或抑制在电极上发生的电子转移反应，而电极表面或溶液相中的修饰物本身不发生变化的化学作用。其本质是通过改变电极表面修饰物（或表面状态）或溶液中的修饰物来大范围地改变反应的电势或反应速率，使电极不仅具有电子传递功能，还能促进和选择电化学反应的进行。

4.2.1 催化原理

活化能是指化学反应中，由反应物分子到达活化分子所需的最小能量。化学反应速率与其活化能的大小密切相关，活化能越低，反应速率越快，因此降低活化能会有效地促进反应的进行。如图 4-3 所示，催化剂是一种改变反应速率但不改变反应总标准吉布斯自由能的物质，催化剂在化学反应中引起的作用叫催化作用，催化剂加快反应是由于它的参与降低了反应过程的活化能。

表面电催化反应的共同特点是反应过程包含两个以上的连续步骤，且在电极表面上生成化学吸附中间物。一类是离子或分子通过电子传递步骤在电极表面上产生化学吸附中间物，随后吸附中间物经过异相化学步骤或电化学脱附步骤生成稳定的分子，如酸性溶液中的氢析出反应；另一类是反应物首先在电极上进行解离式或缔合式化学吸附，随后吸附中间物或吸附反应物进行电子传递或表面化学反应，如甲酸的电氧化。一般分为氧化-还原电催化和非氧化-还原电催化两种。

在催化过程中，固定在电极表面或存在于电解液中的催化剂本身发生氧化-还原反应，成为底物的电荷传递的媒介体，促进底物的电子传递。优良的电子传递媒介的特点：

① 一般能稳定吸附或滞留在电极表面；

② 氧化-还原的电位与被催化反应发生的电位相近，而且氧化还原电势与溶液的 pH 值有关；

③ 呈现可逆电极反应的动力学特征，氧化态和还原态均能稳定存在；

④ 可与被催化的物质之间发生快速的电子传递；

⑤ 一般要求对氧气惰性或非反应活性。

非氧化还原催化如图 4-4 所示，固定在电极表面的催化剂本身在催化过程中并不发生反应，而是产生某种化学生成物或某些其他的电活性中间体，使总的活化能降低。

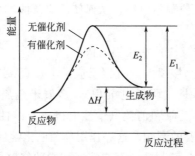
图 4-3 催化过程活化能对比

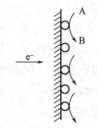
图 4-4 非氧化还原催化

4.2.2 电催化剂材料及其制备

（1）浸渍法

将含有活性组分（或连同助催化剂组分）的液态（或气态）物质浸载在固态

载体表面上。此法的优点为：可使用外形与尺寸合乎要求的载体，省去催化剂成型工序；可选择合适的载体，为催化剂提供所需的宏观结构特性，包括比表面、孔半径、机械强度、热导率等；负载组分仅仅分布在载体表面上，利用率高，用量少，成本低。广泛用于负载型催化剂的制备，尤其适用于低含量贵金属催化剂。

影响浸渍效果的因素有浸渍溶液本身的性质、载体的结构、浸渍过程的操作条件等。浸渍方法分为以下几种：

① 超孔容浸渍法。浸渍溶液体积超过载体微孔能容纳的体积，常在弱吸附的情况下使用。

② 等孔容浸渍法。浸渍溶液与载体有效微孔容积相等，无多余废液，可省略过滤，便于控制负载量和连续操作。

③ 多次浸渍法。浸渍、干燥、煅烧反复进行多次，直至负载量足够为止，适用于浸载组分的溶解度不大的情况，也可用来依次浸载若干组分，以回避组分间的竞争吸附。

④ 流化喷洒浸渍法。浸渍溶液直接喷洒到反应器中处在流化状态的载体颗粒上，制备完毕可直接转入使用，无需专用的催化剂制备设备。

⑤ 蒸气相浸渍法。借助浸渍化合物的挥发性，以蒸气相的形式将它负载到载体表面上，但活性组分容易流失，必须在使用过程中随时补充。

（2）沉淀法

用沉淀剂将可溶性的催化剂组分转化为难溶或不溶化合物，经分离、洗涤、干燥、煅烧、成型或还原等工序，制得成品催化剂。广泛用于高含量的非贵金属、金属氧化物、金属盐催化剂或催化剂载体。沉淀法可分为以下几种：

① 共沉淀法。将催化剂所需的两个或两个以上的组分同时沉淀的一种方法。其特点是一次操作可以同时得到几个组分，而且各个组分的分布比较均匀。如果组分之间形成固溶体，那么分散度更为理想。为了避免各个组分的分步沉淀，各金属盐的浓度、沉淀剂的浓度、介质的 pH 值及其他条件都须满足各个组分一起沉淀的要求。

② 均匀沉淀法。首先使待沉淀溶液与沉淀剂母体充分混合，形成一个十分均匀的体系，然后调节温度，逐渐提高 pH 值，或在体系中逐渐生成沉淀剂等，创造形成沉淀的条件，使沉淀缓慢地进行，以制取颗粒十分均匀而比较纯净的固体。例如，在铝盐溶液中加入尿素，混合均匀后加热升温至 $90 \sim 100 ℃$，此时体系中各处的尿素同时水解，放出 OH^-，于是氢氧化铝沉淀可在整个体系中均匀地形成。

③ 超均匀沉淀法。以缓冲剂将两种反应物暂时隔开，然后迅速混合，在瞬间内使整个体系在各处同时形成一个均匀的过饱和溶液，可使沉淀颗粒大小一致，组分分布均匀。在沉淀槽中，底部装入硅酸钠溶液，中层隔以硝酸钠缓冲剂，上层放置酸化硝酸镍，然后骤然搅拌，静置一段时间，便析出超均匀的沉

淀物。

④ 浸渍沉淀法。在浸渍法的基础上辅以均匀沉淀法，即在浸渍液中预先配入沉淀剂母体，待浸渍操作完成后加热升温，使待沉淀组分沉积在载体表面上。

（3）混合法

多组分催化剂在压片、挤条等成型之前，一般都要经历这一步骤。此法设备简单、操作方便、产品化学组成稳定，可用于制备高含量的多组分催化剂，尤其是混合氧化物催化剂，但此法分散度较低。

混合可在任何两相间进行，可以是液-固混合（湿式混合），也可以是固-固混合（干式混合）。混合的目的：一是促进物料间的均匀分布，提高分散度；二是产生新的物理性质（塑性），便于成型，并提高机械强度。

混合法的薄弱环节是多相体系混合和增塑的程度。固-固颗粒的混合不能达到像两种流体那样的完全混合，只有整体的均匀性而无局部的均匀性。为了改善混合的均匀性、增加催化剂的表面积、提高丸粒的机械稳定性，可在固体混合物料中加入表面活性剂。由于固体粉末在同表面活性剂溶液的相互作用下增强了物质交换过程，可以获得分布均匀的高分散催化剂。

（4）滚涂法

将活性组分黏浆置于可摇动的容器中，无孔载体小球布于其上，经过一段时间的滚动，活性组分便逐渐黏附在载体表面。为了提高涂布效果，有时还要添加黏结剂。由于活性组分容易剥离，滚涂法已不常用。

（5）离子交换法

此法用离子交换剂作载体，以反离子的形式引入活性组分，制备高分散、大表面的负载型金属或金属离子催化剂，尤其适用于低含量、高利用率的贵金属催化剂制备，也是均相催化剂多相化和沸石分子筛改性的常用方法。

（6）热熔融法

借高温条件将催化剂的各个组分熔合成为均匀分布的混合体、氧化物固体溶液或合金固体溶液，以制取特殊性能的催化剂。一些需要高温熔炼的催化剂常用这种方法。

（7）锚定法

均相催化剂的多相化在 20 世纪 60 年代开始引人注目。这是因为均相配合物催化剂的基础研究有了新的进展，其中有些催化剂的活性、选择性很好，但由于分离、回收、再生工序烦琐，难于应用到工业生产中去。因此，把可溶性的金属络合物变为固体催化剂，成为当务之急。配合物催化剂一旦实现了载体化，就有可能兼备均相催化剂和多相催化剂的长处，避免它们各自的不足。

锚定法是将活性组分（比做船）通过化学键合方式（比做锚）定位在载体表面（比做港）上。此法多以有机高分子、离子交换树脂或无机物为载体，负载铑、钯、铂、钴、镍等过渡金属配合物。能与过渡金属配合物化学键合的载体的表面上有某些功能团（或经化学处理后接上功能团），例如—X、—CH₂X、—OH等基团。将这类载体与膦、胂或胺反应，使之膦化、胂化、胺化。再利用这些引上载体表面的磷、砷、氮原子的孤对电子与配合物中心金属离子进行配位，可以制得化学键合的固相化催化剂。如果在载体表面上连接两个或多个活性基团，制成多功能固相化催化剂，则在一个催化剂装置中可以完成多步合成。

4.2.3　膜电极技术

膜电极（membrane electrode assembly，MEA）为燃料电池及质子交换膜纯水电解过程中实现化学能与电能转换的关键部件，为电化学反应提供质子、电子、反应气体和水的连续通道，其性能好坏直接影响单电池及电堆整体性能的发挥。

膜电极由质子交换膜、催化剂层、气体扩散层组成。一般来说，这些部件独立制备，然后在高温高压下压制在一起。如图 4-5 所示，一个运行良好的电极可以很好地平衡燃料电池正常工作的运输过程。三种必需的运输过程有：

① 质子（H⁺）在电催化层中沿 Nafion 聚合物（质子导体）传导，并在膜中从阳极传递到阴极；

② 电子在电催化层中依靠催化剂的电子导电性进行传输，并通过气体扩散层到达外电路；

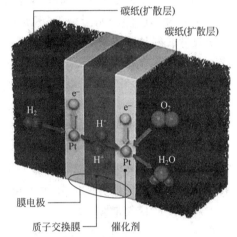

图 4-5　质子交换膜燃料电池膜电极结构示意图

③ 反应气体和气体产物在多孔性的催化剂层和气体扩散层中的传输。

所以说，膜电极中存在质子、电子和气体等多相传输通道，通过优化电极结构设计，合理分配催化剂内部介于各相传输媒介之间的空间，以此来减少传输损失，是提升燃料电池膜电极性能的关键手段。

膜电极是多相物质传输和电化学反应的场所，主要由催化剂、质子交换膜及其溶液、气体扩散层制备而成。膜电极的制备工艺一直是燃料电池及电解水领域的核心技术。由于目前非铂催化剂活性低、耐久性差，还无法取代铂基催化剂，实际应用的 PEMFC 催化剂均为含 Pt 催化剂。研制高性能超低 Pt 载量的膜电极对于加速 PEMFC 商业化进程具有十分重要的意义。

20 世纪 60 年代，美国通用电气公司采用铂黑作为 PEMFC 催化剂，当时膜电极 Pt 载量超过 4mg/cm²；20 世纪 90 年代初，美国洛斯阿拉莫斯国家实验室（LANL）采用碳载铂（Pt/C）取代铂黑的油墨（Ink）制造工艺后，使得膜电极的 Pt 载量成倍地降低，该油墨制造工艺至今仍普遍采用；2000 年后，低温、全固态的膜电极技术逐渐成熟，使得 PEMFC 进入面向示范应用的阶段。伴随着

PEMFC 几十年的发展，膜电极技术经历了几代革新，大体上可分为热压法、CCM（catalyst coating membrane）法和有序化膜电极三种类型。

第一代是将催化剂、PTFE 乳液或 Nafion 溶液与醇类溶剂混合的催化剂浆料制备到气体扩散层的多功能层上形成电极，然后将质子交换膜夹在两层电极之间进行热压制成膜电极，即热压法，该方法催化层较厚，铂利用率低。第二代是将催化层通过转印法或直接喷涂法制备到质子交换膜两面上，形成 CCM 三合一膜电极，该方法催化层较薄（一般在 $10\mu m$ 以下），CCM 制备工艺现已被广泛采用，是目前主流的商业化制备方法。由于 H/Pt 的交换电流密度（$10^{-3}\,A/cm^2$）是 O/Pt（$10^{-9}\,A/cm^2$）的约百万倍，及电化学反应过程不同，膜电极中阳极与阴极往往采用非对称设计，如阴极 Pt 载量一般是阳极载量的数倍，同时 Nafion 含量、孔隙尺寸、附加功能层在阴阳极有所不同，以期促进氧还原反应，防止水淹与干涸，减小浓差极化，增大耐久性能，提高发电功率密度，从而降低 Pt 用量。

针对燃料电池内部电压、电流、温度、氧气浓度、氢气浓度、水分含量等分布的固有不均匀性，人们尝试在 MEA 的结构设计中引入梯度化设计。MEA 梯度化设计是一个多维度、多方向且需要结合具体工作条件进行的结构优化，合理的梯度化设计在一定程度上实现了 MEA 在低 Pt 载量、低加湿及高电流密度下稳定工作。传统膜电极催化层属多孔复合电极，催化层中物质与孔隙的分布均为无序状态，催化层的传质过电位占 PEMFC 总传质过电位的 20%～50%，这是梯度化也无法解决的技术难题。随着纳米线状材料的发展，人们尝试将其引入到膜电极催化层，主要包括纳米管材料、催化剂纳米线及高质子传导纳米纤维。纳米线状材料的引入，催生了有序化膜电极概念，即第三代膜电极制备技术。

有序化膜电极包括质子导体有序化膜电极和电子导体有序化膜电极两大类，而电子导体有序化膜电极包括催化剂材料有序化膜电极和催化剂载体材料有序化膜电极。如图 4-6 所示，有序化膜电极具有良好的电子、质子、水和气体等多相物质传输通道，从而可以大大降低膜电极中 Pt 载量、提升燃料电池的发电性能和延长燃料电池寿命。有序化膜电极能兼顾超薄电极和结构控制，拥有巨大的单位体积的反应活性面积及孔隙结构相互贯通的新奇特性，突出优点包括：高效三相传输，高 Pt 利用率，耐久性得到改善。近十年来，有序化膜电极得到迅速发展，成了 PEMFC 领域的研究热点。

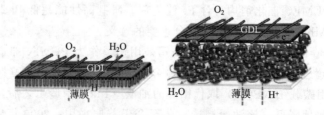

图 4-6　有序化膜电极与传统膜电极的对比

有序化膜电极的主要优势：

① 将催化剂本体活性与电极结构统一起来；

② 催化层厚度较薄，有利于物料传质，当催化层厚度在 $1\mu m$ 左右时，无需 Nafion 离子聚合物；

③ 有序结构减小了传质路径的曲折度，使电子、质子及物料传输路径有序分离；

④ 有序载体的稳定性普遍高于商业 XC-72 碳载体，不同于传统电极结构碳载体、催化剂、孔结构等的无序分布，有序化提升电化学反应三相界面。

4.3 氢的制取

目前，国际上氢生产的主要来源分布情况见图 4-7，目前全球氢产量约 5000 万吨/年，并且以每年 $6\%\sim7\%$ 的速度在增长。而目前商业用的氢大约有 96% 是从煤、石油和天然气等化石燃料中制取的。我国制氢原料中，化石燃料占比高于世界的比重。

图 4-8 给出了各种可能的制氢方法与技术，包括可再生及不可再生能源制氢技术及工艺。目前，在各种制氢技术中，世界各国的工业化氢技术仍以煤的蒸汽重整和石油、天然气的部分氧化重整为主。其中蒸汽重整法是当前最为经济的方法，被用于集中式大规模制氢，在美国和欧洲，石油和天然气的重整制氢占到 90% 以上。这种制氢技术的研究重点是提高催化剂的寿命和热的优化利用两个方面。

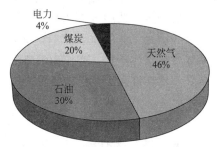

图 4-7 氢的主要来源分布图

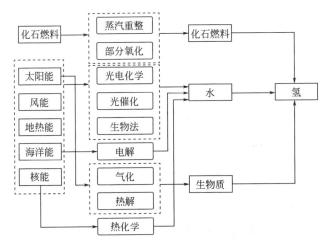

图 4-8 氢的不同制备方式

国内外在进行了利用太阳能、水能、风能及海洋能等制氢实验性研究后，预测电解水用于制氢的前景不可估量，但规模化生产还需要一定时间。氢的制备取决于制备技术，但制备技术的发展除去技术本身的问题外，很大程度上还取决于生产过程的成本，包括原料费用、设备费用、操作与管理费用等，以及产品及副产品的价值。此外，还取决于资源的丰富程度，以及对环境保护的重视程度等。

4.3.1 化石燃料制氢

在"氢经济"的起始阶段，氢将主要从矿物燃料（煤、石油、天然气）中获得。目前全球 H_2 产量在 5000 万吨/年左右，且年增长率为 6％～7％。全球商业用 H_2 大约 96％由煤、石油和天然气等化石燃料制取。我国生成的 H_2 有 80％以上用于合成氨工业，而合成氨以煤为主，无烟煤、焦炭占 62％～65％，轻油和重油占 12％～16％，天然气占 18％～23％。尽管化石燃料储量有限，制氢过程对环境造成污染，但更为先进的化石能源制氢技术作为一种过渡工艺，仍将在未来几十年的制氢工艺中发挥重要作用。目前化石燃料制得的氢主要作为石油、化工、化肥和冶金工业的重要原料，如烃的加氢、重油的精炼、合成氨和合成甲醇等。某些含氢气体产物，亦作为燃料供城市使用。化石燃料制氢在我国具有成熟的工艺，并建有许多工业生产装置。

4.3.1.1 天然气制氢

天然气被广泛认为是继木柴、煤炭和石油之后的第四代主题能源。经过地下开采的天然气含有多种组分，主要成分是甲烷，其他成分为水、碳氢化合物、H_2S、N_2、CO_x。因此，在天然气进入管网前，要除去硫化物等杂质，进入管网的天然气一般含有甲烷 75％～85％与一些低碳饱和烃、CO_2 等。如图 4-9 所示，天然气制氢的工艺流程由原料气处理、蒸汽转化、CO 变换和氢气提纯四大单元组成。

图 4-9　天然气水蒸气重整制氢工艺流程

（1）原料气处理单元

对于天然气制氢来说，原料气处理是第一个阶段，也是初始阶段，这个阶段处理的好坏直接决定天然气制氢的质量，这个阶段主要是脱硫，采用一些脱硫剂进行原料的脱硫。因为原料气量比较大，这就需要对其进行压缩，选择比较大的离心式压缩机比较合适，对天然气进行蒸馏之后，需要在回炉之前进行脱硫工艺。和传统的工艺制造相比较，新工艺采用了脱硫新技术，消耗原材料比原来的降低近一半的用量。原料气处理过程中蒸馏需要新技术，这种新技术有着自己的特点，在蒸馏过程中会出现催化剂加速反应，增加脱硫效率，加速一些特殊分子的排除，同时对热量的二次回收既经济又环保，保障了热量不会大量流失，变换气工作实现得更加流畅。

（2）蒸汽转化单元

水蒸气为氧化剂，在镍催化剂的作用下将烃类物质转化，得到制取氢气的转化气。转化炉的型式、结构各有特点，上、下集气管的结构和热补偿方式以及转化管的固定方式也不同。虽然对流段换热器设置不同，但在蒸汽转化单元都采用了高温转化和相对较低水碳比的工艺操作参数设置，有利于转化深度的提高，从而节约原料消耗。

（3）CO 变换单元

转化炉送来的原料气含一定量的 CO，变换的作用是使 CO 在催化剂存在的条件下，与水蒸气反应而生成 CO_2 和 H_2。按照变换温度变换工艺可分为高温变换（350～400℃）和中温变换（低于 300～350℃）。近年来，由于注重对资源的节约，在变换单元的工艺设置上，开始采用 CO 高温变换加低温变换的两段变换工艺设置，以进一步降低原料的消耗。

（4）氢气提纯单元

这是最后一个阶段，也是天然气制氢的一个关键阶段，当前很多制氢公司都采取了低耗能的变压吸附净化系统，这种制氢相比高耗能的脱碳净化系统和甲烷系统而言更为低耗节约，能够更好地实现节能和流程的简化。富氢气会切割到其他吸附塔之中，减缓作业状态下的吸附塔压力，提升缓压速度，降低疲劳程度，有效达到了氢气纯度的提升，可以获得纯度更高的氢气。这个阶段是制氢的最后一个阶段，也是制氢技术的一个关键阶段。各制氢公司在工艺中已采用能耗较低的变压吸附（PSA）净化分离系统代替能耗高的脱碳净化系统和甲烷化工序，实现节能和简化流程的目标，在装置出口处可获得纯度高达 99.99％的氢气。

4.3.1.2 煤制氢

常规的化石能源的利用过程主要通过燃烧来进行。燃烧过程会释放出大量的污染物，因此许多国家，如美国、日本以及我国等均制定了洁净煤技术的研究规划，大力发展先进的洁净煤利用技术。其中煤制氢-燃料电池发电是洁净煤的重要研究和发展方向。

我国是煤炭资源十分丰富的国家，目前，煤在能源结构中的比例高达 70％左右，未来相当长一段时间，我国能源结构仍以煤为主，因此利用煤制氢是一条具有中国特色的制氢路线。煤制氢的缺点是生产装置投资大，另外，煤制氢过程还排放大量的温室气体二氧化碳。要想使煤制氢得到推广应用，应设法降低装置投资，并使二氧化碳得到回收和充分利用，而不排向大气。

传统的煤制氢过程可以分为直接制氢和间接制氢。以煤为原料直接制取含氢气体的方法主要有两种：

（1）煤的焦化（或称高温干馏）

焦化是指煤在隔绝空气条件下，在900～1000℃制取焦炭，副产品为焦炉煤气。焦炉煤气组成中含氢气55%～60%（体积分数）、甲烷23%～27%、一氧化碳5%～8%等。每吨煤可得煤气300～350m³，可作为城市煤气，亦是制取氢气的原料。

（2）煤的气化

煤炭气化是指煤在特定的设备里，在一定的温度及压力下使煤中有机质与气化剂（如蒸汽/空气或氧气等）发生一系列化学反应，将固体煤转化为以CO、H_2、CH_4等可燃气体为主要成分的生产过程。煤炭气化时，必须具备三个条件，即气化炉、气化剂、供给热量，三者缺一不可。

煤的间接制氢过程：将煤首先转化为甲醇，再由甲醇重整制氢。

煤的气化是煤制氢最主要的方式，下面主要针对煤气化制氢反应过程及相关工艺进行介绍。

所谓煤气化就是指煤与气化剂在一定的温度、压力等条件下发生化学反应而转化为煤气的工艺过程。其工艺流程如图4-10所示，传统的煤气化制氢工艺流程，首先将煤（分干法和湿法，干法为煤粉，湿法为水煤浆）送入气化炉，与分离空气得到的氧气反应，生成以一氧化碳为主的合成煤气（H_2、CO、CH_4及其他气体），再经过净化处理后，进入一氧化碳变换反应器，与水蒸气反应，产生氢气和二氧化碳，产品气体分离二氧化碳、变压吸附后得到较纯净的氢气和副产品二氧化碳。

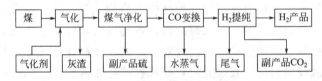

图4-10　煤气化制氢技术工艺流程

煤制氢的反应原理是在高温下煤中的碳与水蒸气发生热化学反应。煤气化制氢主要包括两个过程：造气反应、水煤气变换反应及氢的纯化与压缩。

研究表明，碳与水蒸气反应，其初次反应是：

$$C(s)+H_2O(g)\longrightarrow CO(g)+H_2(g) \tag{4-1}$$

在过量水蒸气的参与下，继而又发生反应：

$$CO(g)+H_2O(g)\longrightarrow CO_2(g)+H_2(g) \tag{4-2}$$

煤气中生成的CO在一定条件下和水蒸气发生放热的水汽变换反应转化为H_2。在不同条件下其反应热不同。上述前一个为吸热反应，后一个为放热反应，总反应如下：

$$C(s)+2H_2O(g)\longrightarrow CO_2(g)+2H_2(g) \tag{4-3}$$

煤气化反应是一个吸热反应，反应所需要热量由碳的氧化反应提供。除上述工艺外，还出现了多种煤气化的新工艺，如 Koppers-Totzek 法、Texco 法、Lurgi 法、气流床法、流化床法。近年来还研究开发了多种煤气化的新工艺、煤气化与高温电解结合的制造氢气工艺、煤的热裂解制造氢气工艺等。

目前，煤气化制氢技术在中国的发展存在以下问题：

① 采用的煤气化工艺绝大多数已经比较落后，煤气化效率较低；

② 煤气化过程的环保设施不健全，产生的污染物绝大多数是无控或少控排放；

③ 很少采用大型先进煤气化技术，规模较小，经济效益较差；

④ 主要以块煤或焦炭为气化原料，原料煤种及煤质的适应范围较窄。

4.3.1.3　液体化石能源制氢

液体化石能源，如甲醇、乙醇、轻质油和重油等也是制氢的重要原料，可通过设计适宜的工艺流程实现制氢，液体化石能源中又以甲醇制氢研究应用最多。工业制氢主要以天然气为原料，生产量大，适于大规模生产。甲醇制氢适于中、小规模应用。作为可移动的燃料电池电源、机动车电源的燃料，从货源、价格、安全性能方面综合考虑，甲醇是有竞争力的。

（1）甲醇制氢

甲醇制氢有四种途径：蒸汽重整、部分氧化、甲醇分解反应和产物气提纯。

① 蒸汽重整　甲醇蒸汽重整的催化剂常用 $CuO-ZnO$ 或 $CuO-CrO_2$，反应温度为 200～350℃，压力为 0.7～3MPa，反应历程为：

$$CH_3OH \longrightarrow CO + 2H_2 \tag{4-4}$$

$$CH_3OH + H_2O \longrightarrow CO_2 + 3H_2 \tag{4-5}$$

也可通过水气变换反应将 CO 进一步转化为 CO_2。这些反应均为可逆反应。合成气中除 H_2 和 CO_2 以外，还有少量 CO、CH_4、CH_3OH。合成气的组成，特别是其中 CO 的含量，受进料气碳比值的影响很大。图 4-11 是不同气碳比值时重整反应的热力学平衡组成。可以看出，平衡数据显示，随着进料气碳比的增加，产物中 CO 的含量迅速下降。当气碳比大于 3 时，产物气组成趋于平衡。图 4-12 为一典型的甲醇重整制氢工艺流程。

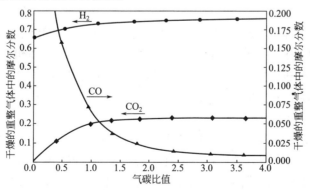

图 4-11　气碳比值对蒸汽重整反应平衡的影响（310℃，0.5MPa）

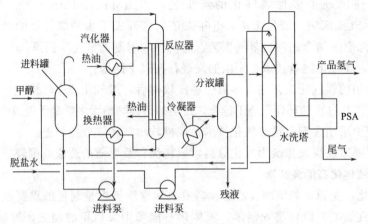

图 4-12　甲醇水蒸气重整制氢工艺流程图

② 部分氧化　甲醇在含铜催化剂存在下的不完全氧化曾用来生产甲醛，但其产物必须骤冷，以防止甲醛继续分解为 CO 和 H_2。如果没有骤冷处理，甲醛基本上完全分解。在适当条件下，甲醇与氧（空气）的不完全氧化反应几乎定量进行，反应如下：

$$CH_3OH + 1/2O_2 \longrightarrow CO_2 + 2H_2 \tag{4-6}$$

该反应在 500K 左右反应速率很高。混合金属催化剂的甲醇转化率及选择性优于单一金属催化剂。低温合成甲醇的商业催化剂为 Cu-ZnO，对甲醇的不完全氧化有优越的催化性能。甲醇转化率随温度及 O_2 与 CH_3OH 比值的提高而增加，氢气的产率也有相同趋势。但在高 O_2 与 CH_3OH 比值时，温度对氢气产率的影响不明显。实验还证实，当进料中氧的含量小于以上反应式的化学计量值时，同时发生甲醇的分解反应。

③ 甲醇分解反应　甲醇分解反应是合成甲醇的逆反应。在没有催化剂的情况下当温度高于 700℃ 时，甲醇分解为 CO 和 H_2。以高比表面的物质做载体的过渡金属（Ni、Cu、Nb）或过渡金属氯化物对甲醇分解有催化作用，提高反应速率以及选择性。

④ 产物气提纯　甲醇裂解气主要组分是 H_2 及 CO_2，其他杂质组分是 CH_4、CO 及微量 CH_3OH，变压吸附技术从原料气中分离除去杂质组分，获得纯氢产品。甲醇裂解-变压吸附制氢技术分为供热工序、甲醇裂解选气工序、变压吸附提取纯氢工序。各工序相互制约，密切联系。

（2）移动式甲醇重整制氢

移动式甲醇重整器是为了适应可移动燃料电池电源和燃料电池动力机动车的需要而发展起来的，特点是体积小、启动快、安全稳定。国际上一些著名的汽车制造商（如戴姆勒-克莱斯勒、通用、丰田、三菱、日产）、石油公司（如 Shell、Epyx）和电气公司（如国际燃料电池、富土、保拉德），都在积极研究开发车载甲醇重整器，以推动燃料电池汽车的商业化进程。中国也把燃料电池开发的重点放在车载燃料电池上。

移动式甲醇制氢装置一般包括3个独立部分：催化燃烧器、重整反应器、气体净化器。依据进料是否含有氧气，分为重整器和自供热重整器。

（3）以轻质油为原料制氢

该法是在有催化剂存在下与水蒸气反应转化制得氢气。

$$C_nH_{2n-2}+nH_2O(g)\longrightarrow nCO+(2n-1)H_2 \tag{4-7}$$

$$CO+H_2O\longrightarrow CO_2+H_2 \tag{4-8}$$

反应在800~820℃下进行。从上述反应可知，也有部分氢气来自水蒸气。用该法制得的气体组成中，氢气含量可达74%（体积分数）。其生产成本主要取决于原料价格。我国轻质油价格高，制气成本贵，应用受到限制。大多数大型合成氨、合成甲醇工厂均采用天然气为原料，催化水蒸气转化制氢的工艺。

（4）以重油为原料部分氧化法制取氢气

重油原料包括常压、减压渣油及石油深度加工后的燃料油。重油与水蒸气及氧气反应制得含氢气体产物。部分重油燃烧提供转化吸热反应所需热量及一定的反应温度。气体产物组成：氢气46%（体积分数），一氧化碳46%，二氧化碳6%。该法生产的氢气产物成本中，原料货约占1/3，而重油价格较低，故被人们重视。我国建有大型重油部分氧化法制氢装置，用于制取合成氨的原料。

重油部分氧化包括碳氢化合物与氧气、水蒸气反应生成氢气和碳氧化物，典型的部分氧化反应如下：

$$C_nH_m+n/2O_2\longrightarrow nCO+m/2H_2 \tag{4-9}$$

$$C_nH_m+nH_2O\longrightarrow nCO+(n+m/2)H_2 \tag{4-10}$$

$$CO+H_2O\longrightarrow CO_2+H_2 \tag{4-11}$$

该过程在一定的压力下进行，可以采用催化剂，也可以不采用催化剂，这取决于所选原料与过程。催化部分氧化通常是以甲烷或石脑油为主的低碳烃为原料，而非催化部分氧化则以重油为原料，反应温度在1150~1315℃。与甲烷相比，重油的碳氢比较高，因此重油部分氧化制氢的氢气主要来自蒸汽和一氧化碳，其中蒸汽贡献氢气的69%。与天然气蒸汽转化制氢气相比，重油部分氧化需要空分设备来制备纯氧。

4.3.2　生物及生物质制氢

现代生物制氢的研究始于20世纪70年代的能源危机，20世纪90年代因为对温室效应的进一步认识，生物制氢作为可持续发展的工业技术再次引起人们重视。生物制氢是利用某些微生物代谢过程来生产氢气的一项生物工程技术，所用原料可以是有机废水、城市垃圾或者生物质，来源丰富，价格低廉。其生产过程清洁、节能，且不消耗矿物资源，生物质资源丰富，是重要的可再生能源，生物制氢技术具有良好的环境性和安全性。

生物制氢按照微生物的种类、是否需要光照以及底物的不同等可以分为以下几类：

（1）光合成生物制氢系统

植物和藻类通过光合作用生成有机化合物，而产氢藻类可通过相同的生物反应生成氢气。这一过程涉及光吸收的两个不同系统：裂解水和释氧的光系统Ⅰ（PSⅠ）和生成还原剂还原 CO_2 的光系统Ⅱ（PSⅡ）。PSⅡ吸收光能后光解水，释放出质子、电子和氧气，电子在 PSⅠ吸收的光能的作用下传递给铁氧还蛋白（Fd）。可逆氢化酶接受还原态铁氧还蛋白传递的电子并释放出氢气。

（2）光分解生物制氢系统

蓝细菌可以利用光合作用合成并释放 H_2。蓝细菌（或称蓝藻）属革兰氏阳性菌，具有和高等植物同一类型的光合系统及色素，能够进行氧的合成。蓝细菌在形态上差异很大，有单细胞的、丝状的，也有聚居的。所需的营养非常简单，空气（N_2 和 O_2）、水、矿物盐和光照即可。蓝细菌的许多种属都含有能够进行氢代谢和氢合成的酶类，包括固氮酶和氢化酶。固氮酶催化产生分子氢，氢化酶既可以催化氢的氧化，也可以催化氢的合成，是一种可逆双向酶。

（3）光合异养菌水气转化反应制氢系统

某些光能异养菌能够以 CO 为唯一碳源在无光照中生长，在一氧化碳脱氢酶（一种氧化还原酶）的催化下产生 ATP，同时放出 H_2 和 CO_2。该反应是酶促反应，且只能在低温低压下进行。反应方程如下：

$$CO(g) + H_2O(l) \longrightarrow CO_2(g) + H_2(g) \tag{4-12}$$

（4）厌氧发酵生物制氢系统

厌氧微生物可以在暗环境中以碳水化合物为底物生产氢气。厌氧细菌在黑暗、厌氧条件下分解有机物产生氢气，称为厌氧发酵产氢。在厌氧发酵中，葡萄糖首先经糖酵解等途径生成丙酮酸，合成 ATP 和还原态的烟酰胺腺嘌呤二核苷酸。然后由厌氧发酵细菌将丙酮酸转化为乙酰辅酶 A，生成氢气和二氧化碳。

（5）光合-发酵杂交生物制氢系统

光合-发酵杂交生物制氢系统包括非光合细菌和光合细菌，可以提高生物制氢系统的产氢量。非光合细菌不需光照就能够降解碳水化合物产生氢气，产生的有机酸又可以被光合细菌利用。非光合细菌首先在第一相（暗反应器，不需光照）中将有机物降解为有机酸并生成氢气，出水进入第二相（光反应器，需光照）后，光合细菌便彻底降解有机酸产生氢气。该系统中，非光合细菌和光合细菌分别在各自的反应器中进行反应，易于控制其分别达到最佳状态。这两种细菌的结合不仅减少了所需光能，而且增加了氢气产量，同时也彻底分解了有机物。该工艺已成为生物制氢工艺的发展方向。

生物质能是以生物质为载体的能量，即把太阳能以化学能形式固定在生物质中的一种能量形式。生物质能是唯一可再生的碳源，并可转化成常规的固态、液态和气态燃料，是解决未来能源危机最有潜力的途径之一。生物质是一种可再生资源，它不仅资源丰富产量巨大，而且生物质中硫含量和灰分含量都比较低，利用过程中对环境污染小，也不会增加自然界碳的循环总量，因此进行生物质制氢具有现实意义。经过最近几十年的发展，利用生物质制氢有了很大的发展，但是所制得的氢在整个氢产量中的比例很低。生物质热化学制氢可分为直接制氢和间接制氢两大类，主要包括快速热解液化间接制氢以及催化气化制氢、超临界水制氢、等离子体热解气化制氢和生物质裂解油蒸汽重整制氢等。虽然目前生物质热化学转化制氢在技术上是最具有规模化前景的工艺方法，但是还有一些难以解决的问题。关键之处在于：其一，由于生物质的种类繁多，结构不同，不能简单地采用单一的进料方式；其二，生物质气化相比煤气化来说虽然气体中粉尘、S、N的量要少，但是焦油的含量却高得多。此外，生物质的体积庞大，能量密度低，在储存、运输等方面都有不便之处。因此有学者提出可以考虑将生物质液化，再进行气化裂解，通过水蒸气催化重整得到氢气的两步制氢工艺。

4.3.3 太阳能光解水制氢

传统的制氢方法需要消耗巨大的常规能源，使氢能身价太高，大大限制了氢能的推广应用。于是科学家们很快想到利用取之不尽、廉价的太阳能作为氢能形成过程中的一次能源，使氢能开发展现出更加广阔的前景。科学家们发现了以光催化材料为"媒介"，能利用太阳能把水裂解为燃料电池所必需的氧和氢，科学家称这种仅用阳光和水生产出氢和氧的技术为"人类的理想技术之一"。

目前，借助光电过程利用太阳能光解水的途径主要有光电化学法、均相光助络合法和半导体光催化法。如图 4-13 所示，其中光电化学法通过光阳极吸收太阳能将光能转化为电能。光阳极通常采用半导体材料，受光激发产生电子-空穴对，阳极和阴极组成光化学电池，在电解质存在下光阳极吸光后在半导体上产生电子，通过外电路流向阴极，水中的质子从阴极上接受电子产生氢气。光解水效率与以下因素有关：受光激励产生的自由电子-空穴对的数量；自由电子-空穴对的分离、存活寿命；再结合及逆反应抑制等。由于以上原因，构筑有效的光催化材料成为光解水研究的关键。

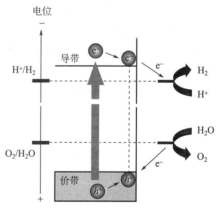

图 4-13 太阳能光解水制氢原理

在各种光催化剂中，TiO_2 由于其良好的化学稳定性、抗磨损性、低成本和无毒等特点，成为半导体光催化领域的主要研究对象之一。但是常规制备的 TiO_2 存在着晶粒尺寸大、比表面积小以及低分散性等缺点，而且 TiO_2 光催化剂中的大部分仅能吸收只占太阳光总能 3%～5% 的紫外线。另外，目前能够在可见光区使用的光催化剂几乎都存在光腐蚀，必须采用牺牲剂进行抑制。因此，研究和制备对可见光高效吸收和转化的光解水催化剂成为太阳能半导体光解水制氢技术发展的关键因素。目前，对可见光半导体催化材料的研究主要集中在两个方面：一是对已发展的光催化材料，利用负载、掺杂等手段进行修饰使吸收带红移至可见光区；二是设计新型的可见光响应半导体光催化材料。

太阳能光催化分解水虽然取得了较大进展，但是光催化剂和光催化体系仍然存在诸多问题，如光催化剂大多仅在紫外光区稳定有效，能够在可见光区使用的光催化剂不但催化活性低，而且都存在光腐蚀现象，能量转化效率也很低。因此，光解水的研究还有很多工作尚待进行，如发展具有特殊结构的本身具有较高的氢生成活性中心的新型催化剂、优化催化剂的制备条件、减少或避免使用负载贵金属、循环使用牺牲剂甚至无需牺牲剂反应等，将是太阳能光催化分解水应用的主要研究发展方向。

4.3.4　热化学分解水制氢

最简单的热化学分解水过程就是将水加热到很高的温度，然后将产生的氢气从平衡混合物中分离出来。在标准状态下（25℃、1atm）水分解反应的热化学性质变化如下：

$$H_2O(l) \longrightarrow 1/2O_2(g) + H_2(g) \tag{4-13}$$
$$\Delta H = 285.84 kJ/mol; \Delta G = 237.19 kJ/mol \tag{4-14}$$

研究表明，在温度高于 2500K 时，水的分解才比较明显，而在此条件下的材料和分离问题都很难解决，因此水的直接分解常规条件下是不可行的。

为解决上述问题，科学家引入新的物种，将水分解反应分成几个不同的反应，并组成一个如下所示的循环过程。各步反应的熵变、焓变和 Gibbs 自由能变的加和等于水直接分解反应的相应值；而每步反应有可能在相对较低的温度下进行。在整个过程中只消耗水，其他物质在体系中循环，这样就可以达到热分解水制氢的目的。

$$H_2O + X \longrightarrow XO(g) + H_2 \tag{4-15}$$
$$XO \longrightarrow X + 1/2O_2 \tag{4-16}$$

净结果为：

$$H_2O(l) \longrightarrow 1/2O_2(g) + H_2(g) \tag{4-17}$$

按照涉及的物料，热化学循环制氢体系可分为氧化物体系、含硫体系和金属-卤化物体系。

（1）氧化物体系

氧化物体系是利用较活泼的金属与其氧化物之间的互相转换或者不同价态的金属氧化物之间进行氧化还原反应的两步循环：一是高价氧化物（MO_{ox}）在高温下分解成低价氧化物（MO_{red}），放出氧气；二是 MO_{red} 被水蒸气氧化成 MO_{ox} 并放出氢气，这两步反应的焓变相反。

$$MO_{red}(M) + H_2O \longrightarrow MO_{ox} + H_2 \tag{4-18}$$

$$MO_{ox} \longrightarrow MO_{red}(M) + 1/2O_2 \tag{4-19}$$

（2）含硫体系

含硫体系研究的循环主要有 4 个：碘硫循环、H_2SO_4-H_2S 循环、硫酸-甲醇循环和硫酸盐循环。前 3 种过程的共同点是都有硫酸的高温分解步骤。本体系中研究最广泛的是如图 4-14 所示的 IS 循环。

（3）金属-卤化物体系

在金属-卤化物体系中，最著名的循环为日本东京大学发明的绝热 UT-3 循环，金属选用 Ca，卤素选用 Br，过程如图 4-15 所示。

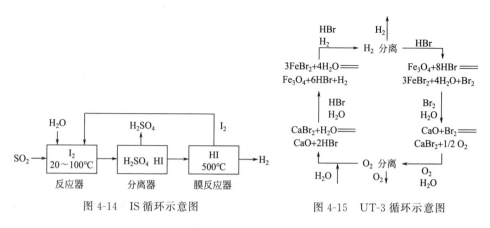

图 4-14　IS 循环示意图　　　　图 4-15　UT-3 循环示意图

4.3.5　金属及化合物分解制氢

当金属与水或酸反应时，就可以置换出氢气。新鲜切割的金属表面具有很高的反应活性，可以与水反应产生气泡。研究表明，当铝或铝合金在水中被切割或碾碎的时候，可以持续地释放出氢气。由反应的吉布斯自由能可以看出，铝制氢均为自发反应。当机械切割行为停止时，放氢反应也会立刻终止，从而实现氢气的即时供应。为了使金属能够完全参与反应，需要在水中用高速旋转的飞轮将金属块磨得很细。

$$2Al + 3H_2O \longrightarrow Al_2O_3 + 3H_2 \quad \Delta G = -435.2\text{kJ/mol} \tag{4-20}$$

$$2Al + 6H_2O \longrightarrow 2Al(OH)_3 + 3H_2 \quad \Delta G = -444.1\text{kJ/mol} \tag{4-21}$$

这种制氢方法具有安全、无污染、可回收等优点，但是其缺点也相对明显，金属需求量大，所占空间过大，制氢速度随着金属表面积减小而衰减且很难再利用。

利用天然气重整所得到的 CO、H_2 混合气对金属氧化物进行还原，然后将金属与水进行反应，释放出氢气，由此达成一个良性循环。他们利用 Fe 和 Fe_3O_4 的氧化还原反应来实现这种过程，并希望以此为燃料电池车提供新的储存和供应氢气的办法。不过反应需要在 $300 \sim 400°C$ 的温度下进行，经过 3 次循环后，放氢速度明显减慢。通过在 Fe_3O_4 中添加 Ga、V、Cr、Mo、Al、Ti、Zr 等其他金属的氧化物，可以有效地增大其比表面，使放氢反应保持较高的速度。

硼氢化钠是最重要的一种硼氢化物，已经有相当成熟的大规模工业生产。其水溶液的稳定性可以由溶液温度和 pH 值来进行调节。当加入特定催化剂的时候，硼氢化钠可以迅速地发生水解反应，释放出大量高纯度的氢气，其反应方程式为：

$$NaBH_4 + 2H_2O \longrightarrow NaBO_2 + 4H_2 \qquad (4-22)$$

其反应特点为：①储氢容量高，硼氢化钠的饱和水溶液浓度可达 35%，此时的储氢量为 7.4%（质量分数）；②$NaBH_4$ 水溶液具有阻燃性，并且在加入稳定剂后能够稳定存在于空气中；③溶液需要特定的催化剂进行引发，可快速释放出氢气；④反应的引发可以在低温下进行，不需要外部提供额外能量；⑤反应的副产物 $NaBO_2$ 对环境无污染，并且可以作为合成 $NaBH_4$ 的原料进行回收再利用；⑥产生的氢气纯度高，不含其他杂质，只有少量的水分；⑦氢气产率高，$NaBH_4$ 基本可以完全反应。

4.3.6 氢气提纯

目前炼厂低浓度氢气提纯的主要工艺有：变压吸附、膜分离和深冷分离。这些工艺技术基于不同的分离原理，因而其工艺技术的特性各不相同。在实际设计工作中，选择合适的氢提纯法，不仅要考虑装置的经济性，同时也要考虑很多其他因素的影响，如工艺的灵活性、可靠性、扩大装置能力的难易程度、原料气的含氢量以及氢气纯度、压力、杂质含量对下游装置的影响等。

（1）变压吸附

变压吸附（PSA）气体分离与提纯技术成为大型化工工业的一种生产工艺和独立的单元操作过程，是在 20 世纪 60 年代迅速发展起来的。这一方面是由于随着世界能源的短缺，各国和各行业越来越重视低品位资源的开发与利用，以及各国对环境污染的治理要求也越来越高，使得吸附分离技术在钢铁工业、气体工业、电子工业、石油和化工工业中日益受到重视；另一方面，60 年代以来，吸附剂也有了重大发展，如性能优良的分子筛吸附剂的研制成功，活性炭、活性氧化铝和硅胶吸附剂性能的不断改进，以及 ZSM 特种吸附剂和活性炭纤维的发明，都为连续操作的大型吸附分离工艺奠定了技术基础。

利用吸附剂对气体的吸附有选择性，即不同的气体（吸附质）在吸附剂上的吸附量有差异和一种特定的气体在吸附剂上的吸附量随压力的变化而变化的特性，实现气体混合物的分离和吸附剂的再生。变压吸附脱碳技术就是根据变压吸附的原理，在吸附剂选择吸附的条件下，加压吸附原料气中的 CO_2 等杂质组分，而氢气、氮气、甲烷等不易吸附的组分则通过吸附床层由吸附器顶部排出，从而实现气体混合物的分离。通过降低吸附床的压力使被吸附的 CO_2 等组分脱附解吸，使吸附剂得到再生。

变压吸附循环过程有三个基本工作步骤：

① 压力下吸附：吸附床在过程的最高压力下通入被分离的气体混合物，其中强吸附组分被吸附剂选择性吸收，弱吸附组分从吸附床的另一端流出。

② 减压解吸：根据被吸附组分的性能，选用前述的降压、抽真空、冲洗和置换中的几种方法使吸附剂获得再生。一般减压解吸先是降压到大气压力，然后再冲洗、抽真空或置换。

③ 升压：吸附剂再生完成后，用弱吸附组分对吸附床进行充压，直到吸附压力为止，接着在压力下进行吸附。

变压吸附在加压下进行吸附，减压下进行解吸。由于循环周期短，吸附热来不及散失，可供解吸之用，所以吸附热和解吸热引起的吸附床温度变化一般不大，波动范围仅在几摄氏度，可近似看作等温过程。常用减压吸附再生方法有以下几种：

① 降压：吸附床在较高压力下吸附，然后降到较低压力，通常接近大气压，这时一部分吸附组分解吸出来。这个方法操作简单，单吸附组分的解吸不充分，吸附剂再生程度不高。

② 抽真空：吸附床降到大气压以后，为了进一步减少吸附组分的分压，可用抽真空的方法来降低吸附床压力，以得到更好的再生效果，但此法增加了动力消耗。

③ 冲洗：利用弱吸附组分或者其他适当的气体通过需要再生的吸附床，被吸附组分的分压随冲洗气通过而下降。吸附剂的再生程度取决于冲洗气的用量和纯度。

④ 置换：用一种吸附能力较强的气体把原先被吸附的组分从吸附剂上置换出来。这种方法常用于产品组分吸附能力较强而杂质组分较弱即从吸附相获得产品的场合。

由于变压吸附（PSA）气体分离技术是依靠压力的变化来实现吸附与再生的，因而再生速度快、能耗低，属节能型气体分离技术，并且该工艺过程简单、操作稳定，对于含多种杂质的混合气可将杂质一次脱除得到高纯度产品。因而近二十年来发展非常迅速，已广泛应用于含氢气体中氢气的提纯。

（2）膜分离

膜的分离作用是借助于膜在分离过程中的选择渗透作用，使混合物得到分离。利用各气体组成在高分子聚合物中的溶解扩散速率不同，在膜两侧分压差的作用下使其渗透通过纤维膜壁的速率不同而分离。推动力（膜两侧相应组分的分压差）、膜面积及膜的选择性构成膜的三要素。依照气体渗透通过膜速率的快慢，可把气体分成快气和慢气。常见气体中，如 H_2O、H_2、He、H_2S 等称为快气；而称为慢气的则有 CH_4 及其他烃类、N_2、CO、Ar 等。原料气体在分压差的驱动下，快气（氢气）选择性地优先透过纤维膜壁在管内低压侧富积而作为渗透气（产品气）导出膜分离系统，渗透速率较慢的气体（烃类）则被滞留在非渗透侧，压力几乎跟原料气相同，经减压冷却后送出界区，从而达到分离的目的。

（3）深冷分离

深冷分离是利用各种气体组分的沸点差来分离，气体的沸点越低，制冷的温度也越低。该法收率高，容量大，但回收氢的纯度在98%以下，故不适合制高纯氢。该法对设备要求及操作要求严格，特别是在分离焦炉气时，必须把气体中能在过程中凝固或产生爆炸因素的杂质除去，加上该法能耗较高，操作也复杂，在我国很少用此法来提纯氢。

三种氢气提纯工艺各有各的优势，但都存在局限性。总的来说，变压吸附工艺能生产出高纯度氢气，并具有较高的氢收率；膜分离工艺能在原料高压力下获得可再利用的尾气，且有很高的氢收率；深冷工艺能有效地把原料气分成包括氢在内的多股物流，且有较高的氢收率。

4.4 电解水制氢

电解水制氢目前有三种不同种类，分别为碱性电解水制氢、质子交换膜（PEM）电解水制氢和固体氧化物电解水（SOEC）制氢。碱性电解水是目前应用最为普遍的电解水制氢方法，但存在污染大、效率低等问题，研究新的电极和隔膜材料，是提高效率的重要途径。对于PEM电解池而言，开发新的非贵金属催化剂和新型质子交换膜是降低成本的关键。固体氧化物电解槽目前处于早期发展阶段，如果可以解决高温运行带来的寿命问题的话，则是未来很有潜力的电解水制取氢能的方法。

4.4.1 碱性电解水制氢

碱性电解槽是发展时间最长、技术最为成熟的电解槽，具有操作简单、成本低的优点，其缺点是效率最低，槽体如图4-16所示。国外知名的碱性电解水制氢公司有挪威留坎公司、格洛菲奥德公司和冰岛雷克雅维克公司等。电解槽一般采用压滤式复极结构或箱式单极结构，每对电解槽压在1.8～2.0V，一般采用混合碱液循环方式。

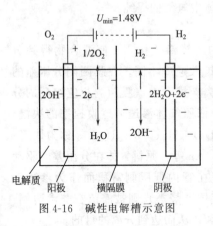

图4-16 碱性电解槽示意图

4.4.2 质子交换膜电解水制氢

PEM电解技术的特点在于它用一种可以使质子透过而无法使气体透过的有机物薄膜代替了传统碱性电解槽中的隔膜和电解质，从而使电解槽的体积大大缩小。PEM电解池的结构与PEM燃料电池基本相同，其核心部件亦为MEA，即由质子交换膜以及分布两侧的由催化剂构成的多孔电极组成，为了增加MEA的纵向传输能力，扩大反应空间，有的科研单位制作的MEA还具备扩散层，及附着于催化层两侧的导电多孔层。MEA 的两端有水和气体流通的通道，即流场，刻有流场的流场板还起到集电的作用，流场板的两侧为绝缘板和起支撑作用的端板，如图 4-17 所示。

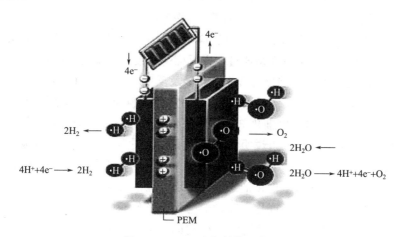

图 4-17　PEM 电解结构示意图

目前，氧电极表面氧析出与还原反应的缓慢动力学过程是质子交换膜水电解与燃料电池性能提高的主要瓶颈。为了弥补电极动力学损失，质子交换膜水电解与燃料电池均采用高载量的贵金属（Pt、Ir）催化剂。因此，昂贵的价格是制约质子交换膜水电解技术和燃料电池技术发展的又一重要原因。高活性、低载量的氧电极催化剂是目前研究的热点之一。

电催化是电极和电解质界面上的电荷转移反应得以加速的一种催化作用，可视为多相催化的一个分支。存在电荷转移是电催化区别于普通化学催化的主要特征。电催化剂是指能产生电催化作用的材料。电催化的反应速度不仅仅由电催化剂的活性决定，而且还与双电层内电场及电解质溶液的本性有关。

由电极过程动力学方程可知，通过提高催化剂的活性，增加交换电流密度 i_0，可加速电化学反应速度；也可用改变极化过电位的方法来改变电化学过程速度。但对质子交换膜水电解和燃料电池来说，增加过电位意味着降低能量转化效率。因此在实际工作中，人们千方百计在一定的反应速度下，减少极化过电位，以提高质子交换膜水电解和燃料电池的能量转化效率。

在质子交换膜水电解和燃料电池中，采用多孔气体扩散电极，一是增加真实的电化学反应区，提高多孔气体扩散电极的表观电流密度 i_0；二是减薄液相传质层厚度，提高反应区反应物浓度及增加 i_0。而提高 i_0 最有效的方法是提高电催化剂的活性。

电催化剂要满足以下要求：

① 具有电催化活性，包括实现目标的催化反应和抑制有害的副反应；

② 具有较大的催化活性面积，在有限的催化表面上能够更多地促进电化学催

化反应；

③ 具有较好的稳定性，即催化剂不会因电极反应而过早地失去活性，更重要的是，能够忍受杂质和中间产物的影响作用，而不至于中毒失活。

一般认为，影响电催化剂活性的因素主要有：

① 能量因素，即电催化剂对电极反应活化能产生的影响，催化剂应具有增大反应速率的功能，其作用原理是通过改变反应途径使反应活化能降低；

② 空间因素，由于电催化过程中往往涉及反应粒子或中间产物在电极表面吸附键的形成和断裂，因此要求这些粒子与催化剂表面具有一定的空间对应关系；

③ 表面因素等，包括电催化剂的比表面和表面状态，如表面缺陷的性质、浓度和各种晶面的取向等。应当说明的是，除了催化剂本身的性质对电极反应起到决定性的作用外，其他一些因素如电极制作工艺、催化剂制备方法、催化剂载体的选择以及工作温度等对电催化剂的催化效果也有很大的影响。

过渡金属原子具有可形成化学吸附的空 d 电子轨道。因此，这十分有利于氢原子吸附过程的析氢反应，所以析氢反应催化剂的范围主要集中于过渡金属元素，不同金属 HER 的 Volcano 曲线如图 4-18 所示。

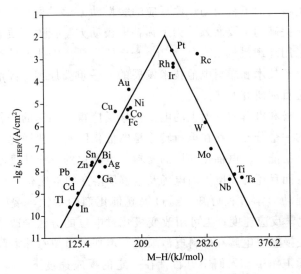

图 4-18　不同金属 HER 的 Volcano 曲线

从图 4-18 可以看出，Pt 以及 Pt 与多种金属（如 Rh、Ir 等）形成的合金材料是质子交换膜水电解制氢 HER 的理想催化剂材料。析氢反应本身具有非常高的可逆性，因此，贵金属催化剂析氢过电位较低，然而由于高昂的价格，使得人们不断寻找新的替代材料，其中以 Mo 和 W 基材料最具代表性。但工作环境均为中性和碱性，并不适用于质子交换膜水电解技术，这是由于质子交换膜（如 Nafion 膜）在水中具有强酸性（pH 值相当于 10% 的硫酸溶液），所以到目前为止在质子交换膜水电解领域中，析氢材料仍以 Pt 为主。

大量的研究表明，通过在贵金属催化剂中添加 Fe、Co、Sn、Si 等成分，不仅可以降低贵金属的使用量，还能显著地提高贵金属催化剂的电催化活性和抗毒化作用。另外，人们还发现用贵金属氧化物（如 RuO_2、IrO_2 等）处理阴极，可以消除因欠电位沉积造成的 Pt 中毒失活。以离子镀 TiN 膜为基体，制备的 IrO_2-Ta_2O_5 涂层电极在 0.5mol/L 硫酸溶液中，低析氢过电位下的塔菲尔斜率仅为 $-40mV/dec$，十分接近于铂催化剂的电催化性能。

析氢反应具有较低的过电位，因此目前质子交换膜水电解的主要研究热点是氧电极的析氧反应，这是由于析氧反应的过电位比析氢反应的过电位高得多。因此质子交换膜水电解的能耗主要来源于氧电极，所以目前的研究重点在于如何降低析氧电极的过电位。

酸性环境中，析氧反应的标准电极电势是 1.229V vs. SHE。然而在达到这一电位前，大多数金属电极就已溶解，只有少数金属和其氧化物可以稳定地存在。从图 4-19 可以看出，对 OER 催化活性较大的金属氧化物包括 RuO_2、IrO_2。国内外关于析氧催化剂的研究多围绕上述两种金属氧化物展开。

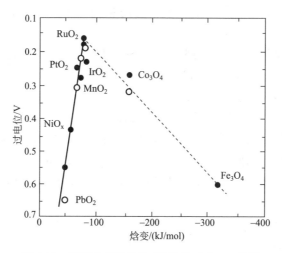

图 4-19 不同金属氧化物 OER 的 Volcano 曲线

目前，关于析氧催化剂电催化活性内在差异性的理论主要有键能理论、不同价态氧化物间转化的焓变理论、氧化物的对电位控制理论等。其中，氧化物对电位控制理论是指，只有当阳极电位高于金属/氧化物或低价氧化物/高价氧化物对的标准电极电位后，氧化物表面的析氧过程才会发生，即氧化物对的标准电极电位越低，氧化物析氧活性越大。IrO_3/IrO_2 氧化还原电位为 1.350V vs. SHE，Ru_2O_3/RuO_2 氧化还原电位为 1.387V vs. SHE，它们的标准电位在铂族金属氧化物中是最低的，因此 RuO_2、IrO_2 是良好的析氧电催化剂。目前，国内外已经发展的析氧电催化剂包括复合氧化物催化剂、合金类催化剂和载体催化剂。

对于酸性介质中的析氧反应，RuO_2 具有很低的析氧过电位，是较好的析氧电催化剂，但在酸性溶液中不稳定，易被腐蚀成高价态的 RuO_4。以 Ir 作为掺杂元素的 RuO_2 基二元及多元氧化物是一类高活性、高稳定性的析氧电催化剂。原因在于，$Ru_xIr_{1-x}O_2$ 二元氧化物中，RuO_2 活性位上的电子被 IrO_2 活性位所均分，从而改变氧化还原电位，阻止 RuO_2 氧化成 RuO_4。此外，过渡元素 Ta 的加入同样可以提高 RuO_2 基析氧催化剂的稳定性，降低析氧过电位。

在酸性介质中，除 RuO_2 外，IrO_2 也具有很高的析氧电催化活性。更为重要的是，在析氧环境中，IrO_2 能保持很高的稳定性，其使用寿命是相同条件下 RuO_2 的 20 多倍，而价格较 Ru 便宜，是氧电极较理想的催化材料。

对于 Ir 原子，其原子半径、氧化物晶体尺寸以及结构等与 Sn、Ti、Ta 等过渡金属相似。因此从理论上讲，Ir 可以与这些金属形成具有相似晶形结构的多元氧化物固溶体，充分发挥不同氧化物的电化学特性。目前，大量的复合氧化物电催化剂被制备，进而考察析氧电催化活性。例如在 IrO_2 中掺杂 Ta，可大幅度提高 IrO_2 的析氧催化性能，它们的活性顺序由大到小为：$Ir_{0.6}Ru_{0.2}Ta_{0.2}O_2 > Ir_{0.6}Ru_{0.4}O_2 > IrO_2$。采用 $Ir_{0.6}Ru_{0.2}Ta_{0.2}O_2$ 和 20％（质量分数）Pt/C 催化剂的电解池，电流密度为 $1A/cm^2$ 时，电解池的槽电压仅为 1.567V，电解效率高达 94.4％。

对于目前发展的复合氧化物催化剂，Sn、Ti 的掺杂并没有显著地提高氧电极的析氧电催化活性，这主要是因为 Sn、Ti 等元素易于发生表面富集，导致活性组分 Ir 或 Ru 大量地分布于体相内部。相对于 Sn、Ti，其他元素（如 Si、Mo、Ce＋Nb、Mn、Ta、Co 等）掺杂制备的复合氧化物催化剂，显著地提高了 IrO_2 的析氧电催化活性，这主要得益于活性组分晶粒的细化、表面富集、多孔形貌以及协同效应等机制。然而，由于这些掺杂元素的电化学惰性以及较低的电子电导率，合成的复合氧化物催化剂中，活性组分的比例较高，达到 80％～90％（质量分数）。

因此，为了进一步提高催化剂的催化活性，贵金属 Pt 被还原至氧化物的表面。研究表明，Pt 的加入提高了复合氧化物催化剂的电子导电性以及与氧化物形成了特定的结构，显著地提高了催化剂的析氧电催化活性。然而，Pt 易被腐蚀流失，降低了催化剂的稳定性。

4.4.3　固体氧化物电解水

相比较而言，碱性电解水和 PEM 电解池的工作温度均在 80℃左右，而 SOEC 的工作温度为 800～950℃，由于在高温下工作，部分电能由热能代替，电解效率高；使用的材料为非贵金属，成本较低。SOEC 结构多样，最早用于高温电解制氢研究的 SOEC 电池是管式构造的，这种电解槽连接简单，不需要密封，但能量密度低，加工成本高。SOEC 的结构如图 4-20 所示。水以蒸汽的形式进入电解槽，在负极被分解为 H^+ 和 O^{2-}，H^+ 得到电子生成 H_2，而 O^{2-} 则通过电解质 ZrO_2 到达外部的阳极，生成 O_2。电解质的主要作用为选择性地使氧离子或质子透过，但防止氧气和氢气的透过，因此，一般要求电解质致密且具有高的离子电导率。根据具体需要，SOEC 还可以作为燃料电池使用，亦可将电解池和燃料电池合二为一，形成可逆的 SOEC。

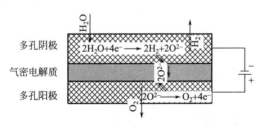

图 4-20　SOEC 水电解结构示意图

影响 SOEC 性能的因素很多，电解池材料本身对其性能影响最大。除此之外，不同的工艺条件如工作温度、进气组成、电解电压和电流密度等对其性能也有较大影响。理论上，高的工作温度从热力学和动力学的角度都有利于 SOEC 电解反应的进行。但温度的选择必须考虑其他因素，如电解质材料、成本和热源等。SOEC 系统包含很多组成部分，高的工作温度对各部分材料在高温下的匹配性提出了更高的要求：热膨胀系数匹配、密封性能和高温下化学兼容性等。SOEC 是一种能量转化装置，电解所需热量来自于一次能源，如核能、太阳能、风能、地热能等。各种热源提供的温度范围存在差别，因此需要根据实际情况选择适合特定工作温度范围及材料的体系。

目前 SOEC 的研究还处于起步阶段，能否实现商业化大规模生产还需要解决一系列的问题：

① 能量损失和成本问题。氧电极的极化、电解质的欧姆损失和连接体材料成本等；电解池寿命。

② 高温高湿条件下氢电极的性能衰减、密封材料的稳定性和电堆的热循环稳定性等。

③ 高效热交换器开发制氢系统的热管理、废热的利用。

④ 氢安全性问题。

尽管存在上述问题，但 SOEC 已经显示了其在能源和环境领域广阔的发展前景，要想使这一技术尽快走向商业化，需要充分发挥各学科的优势联合进行攻关。

4.5　氢的储存与提取

目前，氢气的制备技术已日趋成熟，人类获得大量的氢气的难度不大，但氢能的存取却限制了氢能的利用，尤其是存储技术已经成为氢能利用走向规模化的瓶颈。图 4-21 展示了不同氢源类型储氢质量效率的区别，以及适用温度区间与氢能装置的关联性。根据技术发展趋势，今后储氢研究的重点在新型高性能大规模储氢材料上。储氢材料主要包括金属储氢材料、碳基吸附储氢材料和金属有机物多孔储氢材料等。

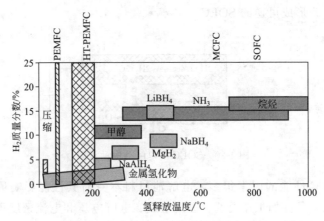

图 4-21　不同类型氢能装置的储氢质量效率与释放温度对比

4.5.1　物理储氢

目前大量的储氢研究是基于物理化学吸附的储氢方法。物理吸附是基于吸附剂的表面力场作用，根源于气体分子和固体表面原子电荷分布的共振波动，维系吸附的作用力是范德华力。吸附储氢的材料有碳质材料、金属有机骨架（metal-organic frameworks，MOFs）材料和沸石咪唑酯骨架结构（ZIFs）材料、微孔/介孔沸石分子筛等矿物储氢材料。碳质储氢材料主要是高比表面积活性炭、石墨纳米纤维（GNF）和碳纳米管（CNT），是最好的吸附剂，它对少数的气体杂质不敏感，且可反复使用。超级活性炭在 94K、6MPa 下储氢量达 9.8%（质量分数）。纳米碳纤维储氢量可达 10%～12%（质量分数）。单壁碳纳米管最高储氢容量在 80K、12MPa 条件下达到了 8%（质量分数），在室温、10MPa 条件下的储氢容量达到了 4.2%（质量分数），已接近国际能源协会（IEA）规定的未来新型储氢材料的储氢量标准 5%。但是离美国 2010 年到 2015 年的储氢容量分别为 6% 和 9%，体积储氢容量分别为 45g/L 和 81g/L，存储成本分别为 4 美元/(kW·h) 和 2 美元/(kW·h) 的目标还有很大的差距，特别是在成本方面差距更大。

4.5.2　金属氢化物储氢

金属氢化物储氢开始于 1967 年，Reilly 等报道了 Mg_2Cu 能大量储存氢气，接着 1970 年菲利浦公司报道 $LaNi_5$ 在室温下能可逆吸储与释放氢气，到 1984 年 Willims 制出镍氢化物电池，掀起稀土基储氢材料的开发热潮。金属氢化物储氢的原理是氢原子进入金属价键结构形成氢化物。有稀土镧镍、钛铁合金、镁系合金，钒、铌、锆等多元素系合金。具体有 $NaH-Al-Ti$、$Li_3N-LiNH_2$、MgB_2-LiH、MgH_2-Cr_2O_3 及 $Ni(Cu, Rh)$-Cr-FeO_x 等物质，质量储氢密度为 2%～5%。金属氢化物储氢具有高体积储氢密度和高安全性等优点。在较低的压力下具有较高的储氢能力，可达到 $100kg/m^3$ 以上。最近，中国科学院大连化学物理研究所陈萍团队发现 $Mg(NH_2)/LiH$ 储氢体系可在 110℃ 条件下实现约 5%（质量分数）氢的可逆充放。但是，金属氢化物储氢最大的缺点是金属密度很大，导致氢的质量百分含量很低，一般只有 2%～5%，而且释放氢时需要吸热，储氢成本偏高。

4.5.3 配位氢化物储氢

配位氢化物早期主要采用有机液相反应合成，最近，反应机械合金化被用于合成配位氢化物，它通常是通过置换反应，或是通过选择含有 M 或 N 元素的两种化合物，利用二者间的化合反应，在球磨条件下制备所需产物。反应机械球磨合成法可以得到纳米级的反应产物，有利于提高材料的储氢性能。但不管是哪一种办法，目前都无法获得纯的产物，一般所制备材料的纯度最高只能达到 90%～95%。现有材料的种类亦有限。低的放氢动力学性能也是制约该类材料走向实际应用的瓶颈问题。与金属氢化物不同，配位氢化物一般是两步或多步放氢，并且每步放氢反应的条件各异，实际达到的储氢容量往往与理论值存在较大差异，而且对放氢过程的精确控制也因此变得复杂。此外，配位氢化物的可逆吸放氢性能和循环稳定性尚有待进一步证实，高效催化剂的选择和加入方式以及催化机理有待进一步澄清。随着催化技术的飞速发展以及相应工艺技术的进步，有理由相信配位氢化物将在氢能技术的开发和合理利用方面发挥不可忽视的作用。澄清催化或掺杂机理以实现有效催化应该是配位氢化物研究的重要方向，它是改善甚至实现配位氢化物可逆储氢的关键技术。此外，应拓展合成技术、探索新的合成方法，开发新的或改性的低成本高性能的化合物，或多种化合物有机复合的复相材料，以实现各种材料之间的性能互补。在原子层次进行模拟和理论计算将为改善配位氢化物的储氢性能，以及合成新型化合物，从而最终实现配位氢化物的高效储放氢提供便捷的手段和依据。

4.5.4 有机物储氢

金属有机框架（MOFs）材料是一种将特定材料通过相互铰链形成的支架结构，具有晶体结构丰富、比表面积高等优点。一般地，有机材料作为支架边而金属原子作为链接点，这种孔洞型的结构能够使材料表面区域面积最大化，从而表现出良好的储氢性能。MOF-5 在 77K 及温和压力下有质量分数为 1.3% 的吸氢能力。其他类似的结构中，IRMOF-6 和 IRMOF-8 在室温、2 MPa 压力下的储氢能力大约分别是 MOF-5 的 2 倍和 4 倍，与低温下的碳纳米管相近。其最大的优势在于可以通过改变有机配体来调节孔径的大小，达到调节多孔配体聚合物的比表面积及增加存储空间的目的，从而提高对氢气分子的吸附量。但是，MOF 框架内含有部分溶剂分子，在保持骨架完好的前提下仅仅依靠升温来除去骨架中的全部溶剂分子是很困难的。

4.5.5 金属氢化物电池

镍氢电池的诞生应该归功于储氢合金的发现。早在20世纪60年代末，人们就发现了一种新型功能材料储氢合金，储氢合金在一定的温度和压力条件下可吸放大量的氢，镍氢蓄电池被形象地称为"吸氢海绵"。其中有些储氢合金可以在强碱性电解质溶液中反复充放电并长期稳定存在，从而为我们提供了一种新型负极材料，并在此基础上发明了镍氢电池。储氢合金的主要来源是稀土，而中国的稀土资源占世界总储量的70%以上，发展镍氢电池具有得天独厚的优势。

金属氢化物/镍蓄电池是一种化学电池，基本原理如图4-22所示，以金属间化合物（储氢材料）的氢化物为负极活性物质，氢氧化镍为正极活性物质，氢氧化钾溶液为电解质。

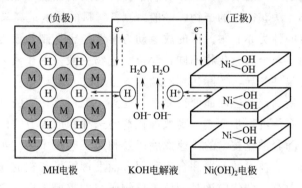

图 4-22　金属氢化物/镍蓄电池工作原理

充电时：

正极反应：

$$Ni(OH)_2 + OH^- \longrightarrow NiOOH + H_2O + e^- \tag{4-23}$$

负极反应：

$$M + H_2O + e^- \longrightarrow MH + OH^- \tag{4-24}$$

总反应：

$$M + Ni(OH)_2 \longrightarrow MH + NiOOH \tag{4-25}$$

放电时：

正极：

$$NiOOH + H_2O + e^- \longrightarrow Ni(OH)_2 + OH^- \tag{4-26}$$

负极：

$$MH + OH^- \longrightarrow M + H_2O + e^- \tag{4-27}$$

总反应：

$$MH + NiOOH \longrightarrow M + Ni(OH)_2 \tag{4-28}$$

以上式中 M 为储氢合金，MH 为吸附了氢原子的储氢合金。最常用的储氢合金为 $LaNi_5$。

镍氢电池中的"金属"部分实际上是金属氢化物，用在镍氢电池的制造上，它们主要分为两大类。最常见的是 AB_5 类，A 是稀土元素的混合物再加上钛；B 则是镍、钴、锰，还有铝。而一些高容量电池的"含多种成分"的电极则主要由 AB_2 构成，这里的 A 则是钛或者钒，B 则是锆或镍，再加上一些铬、钴、铁和锰。所有这些化合物扮演的都是相同的角色：可逆地形成金属氢化物。电池充电时，氢氧化钾（KOH）电解液中的氢离子（H^+）会被释放出来，由这些化合物将它吸收，避免形成氢气（H_2），以保持电池内部的压力和体积。当电池放电时，这些氢离子便会经由相反的过程而回到原来的地方。

现阶段镍氢电池的研究重点，主要是：

（1）无钕储氢合金及无钕镍氢电池

性能优良的无钕储氢合金，将电池的容量衰减率较过去减少了 33%，同时提升电池低温性能，低温条件下比普通镍氢电池多放出 6%。

（2）宽温区镍氢电池

在一些特殊条件下，如野外军用电台、飞机和坦克等军事装置及非常寒冷的地区，要求在 −40℃ 的环境下放电。为了解决这些问题，研究机构在无钕储氢合金开发成功的基础上开发了宽温区镍氢电池，这种电池在低温条件下工作可靠。

（3）钒钛储氢合金

近年来，随着各类新能源汽车的发展，对高容量储氢合金的需求更加迫切。传统储氢合金采用纯钒制备而成，金属钒价格十分昂贵，而含钛的钒合金是获得相对较低成本、高容量钒基固溶体储氢合金的基础。

（4）钒基储氢电极合金

目前，已商业化的镍氢电池负极材料主要是稀土 AB_5，这种合金容量只有 300mA·h/g 左右。钒基固溶体型储氢合金最大的问题是在碱液中的电化学催化活性较差。最近的工作发现，温度对钒基固溶体型储氢合金电极放电性能的影响非常大。升高环境温度（小于 80℃）可以使钒基储氢合金放出大量容量，预示着这种合金有可能成为高能量密度的一次或二次镍氢电池负极材料。

4.6 燃料电池

4.6.1 概述

燃料电池是一种使用氢作为燃料而发电的电化学能量转换装置。它可以将化学能直接转化为电能并且比传统的机械系统具有更高的效率。

燃料电池种类繁多，按照不同的分类方式可分为不同种类。例如，按照燃料电池的工作温度，其可分为高、中、低温三种类型。按其燃料的来源，燃料电池又可分为直接式燃料电池（如直接甲醇燃料电池）、间接式燃料电池（如甲醇通过重整器产生氢气，然后以氢气为燃料电池的燃料）和再生类燃料电池。现在大多都依据燃料电池电解质类型来划分，可大体分为五大类型燃料电池，即，磷酸型燃料电池（phosphoric acid fuel cell，PAFC）、质子交换膜燃料电池（proton exchange membrane fuel cell，PEMFC）、熔融碳酸盐燃料电池（molten carbonate fuel cell，MCFC）、固体氧化物燃料电池（solid oxide fuel cell，SOFC）和碱性燃料电池（alkaline fuel cell，AFC）。

燃料电池的能量转换效率是不受卡诺原理限制的，其转换效率高、清洁、无污染、噪声小，方便制作、比功率高，既可以集中供电，又适合分散供电。

以 PEMFC 为例，其主要包括以下部分：膜电极组件、双极板及密封元件等。膜电极接合体是在电化学反应中，电极和电解质膜通过多孔的阳极和阴极气体扩散元件的核心组件。该电解质膜的两面发生氧化还原反应，电子通过外部电路工作，并且该反应产物是水。在额定工作条件下，每个单电池的工作电压大约有0.7V。为了满足现实生活的需求，燃料电池通常将数百个单电池串联来形成燃料电池堆而获得更大的电压。因此，燃料的供应、电池的均匀性是很重要的。燃料电池的发电原理和原电池相似，但与原始电池和二次电池相比，需要相对复杂的工作系统，通常包括燃料供应器、氧化剂供应、水和热管理系统、电子控制及其他子系统，它的工作方式与内燃机相似。理论上，只要燃料和氧化剂等这些外部资源可以持续供应，则燃料电池的发电就可以持续。

4.6.1.1 燃料电池的起源

关于燃料电池的起源，可以追溯到 19 世纪初起。1838 年瑞典科学家 Schonbein 教授发现了燃料电池的化学效应。接着英国的 Grove 爵士发明了"气体"电池。Grove 的设计来源于水的电解实验。他设想将电解的实验逆向进行，进而氢气、氧气反应就可以产生电流。为了验证这一设想，他将两个铂片分别放入两个密封的瓶中，其中一个瓶中充满氢气，另一个瓶中充满氧气，将这两个密封的瓶同时浸入稀硫酸溶液时，便有电流在两个电极之间流动，在装有氧气的瓶中产生了水。为了提高反应所产生的电压，Grove 将四组同样的装置串联起来，并将它称为"气体"电池。这种装置后来被公认为世界上第一台燃料电池，如图 4-23 所示。

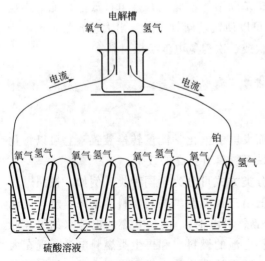

图 4-23　Grove 爵士提出的燃料电池模型

燃料电池这一名称在 1889 年由 Mond 和 Langer 两人最先采用，并获得 $200mA/m^2$ 电流密度。后来他们用空气与工业煤气分别取代了氧气与氢气，从而制造出了世界上第一个实用的燃料电池装置。

1932 年，剑桥大学的培根博士在 A. Schmid 提出的多孔结构的气体扩散电极的概念的基础上，开发出双孔电极，并将 Mond 和 Langer 所发明的装置加以改良。最终在 1959 年真正制造出了一台功率为 5kW 的燃料电池，这为现代燃料电池的商业化奠定了基础。

由于发电机和电极过程动力学的研究未能跟上，燃料电池的研究在很长一段时间里停滞不前，直到 20 世纪 50 年代燃料电池才有了实质性的进展，并且在 20 世纪 60 年代初，由于航天和国防的需要，才开发了液氢和液氧的小型燃料电池，这种电池成功地应用于众所周知的阿波罗（Apollo）登月飞船，此后燃料电池的应用进入了一个全新的阶段。氢氧燃料电池开始广泛应用于宇航领域，与此同时，兆瓦级的磷酸燃料电池也研制成功。从 80 年代开始，小功率电池在交通、宇航、军事等各个领域中得到了应用。

中国的燃料电池研究始于 1958 年。原电子工业部天津电源研究所最早开展了 MCFC 的研究。20 世纪 70 年代在航天事业的推动下，中国燃料电池的研究出现了第一次高潮。到 90 年代中期，中国进入燃料电池研究的第二个高潮。经过几十年的研究，中国的科学工作者在燃料电池基础研究和单项技术方面也取得了不少进展。但是，由于在燃料电池研究方面投入的资金数量很少，就燃料电池技术的总体水平来看，与发达国家尚有较大差距。现如今中国有三个燃料电池系统和应用，分别为运输燃料电池、便携式手提燃料电池和军用体系。在能源危机的背景下，上述体系对中国分析燃料电池的供给和费用至关重要。

4.6.1.2 燃料电池的燃料种类

依据燃料的不同，燃料电池可分为：以氢气为代表的小分子气体（如 H_2、CH_4、CO 以及 NH_3 等）燃料电池，以甲醇为代表的小分子有机物（如甲酸、乙醇、乙酸等）燃料电池。

（1）以氢气为代表的小分子气体燃料电池

从燃料电池的研究伊始，氢气就作为一种广为人知的燃料被应用到燃料电池的研究中。碱性燃料电池就是以氢气为主要燃料。碱性燃料电池将电解水技术与氢氧燃料电池技术两者相结合。

而对于固体氧化物燃料电池、熔融碳酸盐燃料电池，它们的燃料适用范围广，不仅能用 H_2 作燃料，还可直接用 CO、天然气（CH_4 等）、煤气化气、碳氢化合物、NH_3、H_2S 等作燃料。近几年来，化石能源日渐枯竭，对沼气、水电解技术等的研究的重要性日渐凸显，沼气、水都属于可再生能源，若能够恰当地加以利用，那么将会对整个人类社会做出重要贡献。

（2）以甲醇为代表的小分子有机物燃料电池

近些年，人们日渐重视对小分子有机物燃料电池的研究。例如，直接甲醇燃料电池是以甲醇为燃料，通过与氧结合产生电流的，其优点是直接使用甲醇，省去了氢气的生产与存储并且更为安全。同样，由于直接甲酸燃料电池更具优势，对于它的研究也日渐成熟。

对甲酸和甲醇等的电化学氧化反应研究是认识有机小分子电极反应过程及发展相关燃料电池技术，特别是质子交换膜燃料电池技术的关键内容，在理论和应用方面均具有重要意义。到目前为止，贵金属 Pt 仍是这类反应所必需的催化剂。如何提高 Pt 的利用率及电催化活性尤其值得关注，已有的报道主要集中在通过添加其他金属成分改善 Pt 的活性状态或提供能够加快反应中间物电氧化过程的其他活性位，降低有机小分子在 Pt 上的氧化电位，以达到提高 Pt 组分电催化活性的目的。

4.6.1.3 燃料电池的工作原理

如图 4-24 所示，燃料电池的工作原理是利用一种覆盖有催化剂的称为质子交换膜的物质，对氢气产生催化分解作用，在阳极产生质子和电子，质子通过质子交换膜流向阴极，电子分解过程中释放的氢气通过负载到阴极，从而产生能量。燃料电池是一种发电装置，它可以将存在于燃料与氧化剂中的化学能直接转化为电能。为了使燃料电池可以连续不断地发电，就需要源源不断地从外部向燃料电池供给燃料和氧化剂。以氢氧电池为例，利用质子交换膜的技术，阳极氢气在催化剂的作用下分解成质子，这些质子通过质子交换膜而到达阴极。在氢气的分解过程中释放出电子，通过负载被引出到阴极，这样就产生了电流。阳极产生的质子通过质子交换膜在阴极与氧和电子相结合产生水。简而言之就是燃料电池内部的氢气与空气中的氧气进行化学反应，生成水产生电流的过程，即是电解水的逆反应。这种情况下产生的水是纯净水，可以饮用。然而用甲醇作燃料生成的水溶液中可能产生有毒物质，例如残留的甲醇，不能饮用。

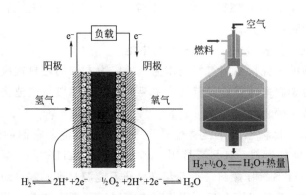

$$H_2 \rightleftharpoons 2H^+ + 2e^- \quad \frac{1}{2}O_2 + 2H^+ + 2e^- \rightleftharpoons H_2O$$

图 4-24　氢氧燃料电池工作原理示意图

4.6.1.4 燃料电池的应用

（1）军事应用

军事装备所用的电源是非常重要的动力来源，也是许多电子系统的供电电源，因此，寻求高能量电池则是装备研发中的至关重要的环节。同重量、同体积的小型燃料电池比普通电池具有更大的容量、更长的使用时间，加之燃料添加的方便性，意味着战场装备无需大量、频繁的电池备品供应。美国陆军希望用燃料电池取代目前使用的多种电源。美国陆军已于1998年8月试验两种由混合电动发动机驱动的高机动多用途轮式车，同年11月试验M113装甲运兵车。1999年6月还为布雷德利战车试验混合电动战车。

（2）移动装置应用

近年来，笔记本电脑、手机、数码相机等便携式电子产品风靡全球，其外形日趋短小、功能日渐复杂、能耗日益增加，要求电池能量密度高、使用时间长。目前市场上的主流产品锂离子电池，其能量密度已相当接近理论极限值600W·h/L，容量已没有太大的提升空间，而质子交换膜燃料电池和直接甲醇燃料电池则是顺应当今小型化、轻型化潮流的最佳选择。使用小分子有机物燃料电池比固体电池具有极大的优越性。其充电步骤仅仅是向电池中添加液体燃料，不需要长时间地将电源插头插在外部的供电电源上。目前，这种燃料电池的主要缺点是通常以铂等贵金属为电极材料，电池成本高。而且电池的能量密度较低。

（3）居民家庭应用

日本在家用燃料电池研究方面处于世界领先地位。数据显示，到2008年底，日本家庭中已安装燃料电池热电联供装置3000台以上，减少家庭主要能源用量24%，减少CO_2排放量39%。

与以往的燃气热水供暖机相比，全年可减少1.9t的CO_2排放量。

另外，美国、韩国也分别安装了大型固定式燃料电池装置，为用户提供分布式电源和MCFC发电系统。

可见，燃料电池作为家用能源，已经得到了各国政府的重视，随着燃料电池技术的不断进步和成熟，高效清洁的燃料电池将走进普通百姓家庭。

（4）空间领域应用

燃料电池在航天领域最早的应用，是美国General Electric（GE）公司为双子星载人飞船开发的聚苯磺酸膜燃料电池（为早期的PEMFC）。在20世纪50年代后期和60年代初期，美国政府致力于为载人航天飞行寻找更安全可靠的替代能源，加大了对燃料电池研究的资助，使燃料电池的发展取得了长足的进步。燃料电池具有重量轻、供电供热可靠、噪声轻、无震动，并能生产饮用水等方面的优点，所有这些优点均是其他能源不可比拟的。GE生产的Grubb-Niedrach燃料电池是NASA用来为其Gemini航天项目提供动力的第一个燃料电池，也是第一次商业化使用燃料电池。

（5）汽车应用

汽车尾气一直是环境污染的重要来源之一，在交通运输领域开发新型、清洁、高效的能源一直是各国关注的焦点。由于燃料电池的转化效率高和接近零的尾气排放使得它们在汽车领域中拥有极大的吸引力。世界各国政府也都加大力度支持燃料电池汽车的发展。目前，世界各大汽车公司，如戴姆勒-克莱斯勒、通用、现代、本田、宝马、丰田等都在积极开发以质子交换膜燃料电池为动力的电动汽车。

4.6.1.5　燃料电池的前景

燃料电池由于其造价高、对燃料纯度需求高，因此还不能被广泛地应用。但传统的能源技术不环保且不可再生，使用化石燃料和核能的成本也在逐年增加。因此可再生能源将发挥至关重要的作用。

燃料电池具有高效率、环境友好、可靠性高及便于控制等优点，具有较广阔的应用空间及良好的应用前景。虽然目前燃料电池的成本偏高，但随着材料科学及工程学的发展，燃料电池必然能够走入广大人民的生活中去。

4.6.2　电催化剂

尽管人们对现代电化学的研究已持续了数个世纪，但直到20世纪初才意识到电极反应动力学过程的重要性。早期的电化学研究大多集中于电极反应的纯热力学上，后来电化学家们发现电极反应的顺利进行除了满足热力学平衡外，还需要足够快的电极动力学反应速率，即有效快速地将储存在化学键中的能量转化为电能和其他产物。随着这个认识的不断深入，一个新的交叉学科随之建立：电催化。电催化这个术语最早出现在1930年左右Kobosev和Monblanova的著作中，由于当时缺乏精确的界面表征手段，直到最近四十年才被广泛应用于描述电子转移动力学反应速率与电极界面结构的关系。人们发现，对于不同的电极材料界面，化学键形成与断裂的反应速率相差可达几个数量级。例如，电解水装置的阴极半反应（析氢反应）碱性条件下在Pt电极上的反应速率比在银（Ag）电极上要快至少4个数量级，这意味着在工业生产中制造相同体积的氢气时使用Pt电极要比使用Ag电极更节约电能且更高效。目前，电催化科学已关系到人们日常生活及工业生产的方方面面，是科研和产业界的重点关注对象。

电催化同样关系到燃料电池技术的深入发展和商业化进程。以氢氧质子交换膜燃料电池为例，氢气氧化反应和氧气还原反应分别是PEMFCs阳极和阴极反应。当电池工作温度为80℃时，由能斯特方程计算的标准状况下的理论电压为1.169V。然而由于HOR和ORR在燃料电池电极上的反应速率较慢，需要在一定的过电势条件下才能反应，使得我们得到的工作电压远低于1.169V，从而造成电池的放电性能损失。一般来说，电极反应速率越慢，过电势就越高，性能损失越大。对于相同的电极材料，比如Pt，ORR的反应速率远低于HOR，从而导致ORR的过电势远高于HOR。阴极ORR是PEMFCs性能损失的主要来源。如上文所述，与反应速率直接关联的是电极催化材料。因此，降低燃料电池性能损失的关键在于找到一种高性能的电极催化材料。

目前，Pt是燃料电池中被普遍使用的电极催化材料。这不仅是因为Pt是所有金属材料中催化HOR和ORR性能最高的材料，而且还满足作为电极催化材料的其他要求（高电导率、高稳定性、抗腐蚀等）。然而，Pt 是稀有金属，昂贵的价格和极低的供应量已成为燃料电池技术走向商业化应用的主要障碍。全球每年的铂产量大约是 200t，即使每年所有的铂都用于制造以 PEMFC 驱动的汽车，基于目前最成熟的技术方案，其产量不会超过 500 万辆，不到全球汽车年总产量的 1/10。此外，Pt 催化剂所带来的高成本使燃料电池在与其他能量转换技术抗衡时处于下风。所以高铂含量电催化剂是燃料电池技术继续发展和走向商业化应用的瓶颈技术问题。深入探索电极反应机理从而指导材料结构上的创新是解决该瓶颈问题的有效途径。HOR 和 ORR 是燃料电池中最常见也是被研究最广的阳极和阴极反应，将进行重点介绍。

4.6.2.1　燃料电池阳极反应电催化剂

HOR 是氢氧燃料电池的阳极反应，同时也是电解水阴极反应 HER 的逆反应。在进行反应机理讨论和新型催化材料设计时，这两个反应被习惯性地放到一起，通常对 HER 有催化活性的电极材料对 HOR 也有相同的催化作用。氢的催化反应包括三个可能的基元步骤：

$$H^+ + e^- + * \longrightarrow H^* \tag{4-29}$$

$$H^+ + e^- + H^* \longrightarrow 2H^* \tag{4-30}$$

$$2H^* \longrightarrow H_2 + 2* \tag{4-31}$$

其中，"*"表示电极表面的吸附位点。氢的电催化反应只有一种反应中间体：吸附氢（H^*）。在过去半个世纪里，异相催化的研究都致力于将催化反应速率跟催化材料与反应中间体的吸附键能结合起来。如在 HER 中，将反应速率对氢的结合键能作图，我们将得到一条火山型曲线，即 Sabatier 原理：最优的催化剂应具有适中的中间体吸附键能，吸附太弱不利于反应物分子吸附到催化剂表面上，吸附太强则不利于产物从催化剂表面脱附。由于直接决定电极材料催化 HOR/HER 的反应速率，氢结合能在此处被称为反应描述符（reaction descriptor）。对于不同的反应类型，反应描述符亦不同，但几乎都与反应中间体与催化剂的结合能相关。Parsons 是最早提出和论证该理论的先驱之一，他和同事 Gerischer 用氢气的自由吸附能表示反应中间体 H^* 的吸附键能强度，并以此来观察不同催化剂 HER 的反应活性趋势。随后，Trasatti 和 Krishtalik 等人则通过实验的方式测得了不同催化材料形成氢化物的反应热，更真实准确地表达了氢的结合能。值得注意的是，在通过实验方式测得氢结合能或 HER 反应活性时应注意催化材料是否在 HER 的电压范围内形成氧化物或氢化物，否则难得到预计的趋势。近来，理论计算手段如密度泛函原理计算能简单快速地得到金属或金属合金作为催化材料时的中间体结合能，不仅再次验证了 Sabatier 原理，还能预测催化性能更高的材料结构，从而指导新型材料的设计及合成。

HOR/HER 的反应速率通常用交换电流密度（exchange current density，i_0，定义为平衡电势下，电极表面 HOR/HER 反应速率相同时的电流密度）来表示。

酸性条件下，HOR/HER 在 Pt 表面的催化过程十分迅速（i_0 值在 1A/cm^2 以上）。实际上，目前没有任何的电化学手段能完全避免扩散电流的影响，准确测定出铂表面氢反应的 i_0 值，尽管有许多设计被用于加快氢气扩散。因此，对于酸性条件的 PEMFC，其阳极 HOR 反应的过电势很小，能在极低的 Pt 载量（0.05mg$_{Pt}$/cm^2）下工作而不造成明显的能量损失。这也是大量关于 PEMFC 电催化研究集中于阴极 ORR 的主要原因。令人意外的是，碱性条件下 HOR 在铂电极上的反应速率仅为酸性条件下的 1/200。这对于同样属于低温燃料电池的碱性膜燃料电池是一个巨大的灾难，因为我们不得不进一步提高阳极 Pt 催化剂的载量以保证放电性能没有明显的衰减。为解决这个问题，众多课题组展开了对电解质 pH 值影响 HOR/HER 反应速率和机理的研究。

根据 Sabatier 理论，HOR/HER 的反应速率是由其中间体 H* 与电极材料之间的结合能决定的。大量的研究数据表明，Pt 具有优越催化活性的原因在于其氢结合能接近于火山型的顶点位置且位于强吸附一侧。若能通过特定手段稍微减弱 Pt 的氢结合能，其催化活性将得到进一步提高，反之则会降低。这使一部分人相信，电解质 pH 值降低 Pt 上 HOR/HER 反应速率的原因是其进一步强化了 Pt 的氢结合能。Gasteiger 等通过对比商业碳载铂（Pt/C）、钌（Ru/C）和铱（Ir/C）催化剂在 0.1mol/L 高氯酸（HClO$_4$）水溶液和 0.1mol/L 氢氧化钾（KOH）水溶液中的 HOR/HER 活性和氢吸附峰的变化，提出了氢结合能是决定电极催化氢反应活性的唯一反应描述符。Sheng 测试了多晶 Pt 电极在多种缓冲溶液（溶液 pH 值：0~14）中的氢气饱和溶液中的 HOR/HER 极化曲线和 Ar 饱和的循环伏安曲线，再次确认了 HOR/HER 反应在 Pt 电极上的反应速率随电解质 pH 值的升高逐渐降低。另外，他们还发现了循环伏安曲线中 Pt 的（110）峰和（100）峰随着 pH 值的升高逐渐向高电压方向移动。结合能斯特方程和经典吸附理论公式的换算，Pt 的循环伏安曲线中氢吸附的峰值电压对应于氢的吸附键能，峰值电压越高，氢吸附键能越强。该工作找出了 Pt 电极上电解质 pH 值、HOR/HER 活性和氢结合能三者之间的关系，并同样提出电解质 pH 值影响 HOR/HER 活性的关键主要在于氢结合能的改变。然而，另一部分人提出了新的解释。Markovic 等认为，电解质 pH 值使氢反应速率变小的原因在于碱性条件下 HOR/HER 的反应物是 H$_2$O，而非 H$^+$。相比于酸性条件，碱性条件下需要额外的能量来断开 H—OH 化学键以获得 H$^+$，从而减慢了总体反应速率。他们基于这个假设提出了双官能效应，即碱性条件下 HOR/HER 的反应速率由氢结合能和氧结合能共同决定，适当增强氧结合能有利于氢反应的进行。该理论被很多人反驳，包括 Gasteiger、Zhuang 等人。总之，由于缺乏有效的表征手段来测定电极表面的反应中间体存在形式，对 HOR/HER 速率决定因素的讨论还在继续。

关于燃料电池阳极 HOR 的另外一个研究热点是高稳定抗毒化的催化剂。目前主要的工业用 H$_2$ 都是由石油化工工业重整而来的，而重整 H$_2$ 中含有一定含量的杂质气体，尤其是 CO，实验结果表明，即使是 10^{-6} 量级的 CO 进入燃料电池阳极，都会使其放电性能急剧降低。此外，当燃料电池阳极用含碳的有机物作燃料时（如甲醇、乙醇等），CO 则是其中的中间产物，同样会对铂基催化剂造成毒化。因此，大量的实验和理论工作致力于解决铂基催化剂的 CO 中毒问题。当 Pt 被 CO 吸附毒化后，我们能通过提高阳极电压来氧化从而移除活性位点的 CO。基于这个原理，PtRu/C 催化剂被普遍用作直接甲醇燃料电池或以重整氢气为燃料的 PEMFC 中。因为 PtRu 合金能有效地降低 CO 的氧化过电势，从而使其在较低的电位下被移除。理论计算结果表示，提高 Pt 抗毒化能力的有效方式之一是引入其他能降低催化剂与 CO 结合键能的金属。这些理论上的突破给高抗毒能力阳极催化剂的设计与开发起了指导作用。

4.6.2.2 燃料电池阴极反应电催化剂

阳极 HOR 的反应速率极快，阴极缓慢的 ORR 是制约氢燃料电池技术（尤其是 PEMFC）规模化应用的主要障碍。跨越这一障碍的关键在于：①降低 ORR 的过电势，提高燃料电池的能源转换效率；②降低阴极 ORR 催化剂的成本。碳载纳米铂（Pt/C）材料是目前最广泛使用的燃料电池电催化剂。对于 PEMFC 技术，阳极的 Pt 载量可被降低至 $0.05\mathrm{mg_{Pt}/cm^2}$ 而无明显极化性能损失；而阴极的 Pt 载量则需维持在 $0.4\mathrm{mg_{Pt}/cm^2}$ 左右，以保证电池的正常放电。为解决这一问题，我们首先应搞清楚 ORR 的反应机理。

ORR 是一个多电子转移过程，包括众多的基元步骤和反应中间体。缔合机理（associative mechanism）被广泛用于解释 ORR 行为，以酸性电解质为例：

$$O_2 + H^+ + e^- + ^* \longrightarrow OOH^* \tag{4-32}$$

$$OOH^* + H^+ + e^- \longrightarrow O^* + H_2O \tag{4-33}$$

$$O^* + H^+ + e^- \longrightarrow OH^* \tag{4-34}$$

$$OH^* + H^+ + e^- \longrightarrow H_2O + ^* \tag{4-35}$$

其中 * 代表催化材料的活性位点。基于上述机理、萨巴捷（Sabatier）原理和标度性质（scaling property）（由 Norskov 课题组提出），氧结合能被认为是决定电极催化材料 ORR 活性和机理的关键因素。大量的理论和实验数据表明，电极表面的 ORR 电催化速率与电极的氧结合能呈火山型曲线关系，最优的氧结合能值被认为处于比 Pt（111）稍弱的位置。这些理论结果驱使我们寻找比 Pt（111）的氧结合能稍弱的电极催化材料。结合电催化剂成本因素的考虑，许多高性能低成本的电极催化材料被开发出来。主要包括两大类：低铂催化剂和非铂族催化剂。

（1）低铂催化剂

低铂催化剂通过改变 Pt 的几何或电子结构提高 Pt 原子利用率或本征活性，最终达到提高贵金属 Pt 比质量活性的目的。美国能源部为燃料电池阴极 ORR 催化剂提出了一系列的技术指标，其对活性的要求是：在 $E = 0.9\mathrm{V}$ 时的比质量活

性需达到 $0.44A/mg_{Pt}$。围绕这个目标，科学家们做了大量的研究工作，其中能有效降低 Pt 需求的策略包括：二元催化剂、去合金化催化剂、单层 Pt 核壳结构催化剂、八面体 Pt_3Ni 催化剂和纳米框架催化剂等。

① 二元催化剂　引入廉价的过渡金属（M）与铂形成合金（Pt_xM_y）作为 ORR 催化剂不仅能有效地降低催化剂中的 Pt 载量，还能通过协同效应提高铂的比活性。大量的实验数据表明，Pt 基合金催化剂能有效降低阴极 ORR 反应的过电势和提高稳定性。合金催化剂活性得到提高的原因可能为：a. 几何结构效应。铂的面心立方晶格常数为 3.93Å（$1Å=10^{-10}m$），而过渡金属则普遍比铂小。当过渡金属原子以原子替代方式进入铂晶格内部时会造成铂的晶格收缩，进一步导致铂原子间距变小。这种较纯铂更小的原子间距将更有利于氧气分子的吸附和裂解，从而提高 ORR 的催化活性。b. 电子结构效应。由 ORR 的理论研究可知，纯 Pt 的氧结合能较最优值稍强，因此含氧官能团（来自于溶液、反应中间产物等）在催化剂表面的强吸附是减缓 ORR 反应速率的重要因素。由于过渡金属的电负性通常大于铂，因此当过渡金属原子与邻近 Pt 作用时可增加 Pt 的 d 轨道空缺并移动 d 带中心，减弱上述含氧官能团与铂的键能，从而释放更多的反应位点进行反应。c. 合金中的过渡金属在电池运行中会氧化溶出，暴露更多的铂原子，从而增大电化学活性面积。其中电子结构效应是最常用的调节 ORR 催化活性的手段。采用密度泛函理论（DFT），Norskov 课题组计算了数百种二元合金催化剂的氧结合能，最终筛选出具有最优 ORR 性能的合金结构：Pt_3M。该结论在随后的实验中得到验证，凸显了 ORR 机理研究与理论计算结合的强大预测力。

② 去合金化催化剂　此处所提到的去合金化是指利用化学、电化学或其他手段破坏原始合金材料表面结构或成分的过程，曾被广泛应用于制备多孔型材料。早期采用浸渍冷冻和高温 H_2/Ar 还原的方式先制备出 CuPt/C 合金催化剂，再采用电化学的去合金化手段在高氯酸电解液中进行伏安扫描除去表面的 Cu 原子得到去合金化 CuPt/C 催化剂。去合金化 CuPt/C 催化剂的内核通常是具有原始比例的合金，外壳则是脱去过渡金属的纯 Pt 骨架，因此具有核壳结构。由于仍有相当量的 Pt 留在核内，通过去合金化制备的催化剂电化学活性面积通常只会稍高于相同粒径的 Pt/C 催化剂，但其本征活性则得到了显著提高。此类催化剂的转换频率因子高达 $160e^-/s$，而 Pt 纳米颗粒则只有 $25e^-/s$。晶格常数较纯 Pt 小的 CuPt 合金会使外壳的 Pt 层发生晶格收缩，该现象会降低催化剂表面与含氧基团的结合能，从而提高去合金催化剂的 ORR 活性。该晶格收缩现象亦得到了理论计算和实验结果的证实，然而由于电化学装置的复杂性和技术限制，通过电化学脱合金的方式很难实现大批量的制备以满足实际应用的需要。相关研究人员最近的工作是采用酸腐蚀的方式对合金催化剂前驱体进行化学去合金化处理，能实现去合金化催化剂的较大批量的制备。

③ 单层 Pt 核壳结构催化剂　此类催化剂旨在最大限度地提高贵金属 Pt 在电

催化中的利用率。主要制备原理是在欠电位条件（即未到达还原电势）下，将离子态的金属还原成单质态沉积到目标底物上。异相沉积对实验条件要求十分高，包括电压范围、扫速、前驱体浓度及底物等对沉积效果有直接影响，也非所有的金属都能被用来欠电位沉积。由于 Pt 的还原电势较高，若直接将铂单原子层沉积到过渡金属上，在沉积过程前其他金属已经被氧化成了离子态。因此，先将单原子的 Cu 沉积到另一种氧化电势高于 Cu 还原电势的金属上，再通过伽伐尼置换的方式将单原子层的 Cu 置换成 Pt，从而达到制备单原子 Pt 层核壳结构的目的。核壳结构催化剂的优势在于：a. 极高的铂利用率。理想状态下，所有的铂原子皆分布在表面上，其理论 Pt 利用率可达 100%。b. 比活性提高。当铂沉积到另一种金属上时，由于原子半径不一，会引发拉伸或压缩现象。该现象可引发 Pt 的 d 轨道中心迁移，能明显影响催化剂的活性。另一方面，单原子 Pt 层与底物间的相互作用十分紧密，其电子结构会因配位作用而发生改变，最终影响其催化活性。c. 稳定性提高。当沉积到一种与铂有较强作用的底物上时，能明显减少单原子铂层的氧化作用，比如在 PtRu 的体系中。上述研究性的工作几乎都是在实验室级的工作电极上进行欠电位沉积，因此其产率仅为毫克甚至微克级。虽然该课题组也致力于将产率提高到克级，但由于制备工艺复杂，涉及精密的电化学装置，重复性、稳定性及大批量制备始终是其瓶颈问题。

④ 八面体 Pt$_3$Ni 催化剂　热处理的 Pt$_3$Ni（111）晶面对 ORR 具有极高的电催化性能，其比活性较商业 Pt/C 催化剂高出近两个数量级，而八面体的 Pt$_3$Ni 纳米晶体由于具有八个（111）晶面成了首选，该结构的催化活性可达到商用 Pt/C 催化剂的 30 倍。但是，目前的这些八面体催化剂几乎都没在真实的燃料电池环境中进行性能测试。

⑤ 纳米框架催化剂　低 Pt 催化剂研究的最终目标是在不牺牲催化性能的情况下消耗尽可能少的 Pt 用量。两种常见的策略是：a. 将 Pt 与非贵金属结合，提高其比活性；b. 通过制造孔洞等方式，尽可能地提高催化剂的比表面积。纳米框架催化剂正是将这两个因素结合起来，将实心的多面体纳米颗粒转变为开放的三维纳米框架结构。首先在液相中合成 20nm 左右的 Ni$_3$Pt 实心菱形十二面体，随后将其置于一定腐蚀环境的化学试剂中选择性地移除 Ni 元素，从而得到开放结构的富 Pt 框架。最后通过精确的高温处理得到平整的类 Pt$_3$Ni 单晶晶面框架结构。在 0.95V 时，该催化剂的比表面积活性可达商业 Pt/C 催化剂的 16 倍。该结构催化剂还具有合成简单、易于批量制备和良好的传质扩散等优点，使其成为替代传统 Pt/C 催化剂的有力竞争者。

（2）非铂族催化剂

非铂族 ORR 电催化剂的研究始于 20 世纪 60 年代，但直到近二十年受燃料电池技术需求的影响才得以迅猛发展。常见的非贵金属电催化材料包括：金属有机大环化合物、类酶结构、金属氧化物和 N 掺杂石墨材料等。C-N-M 系列材料是最近被广泛研究的 ORR 非贵金属电催化剂，其中 C-N-Fe 型材料呈现出最高的 ORR 活性。与商业 Pt/C 相比，C-N-Fe 催化剂在燃料电池工作电流下的电压要低 150~200mV，但强有力地展示了非铂 ORR 电催化剂完全替代 Pt/C 的可能性。该工作激起了人们寻找非铂 ORR 催化材料的热情。尽管近年来许多非贵金属材料展现出接近甚至超越 Pt 的 ORR 催化活性，但它们还很难满足燃料电池对催化剂寿命和稳定性的要求。通常情况下，燃料电池的阴极电压在 0.9V 以上，使得除 Pt、Au 和 Ir 以外的其他材料难稳定存在，尤其在如 PEMFC 的酸性环境中。C-N-M 系列非贵金属 ORR 催化材料的另一个研究热点是对其活性中心的认识。尽管大多数人将活性中心归结为与石墨配位的 FeN_4 或 FeN_2 结构，但仍缺乏足够的证据，从而无法盖棺定论。此外，这类非贵金属材料的活性位点密度通常偏低，在装配到燃料电池后会造成阴极的催化层过厚，从而引起额外的传质阻力。因此，C-N-M 类非贵金属材料完全替代 Pt 基催化剂还需解决其稳定性、活性中心识别和密度提高等技术问题。

4.6.3 膜电极

膜电极（MEA）是 PEMFC 最核心的部分，由质子交换膜、阴阳极催化层和阴阳极气体扩散层等组成。质子交换膜为质子提供从阳极传递到阴极的传递通道，同时将阳极的氢气和阴极的氧气（或空气）隔离，避免二者发生混合。催化层是电极反应进行的场所。燃料在阳极催化层中发生氧化反应，生成质子和电子。氧气在阴极催化层与电子、质子结合反应生成水。扩散层起着催化层支撑、电子通道以及物料传输分配的作用，通常以碳纤维纸或碳纤维布为基底层，在其上涂覆微孔层（micro porous layer，MPL）构成。碳纤维纸或碳纤维布一般需要进行疏水处理，以避免阴极发生"水淹"。通常的做法是将碳纤维纸或碳纤维布在 PTFE 乳液中浸泡、干燥、烧结，重复这三个步骤，直至 PTFE 载量达到一定值。微孔层一般由碳粉（如 Cabot 公司的 XC-72）和疏水剂（PTFE）构成。一般是将碳粉和疏水剂混合浆料涂覆到碳纤维纸或碳纤维布上烧结而成。微孔层可以防止催化剂颗粒流失到孔径较大的基底层中，保证了催化剂的利用率。

综合考虑，理想的 MEA 应该具备以下几个特点：①良好的传质能力以及尽可能短的传质通道。这要求质子交换膜和催化层中的离子交换树脂应具有较高的质子电导率；催化层中催化剂和气体扩散层应该有良好的电子电导率；阴极扩散层中有足够的疏水微孔，保证反应生成的水快速排走。同时，气体扩散层与催化层中的微孔不能太小，以避免水汽发生毛细管冷凝。②催化层中具有充足的三相反应区域。在催化层组成一定的情况下，作为电极内的反应位点，"三相区"越多，催化剂利用率越高，电池性能越高。③MEA 各部分间的接触尽量紧密，以降低接触电阻。

4.6.3.1 膜电极的制备方法

目前，MEA 的制备方法多种多样，根据制备过程中催化层支撑体的不同，可将这些方法大致分为两类：气体扩散层负载法和膜负载法。在第一类中，通过一定的方法把催化层做到气体扩散上，形成一气体扩散电极（gas diffusion electrode，GDE），然后把阴极、阳极 GDE 放在膜的两侧对准并进行热压，使催化层和膜密切接触，制得五层结构的膜电极。在第二类中，则把阴极、阳极催化层直接做在膜上，形成负载催化剂的膜（catalyst coated membrane，CCM），制得三层结构的膜电极，或者其再与气体扩散层热压制得五层结构的膜电极。因催化层的制备方法会直接影响膜电极的结构和电池的性能，所以采取什么样的方式将催化层做在支撑体上，是膜电极制备的关键问题。

（1）涂覆法

涂覆法将催化剂、Nafion 和溶剂配置成膏体状的催化剂"墨水"，然后把膏体用毛刷或刀片均匀地涂覆在气体扩散层上或膜上，干燥后热压制得膜电极。这种方法需要的仪器设备较少，在一般的实验室中都能实现，但该方法手工操作较多，要达到所需的催化剂载量需要经过反复的"涂覆-干燥-称重-涂覆"过程。另外，要配置成膏体，加入的溶剂就较少，此时催化剂载体颗粒与 Nafion 的混合程度就较差，在电池中会有一部分催化剂颗粒因不满足"三相区"条件而不能发挥作用，造成电池性能偏低。

溶剂的介电常数、黏度、沸点对涂覆法制备的催化层影响很大。一般来说，用黏度大、沸点高的溶剂时干燥后的催化层比较均匀，表面裂缝很少，而溶剂的介电常数则影响膏体中催化剂和 Nafion 的混合。用乙二醇时催化层的表面最平整，且几乎没有裂缝存在，而用甲醇和水时催化层很不均匀，由于干燥速度过快而产生的裂缝较多。因平整的催化层与膜热压后的接触电阻较小，所以溶剂为乙二醇时电池性能最好。

为克服涂覆时催化剂的载量难以精确控制这一问题，将催化剂先配制成浆状墨水，然后把墨水倒在支撑体的一端，通过控制墨水的量和刀片的高度可制备出载量一致且均匀的催化层。用这种方法，在 $0.2\,mg_{Pt}/cm^2$ 的催化剂载量下，样品载量的标准偏差为 0.009。由于催化层表面较为平整，其电池性能与手工涂覆制备的催化层相比提高了 25% 左右。

（2）喷涂法

喷涂法是目前催化层制备最常用的方法。与涂覆法的膏状催化剂"墨水"不同，喷涂法所用的催化剂"墨水"一般为较稀的溶液。把催化剂、Nafion 和溶剂超声混合后，可形成分散均匀的催化剂溶液，然后利用喷枪把催化剂溶液喷涂在扩散层上或膜上，干燥后即制得催化层。用这种方法制备催化层，催化剂能与 Nafion 充分混合，更多的 Pt 纳米颗粒能满足"三相区"条件，因此催化剂的利用效率比较高。这种方法的不足之处在于喷涂过程中会浪费掉相当一部分的催化剂，且溶液中的 Nafion 在喷嘴处易干燥成膜，从而堵塞喷枪使喷涂操作中断。

为解决喷涂过程中催化剂的浪费问题，把喷枪和催化层支撑体连接在同一电压电源上，这样催化剂"墨水"在离开喷嘴时会带有电荷，在降落过程中会受到静电引力的作用从而飞到带有相反电荷的支撑层上。利用这种方法，会大幅度减少催化剂的浪费，并且飞行中的墨水小颗粒因带有相同电荷相互排斥而不会团聚，最终制备的催化层平整度较好。

直接把催化剂"墨水"喷涂在膜上时，膜遇到溶剂会发生溶胀和变形。喷涂时把膜放在加热的金属板上，这样膜上的溶剂会快速挥发，膜的溶胀也就会受到抑制。但用这种方法，膜的变形仍不可避免。在强红外光照射下进行喷涂操作，可使喷涂过程和溶剂挥发过程同时进行，催化剂到达膜上时已成干燥状态，从而从根本上解决膜的溶胀问题。用强红外光照射制备的膜电极，在阴极载量 $0.2mg_{Pt}/cm^2$、空气压力 2atm、电池温度 60℃的条件下，电池性能比催化层直接喷涂在碳纸上制备的膜电极高 20％以上。

使催化剂"墨水"在超声的状态下进行喷涂，可防止催化剂颗粒在喷枪中发生团聚，并使喷出的液滴体积极小，从而使整个制备过程中催化剂颗粒与 Nafion 一直处于最佳的混合状态，最终提高催化剂的利用率和电池性能。用这种方法制备的膜电极，在 Pt 载量为 $0.05mg/cm^2$ 时，电池的峰功率密度为 $500mW/cm^2$，其中 Pt 的利用率比手工喷涂制备的催化层中 Pt 的利用率高 10％以上。

（3）转拓法

1992 年 Wilson 等人提出的转拓法把质子交换膜燃料电池带入了低载量、高性能时代。该方法的操作步骤一般为：配置催化剂溶液，并把 Nafion 膜浸泡到稀 NaOH 溶液中，通过离子交换使膜由 H^+ 型转为 Na^+ 型，然后把催化剂溶液喷涂在 PTFE 基体上，干燥后把带有催化层的 PTFE 放在经浸泡处理过的 Nafion 膜的两侧并在 160～210℃的温度下进行热压，使催化层由 PTFE 基体上转移到 Nafion 膜的两侧，揭去 PTFE 后制成含有三层结构的膜电极，最后把制备的膜电极浸泡在稀 H_2SO_4 溶液中，把膜重新转换为 H^+ 型。这种方法制备的膜电极，催化层与膜结合紧密，其接触电阻很小，在电池运行过程中也不容易因为膜的变形而使催化层和膜剥离。但该方法的操作步骤较多，且较高的热压温度会使 Nafion 膜中部分磺酸基团热解而降低其电导率。

因转拓时往往会有部分催化剂残留在 PTFE 基体上而不能实现催化剂的完全转移，所以提高 PTFE 基体上催化剂的转拓程度和转拓的重复性一直是该方法亟待解决的问题。Cho 等提出先在 PTFE 基体上喷涂一层碳粉，再喷涂催化层，然后再在催化层表面喷涂一薄层 Nafion，制成 PTFE＼碳粉＼催化层＼Nafion 来进行转拓。用这种方法，催化层中的 Nafion 不和基体直接接触，催化剂很容易转拓到 Nafion 膜上，同时催化层表面喷涂的薄层 Nafion 会使催化层和膜结合得更为紧密。

为了减少转拓法的操作步骤并实现低温热压，Saha 等提出利用胶体"墨水"和 H^+ 型 Nafion 膜来制备催化层。在其方法中，配制催化剂"墨水"的溶剂为低介电常数的正丁酸乙酯，而 Nafion 在低介电常数的溶剂中为胶体状态。在 135℃、1.7MPa 的压力下进行热压，催化层即可从 PTFE 基体上 100％地转拓。作者认为胶体状态的 Nafion 能形成连续体吸附在炭黑载体的表面，使炭黑载体团聚成大块状，最终使催化层更容易从 PTFE 基体上脱落。但笔者认为催化剂容易脱落也可能是胶体态 Nafion 的疏水端在胶体内部，亲水端在胶体外部，从而使 Nafion 与疏水的 PTFE 基体的黏结力变弱的缘故。

（4）规模化制备方法

由于操作的复杂性和成本问题，传统的实验室膜电极制备方法很难用于工业规模的批量生产，喷墨印刷法和滚筒法是膜电极大规模制备的较佳选择。喷墨印刷法可利用现有的打印技术，进行数字化控制快速生产，而滚筒法已经用在了膜电极的流水线式制备上，Ballard 公司的燃料电池膜电极即用该方法生产。针对目前工业制备技术中催化层与膜分别制备再进行热压，从而使制备效率低下这一问题，该方法将 Nafion 膜溶液滴加在气体扩散电极上，然后通过挤压法在催化层表面形成一层 Nafion 膜，这样就制得带有 Nafion 膜的单电极，最后将阴极、阳极进行热压并封装，制备出含有五层结构的成品膜电极。利用该方法，催化层的制备和膜的制备可在同一流水线上，能大幅提高膜电极的制备速率。

4.6.3.2　膜电极结构优化

近二十多年来，人们对膜电极的结构进行了大量而深入的研究。前期的结构优化主要集中于改变膜电极的材料、组分配比和制备条件，以获得更高的电池性能。近几年来，改善膜电极中催化层的内部排列结构，最优化催化剂利用率、传质、电子传导和质子传导，也逐渐成了膜电极结构优化的热点。

（1）改变组分配比和材料以及改进制备条件

Pt/C 催化剂中 Pt 的含量对电池性能影响很大。在催化层的 Pt 载量固定为 $0.4mg/cm^2$ 的条件下，分别采用 Pt 含量为 10％（质量分数，下同）、20％、30％、40％的 Pt/C 催化剂制备膜电极，电池性能随着 Pt 含量的增高而改善。采用高 Pt 含量的 Pt/C 催化剂，催化层厚度较薄，减小了膜电极的内阻，同时也缩短了气体和水的传递通道。但是，采用过高 Pt 含量的催化剂时，催化剂的利用效率却会下降，膜电极的性价比也会降低。这是因为 Pt/C 中 Pt 纳米颗粒的粒径会随着 Pt 含量的增加而增大，Pt 颗粒变大时其电化学活性比表面积会下降。采用高离子当量的 Nafion，会促进 O_2 透过质子导电相到达催化剂的表面，从而提高燃料电池的性能。低离子当量的 Nafion 表面张力较小，更容易与催化层中的催化剂混合，从而改善膜电极的性能。在相同的制备条件和 Pt 载量下，采用 $50\mu m$ 厚的 Nafion 112 膜时，电池的最大功率密度可达 $1100mW/cm^2$，这一数值是采用 $180\mu m$ 厚的 Nafion 117 膜时的两倍多。采用较薄的膜，电池性能的改善与膜电极中质子的传递阻力随着膜厚度的减小而降低有关。但在实际应用时，膜的厚度也不能过低，因为厚度较低的膜力学性能较差，阳极的 H_2 也会更容易透过膜与阴

极的 O_2 产生混合电位，并影响电池的安全性。催化层内的孔可分为两大类：催化剂载体颗粒团聚体内各颗粒之间的细小孔隙，称为主孔；载体颗粒团聚体之间的大孔隙，称为次孔。主孔较多时，可增加化学反应的活性位，减少催化层内的活化损失。而次孔较多时，有利于反应物和产物的物质传递，降低质量传递损失。因此，调节催化层内主、次孔的比例可以在一定程度上改善电池的性能。在催化层制备过程中加入低温易分解的草酸铵可改变催化层中的孔径分布。当催化剂墨水中含有 20%（质量分数）的草酸铵时，所制备的膜电极在 120℃、空气条件下测试，$400mA/cm^2$ 时的电池电压比不加草酸铵制备的膜电极的电压高 19%。通过改变催化层形成时的温度来调节溶剂的挥发速率，可控制催化层中主、次孔的含量和比例。随着催化层涂覆时温度的升高，所制备的催化层的孔隙率会增加，次孔的比例也会提高。以异丙醇为溶剂，催化剂"墨水"的干燥温度从室温 25℃提高到 87℃时，同样的测试条件下电池的峰功率密度由 $900mW/cm^2$ 提高到 $1200mW/cm^2$。除孔径分布外，催化层还需要合适的亲疏水程度来传递反应气体和生成的水。提高催化层疏水程度的传统方法是向催化剂"墨水"中加入一定量的 PTFE，在催化层内部形成疏水孔，但 PTFE 包覆在炭黑载体颗粒的表面时，会降低催化层的电子导电性。通过热解催化层中部分 Nafion 的方法可提高催化层的疏水性。先在气体扩散层上涂覆一层催化层形成气体扩散电极，然后把电极放在 N_2 气氛、320℃的条件下热处理 1h，使部分 Nafion 发生热解。热处理后催化层的水接触角从 119°增加到 145°，高电流密度下的水管理得到了极大的改善，电池的最大功率密度从 $300mW/cm^2$ 增加到 $450mW/cm^2$。

由于 Nafion 聚合物电解质难以深入到催化层中较小的孔隙内（<10nm），部分催化剂会因缺乏质子导电相而不能发挥作用。Tominaka 等在催化层中加入质子导电的非聚合物分子间氨基苯磺酸，以期该小分子进入到催化层中纳米级的孔隙内，使其内的催化剂颗粒因能接到触质子导电相而参与电化学反应，提高催化剂的利用效率和电池性能。通过该方法制备的膜电极用于 DMFC 单电池测试时，相同电流密度下的电池电压平均提高了约 20mV，0.6V 时电池的内阻从 $5.1\Omega \cdot cm^2$ 降低到了 $3.7\Omega \cdot cm^2$。

在固定电池温度为 60℃、碳纸类型为 TGP-H-120、阴极催化剂载量 $0.65mg/cm^2$、阳极载量 $0.45mg/cm^2$ 的情况下，添加微孔层可有效地缓解水淹，提高电池的最大电流密度；微孔层的厚度从 $38\mu m$ 增加到 $136\mu m$，电池的性能先增加后降低，以 $84\mu m$ 厚最为合适；当微孔层中 PTFE 含量为 0 时，电池在 $570mA/cm^2$ 的电流密度时即达到传质控制区域，而 PTFE 含量为 20%（质量分数）时，电流密度为 $1500mA/cm^2$ 时电池电压才下降到 0.5V；AB 乙炔黑因具有比 XC-72 炭黑更高的电导率和更小的粒径，用于微孔层时其电池性能比用 XC-72 炭黑时好。

催化层中的最佳 Nafion 含量一直是研究者关注的热点。催化层中 Nafion 含量过多时，物质传递通道会被堵塞，载体颗粒也会因被 Nafion 完全包覆而失去电子导电作用。Nafion 含量过低时，催化层中的质子传导能力会降低，部分 Pt 纳米颗粒也会因不能满足"三相区"条件而不能发挥作用。膜电极的制备方法不同，催化层中的最佳 Nafion 含量也往往不一样。Nafion 的最佳含量受多重因素的影响，与制备方法、催化剂、墨水溶剂等都有关系。同样的制备条件下，催化层中 Pt 载量越高，最佳 Nafion 含量越小；CCM 所需的最佳 Nafion 含量低于 GDE 法；Pt/C 催化剂中 Pt 相对于 C 的比例越大，所需的 Nafion 越少。

热压条件对膜电极的电池性能也有较大的影响。Nafion 1100 系列质子交换膜的玻璃化温度为 115℃，热压温度大于该温度时，膜才会软化而与催化层黏合，而热压温度过高，膜的微观结构会受到破坏。热压的时间和压力则对膜电极内部的孔隙率和电导率影响巨大。同最佳 Nafion 含量一样，不同研究者所得出的最佳热压条件也差别很大。

（2）催化层的结构取向优化

在传统的膜电极中，催化层的电子导电相（催化剂）、质子导电相（电解质）和物质的通道（孔隙）均是无序分布的。这种无序分布一方面使部分催化剂仅与气相或仅与离子相接触，不满足"三相区"的要求，降低了贵金属催化剂的利用率；另一方面也延长了物质、电子和质子的传递路径，增加了传质阻力和电阻。催化层的理想结构模型是催化层中的电子导体、质子导体和气孔均沿垂直于膜电极的方向定向排列。在该理想模型中，物质、电子和质子的传递路径最短，且催化剂的利用率可达 100%。通过在催化层的制备过程中施加电场，使球形的炭黑载体呈链状排列，可制备出结构取向的 Pt/C 催化层。在同样的测试条件下，用结构取向的催化层组装的膜电极比传统的膜电极电池性能高 20% 以上。制备过程中施加了电场的催化层与普通的催化层具有完全不同的形貌。电场处理的催化层中载体颗粒单个均匀分散，没有团聚体出现，而未电场处理的催化层中载体颗粒团聚现象严重。

为了在定向排列的 CNTs 表面负载上细小的 Pt 纳米颗粒并用于燃料电池，把氯铂酸溶解在等体积比的水和四氢呋喃中，然后用喷枪把氯铂酸溶液喷涂在定向生长的 CNTs 表面，喷涂至预计的 Pt 载量后把 CNTs 置于氢气气氛中还原氯铂酸，然后再在 CNTs 上涂一层 Nafion，最后把结构取向的 Pt/CNTs 转拓至 Nafion 膜上，可制备出取向的 Pt/CNTs 膜电极。在该膜电极内，Pt 的电化学比表面积只有 $20\sim30m^2/g$，低于传统 Pt/C 膜电极的 $30\sim45m^2/g$，但该膜电极用于电池测试时性能却提高了 20% 左右，且具有较大的极限电流密度。取向 Pt/CNTs 膜电极的优异性能归因于以下两点：定向的 CNTs 内物质传递路径短，气体很容易到达反应活性位上；定向的 CNTs 具有较强的疏水性，有利于阴极水的排除，从而避免水淹。

先把在石英片上定向生长的 CNTs 浸泡在含 Pt 前驱体的溶液中，然后再把

CNTs 取出在 H_2 气氛下还原 Pt 的前驱体。用这种方法制备的 Pt/CNTs，Pt 颗粒分布较为均匀，且粒径在 $2\sim4nm$。采用转拓法制备成膜电极后，Pt 载量为 $0.2mg/cm^2$、操作温度为 $80℃$ 时，其电池的峰功率密度为 $860mW/cm^2$，在 $0.2V$ 时电池的电流密度可高达 $3200mA/cm^2$。而在相同的测试条件下，用 Pt/C 制成的膜电极的电池峰功率密度仅有 $470mW/cm^2$。同时，以 Pt/CNTs 为催化剂的膜电极具有很好稳定性，电池测试 600 圈后峰功率密度只下降了 $10mW/cm^2$，并且 1200 圈时的电池放电曲线与 600 圈时的放电曲线基本重合。

先在铝箔上添加一层 Fe-Co 催化剂催化 CNTs 定向生长，然后通过物理溅射的方法把 Pt 颗粒沉积在 CNTs 的表面，最后再用转拓法制备成 Pt/CNTs 膜电极。运用溅射方法，Pt 颗粒大部分分布在 CNTs 的上端部分（约 200nm 的深度）。尽管 CNTs 的下半部分没有催化剂，但其定向排列有利于气体和水的传递。用该方法制备的膜电极，在操作温度 $80℃$、压力 3atm、Pt 载量 $0.035mg/cm^2$ 的条件下，电池最大功率密度为 $1030mW/cm^2$。而利用 Pt/C 催化剂，在同样的操作条件下要达到该功率密度需要的 Pt 载量为 $0.4mg/cm^2$。

CNTs 的独特管状结构和其高电导率、高比表面积、高耐腐蚀性，使其成为制备取向结构电极时优选的催化剂载体。然而定向排列的 CNTs 往往需要由定向生长来制备，方法较为复杂，且 Pt 颗粒很难均匀地负载在 CNTs 的表面而不破坏其定向结构。因此，寻找操作简单、成本低的取向 Pt/CNTs 制备方法显得尤为必要。利用普通的 CNTs，先制备出 Pt/CNTs 催化剂，然后通过过滤的方法来制备结构取向的 Pt/CNTs 催化层。在过滤过程中，部分 CNTs 的头部会插入到滤膜的微孔内，过滤结束后把 Pt/CNTs 转拓到 Nafion 膜上后，催化层中靠近滤膜的一侧就会有直立的 CNTs。该方法操作简单，所制备的定向膜电极与非定向的相比，电池性能有了显著提高，但只有插入到滤膜微孔内的 CNTs 才能实现结构取向。

除了 CNTs 外，人们还利用定向生长的纳米纤维、石墨烯等制备出了结构取向的单电极。但同定向生长的 CNTs 一样，这些载体也存在制备复杂、载铂困难等问题。

4.6.4　双极板

在燃料电池中，双极板（bipolar plates）起分隔氧化剂与还原剂、引导氧化剂或还原剂在电池内部电极表面流动、为冷却介质提供流道和集流等作用。另外，双极板还是支撑燃料电池堆的"骨架"。

目前，双极板的主要研究方向包括：①设计合理的流道（包括流道样式、流道截面形状以及流道尺寸），使反应物尽量均匀地进入扩散层；②开发新的流场板材料，提高流场板的电化学稳定性，降低流场板的重量和成本。

双极板按材料可分为石墨、金属和复合双极板。石墨双极板是应用最早也是应用最为广泛的双极板，但石墨的机械加工性能差。金属双极板如不锈钢、铝合金和 Ni 合金等，强度高且加工简单，但实际应用时阴极表面易钝化，导致接触电阻增大，阳极侧则容易被腐蚀而溶出金属阳离子。导电复合材料双极板由导电填料和聚合物经热压、注塑等方法制成，该类双极板加工加单，价格便宜，将来有望用于燃料电池的商业化生产。目前双极板的另一问题是重量大，能占整个燃料电池堆重量的 60％以上，因此降低双极板的重量也是双极板研发需要解决的问题之一。

4.6.4.1 双极板流场设计

双极板流场的设计直接影响到电池内部反应气体的分布和传输、水管理、燃料利用率，最终影响电池的输出性能，是质子交换膜燃料电池最重要的研究点之一。流场设计的第一要点就是均匀性，因为不均匀的流场分布会引起催化剂层反应气体的分布不均，导致部分活化区域反应不充分，使得局部电流密度偏低，进而直接影响电池的性能。

质子交换膜燃料电池流场的形式有很多种，有平行流场、蛇形流场、交指型流场和 Z 形流场。此外，还有很多组合设计和其他改进，比如阶梯状和渐变式。各种设计均有各自的特点和不足，以单通道蛇形流场为例，其流道的连通性使得多余的水更容易排出，但单蛇形流场包含的 U 形拐角太多，使得整个流场的压力损失太大。

因为蛇形流场相邻流道间的距离通常小于等于 1mm，而相邻流道间的压力差非常大，这个压差就会迫使反应气体透过扩散层抵达压力低的流道内，形成强制对流。这种强制对流的现象还改变了催化剂层与扩散层交界面处的反应气体分布，使得更多的反应气体到达催化剂层，强制对流现象能带走滞留在扩散层空隙里的水分，提高反应效率。蛇形流场相邻流道间的压力差与温度的差异也有关系。

关于各种形式流场的比较，学者们无论是对数值计算还是实验研究都进行了多方面的对比，以确定在基本流场形式中具有最高性能输出的流场。结果表明，交指型流场的输出功率大于平行流场，尤其是在高电流密度的情况下。因为交指型流场的强制对流使传输到催化剂层的氧气大于平行流场的扩散。交指型扩散层的氧气含量高于平行流场，且流道中的水含量小于平行流场。

各种形式的流场设计和研究已经体现了各形式流场各自的优势，并且更深层次地揭示了各种特性对电池性能的影响。各种数学模型抑或实验研究均表明，平行流场并不适合作为质子交换膜燃料电池双极板流场的设计，同时，点阵流场、Z 形流场、交指型流场与蛇形流场均能提供更加高且稳定的性能。蛇形流场在输出性能和瞬态特性上均有不可比拟的优势，尤其是单蛇形流场。交指型流场则在水管理上突出，尤其在以空气为氧化剂的条件下，性能可以媲美蛇形流场。如何在流场设计中提取和提升各形式流场的有益特性，使得质子交换膜燃料电池最终取得最佳性能将是不变的研究课题。

4.6.4.2 金属双极板表面改性

金属材料的导电性良好、机械强度高、气密性优良且易于加工，最具产业化生产的潜力。可以直接作为双极板材料的金属包括 Au、Pt、Ti 与不锈钢等，其中不锈钢以价格低廉、坚实耐用的特点，成为最早用于双极板的金属材料。不锈钢材料的耐腐蚀性极大程度上取决于其表面钝化层的成分与结构，而钝化层的成分和结构又由不锈钢的化学成分所决定，因此合适的不锈钢材料选择对双极板最终的耐腐蚀性起着基础的决定作用。

以抗孔蚀等量公式（$PRE = \omega_{Cr} + 3.3\omega_{Mo} + 30\omega_N$）来选择不同的铁基合金材料，将 11 种不同成分的铁基合金分别置入硫酸溶液来模拟质子交换膜燃料电池的工作环境，结果表明，PRE 的值与击穿电压和接触电阻有着一定的关系，铬和钼的存在对接触电阻起决定作用。不锈钢材料中合金元素的成分同样决定耐腐蚀性能，铬含量越高，耐腐蚀性越强。不锈钢 316L 接触电阻增大的主要原因是不锈钢表面钝化层变厚，导致电池性能变差。未经表面处理的不锈钢 316L 在燃料电池工作环境中形成的钝化层会导致接触电阻的增加，不能满足双极板材料的要求。

以不锈钢材料作为燃料电池双极板时，在质子交换膜燃料电池工作的条件下，未经表面处理的不锈钢均表现出较大的接触电阻和相对薄弱的耐腐蚀性，使得燃料电池在工作时性能逐渐降低。为增强不锈钢的耐腐蚀性能，有必要对其表面改性或涂镀保护层。

金属涂层技术成熟，其中金、银和铌因其化学稳定性和高导电性可用于金属双极板的表面改性。在不锈钢 316L 双极板上镀上 10nm 厚纳米金涂层并进行了测试，在模拟燃料电池阴极工作环境（0.8V/NHE，80℃，空气）下恒电位极化 24h，其腐蚀电流密度小于 $1\mu A/cm^2$。采用离子注入技术在不锈钢 316L 上镀银，表面形成约 45nm 厚的富银钝化层，在模拟燃料电池环境（0.5mol/L H_2SO_4 + 2mg/L HF，80℃）下，阴极和阳极的动电位测试的钝化电流密度分别降至 $2.0\mu A/cm^2$ 和 $1.1\mu A/cm^2$，接触电阻为 78.8m$\Omega \cdot cm^2$。在不锈钢 304 上镀铌，表面的铌包覆层在酸性条件下形成氧化物并发生钝化，钝化层的耐腐蚀性能良好。采用离子注入技术在不锈钢 316L 上镀铌，注入 2h 后的不锈钢表现出优秀的耐腐蚀性能，动电位测试的钝化电流密度为 $6\mu A/cm^2$，在 8h 阴极 0.6V（vs. SCE）恒电位极化测试后，极化电流密度为 $0.07\mu A/cm^2$，但其接触电阻大于 200m$\Omega \cdot cm^2$。

铬和钛等过渡元素的氮/碳化物表现出良好的耐腐蚀性与导电性，近来被广泛地应用于不锈钢基底的表面改性。采用电感耦合等离子体辅助化学反应直流磁控溅射技术在不锈钢 316L 表面沉积氮化钛铬薄膜，在模拟电池工作环境（0.5mol/L H_2SO_4 + 2mg/L HF，80℃）下阴极腐蚀电流密度小于 $0.5\mu A/cm^2$，且最小接触电阻达到 4.5m$\Omega \cdot cm^2$。采用脉冲偏压电弧离子镀技术在不锈钢 316L

上沉积多层 Cr-CrN 薄膜，以 Cr 作为连接层来增强结合力，再沉积 CrN 层，总厚度约为 400nm，接触电阻为 $8.4m\Omega \cdot cm^2$，在模拟电池工作环境（0.5mol/L H_2SO_4 ＋5mg/L F^-，70℃，空气）下，阴极的腐蚀电流密度约为 $10^{-8}\mu A/cm^2$，较未改性不锈钢降低了两个数量级，动电位测试的腐蚀电流密度也均低于 $1\mu A/cm^2$。采用闭合场非平衡磁控溅射离子镀在不锈钢 316L 上制备 C/CrN 与 Cr-N-C 薄膜，导电性与耐腐蚀性均良好，接触电阻分别为 $2.6\sim2.9m\Omega \cdot cm^2$ 和 $2.64m\Omega \cdot cm^2$，在模拟电池工作环境（0.5mol/L H_2SO_4 ＋2mg/L HF，80℃）下的阴极动电位测试腐蚀电流密度下降至 $0.50\sim1.06\mu A/cm^2$ 和 $0.61\mu A/cm^2$，恒电位腐蚀电流密度达到 $20\mu A/cm^2$ 和 $7.6\mu A/cm^2$。

碳基涂层也是金属双极板表面改性研究的热点之一。采用脉冲偏压电弧离子镀技术在不锈钢 316L 上分别沉积了纯碳层、碳-铬层、碳-铬-氮层，测试发现，经碳-铬改性后的不锈钢表现出良好的耐腐蚀性和导电性，接触电阻为 $8.72m\Omega \cdot cm^2$，在模拟电池工作环境（0.5mol/L H_2SO_4 ＋5mg/L F^-，25℃）、0.1～0.8V vs. SCE 下发生钝化，钝化电流密度为 $0.1\mu A/cm^2$。采用闭合场非平衡磁控溅射离子镀法在不锈钢 316L 上沉积了 $3\mu m$ 厚致密的非晶碳膜，在模拟电池工作环境（0.5mol/L H_2SO_4 ＋2mg/L HF，80℃）下阴极动电位腐蚀电流密度为 $3.56\mu A/cm^2$，恒电位下进行极化测试 8h 后，阴极极化电流密度为 $2.4\mu A/cm^2$。采用磁控溅射技术在不锈钢 304 双极板上沉积非晶碳膜，并组装单电池进行测试，结果表明，制备的双极板化学性质稳定且导电性良好。分别在 Ti 和不锈钢 316L 上沉积了非晶碳膜，耐腐蚀性均有明显提升且接触电阻减小。采用离子镀技术在不锈钢 316L 表面沉积 C_{60} 纳米石墨涂层，接触电阻为 $12m\Omega \cdot cm^2$，在模拟电池工作环境（0.5mol/L H_2SO_4 ＋2mg/L HF，80℃，空气）下阴极动电位腐蚀电流密度为 $0.23\mu A/cm^2$，恒电位测试也表现出良好的耐腐蚀性。

导电聚合物材料同样因其良好的耐腐蚀性和较高的导电性受到广泛关注。对不锈钢 316L 进行喷金处理，然后采用电化学沉积方法进行聚吡咯薄膜的制备，在模拟电池工作环境（0.5mol/L H_2SO_4，70℃）下阴极的动电位腐蚀电流密度为 $5.46\mu A/cm^2$，恒电位腐蚀电流电流密度约为 $7\mu A/cm^2$。采用电化学沉积在不锈钢 304 上制备聚吡咯和聚苯胺薄膜，发现其腐蚀电流密度低，同时接触电阻非常小。虽然聚吡咯薄膜短期的耐蚀性优异，腐蚀电流密度可低至 $0.2\mu A/cm^2$，但随时间的增长，薄膜发生分解，腐蚀电流密度迅速增大。

经各类表面改性材料处理后，不锈钢双极板表面的耐腐蚀性和导电性均有了大幅提升。对比相似模拟燃料电池工作环境下各类薄膜的耐腐蚀性与相同压紧力（$150N/cm^2$）下的接触电阻，发现导电聚合物镀层在短时间内的耐蚀性能优异，但长期性能有待提高，而碳基涂层中的非晶碳膜发展较快，且同样具有优异的导电性与耐腐蚀性，是具备相当潜力的一类双极板保护涂层。

4.6.5 质子交换膜燃料电池

将氢气与空气中的氧气化合成洁净水并释放出电能的装置便是质子交换膜燃料电池（PEMFC），它是以离子交换膜为电解质，以 Pt 或者 Pt 合金作为电催化剂。随着 PEMFC 技术的发展，燃料从单一的氢气演化为甲醇，即为直接甲醇燃料电池（DMFC）。采用质子交换膜电解质较液态电解质具有很多优点，不仅克服了液体电解质易泄露流失和腐蚀性强的缺点，还使得燃料电池系统的结构更为简单，维护更为简便，从而适用场合更为广泛。

美国通用电气公司于 20 世纪 60 年代研制了最早的质子交换膜燃料电池系统，但其由于采用电化学稳定性和导电性都较差的聚苯乙烯磺酸膜为质子交换膜，导致整个电池的寿命很短，仅为 500h。直到 60 年代末，通用电气公司改用 DuPont 公司生产的改进型 Nafion 膜，研制出 350W 的生物卫星用 SPFC 电池堆且使用寿命得到很大延长。Nafion 系列膜至今在 PEMFC 领域依旧占据主导地位。自从 1983 年加拿大国防部确认资助 Ballard 能源公司进行可满足特殊军事要求用的 PEMFC 研究后，该技术取得了突破性进展。2010 年 12 月南京大学发明了首辆燃料电池电动车。

4.6.5.1 氢气燃料电池

PEMFC 除具有其他 FC 的优点外，还有体积小、重量轻、比能量大、寿命长、工作温度低、对环境基本无污染、坚固耐用等诸多独到之处，是汽车动力及便携式发电设备的理想选择，也因而受到人们越来越多的关注。

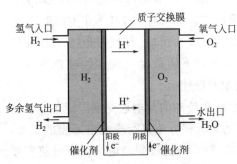

图 4-25　PEMFC 燃料电池工作原理

如图 4-25 所示，由于质子交换膜只能传导质子，因此氢离子（即质子）可直接穿过质子交换膜以达阴极，而电子只能通过外电路才能到达阴极。当电子通过外电路流向阴极时就产生了直流电。以阳极为参考时，阴极电位为 1.23V。即每一单电池的发电电压理论上限为 1.23V。接有负载时输出电压取决于输出电流密度，通常在 0.5～1V 之间。将多个单电池层叠组合就能构成输出电压满足实际负载需要的燃料电池堆（简称电堆）。

电堆由多个单体电池以串联方式层叠组合而成。将双极板与膜电极三合一组件（MEA）交替叠合，各单体之间嵌入密封件，经前、后端板压紧后用螺杆紧固拴牢，即构成质子交换膜燃料电池电堆。叠合压紧时应确保气体主通道对正以便氢气和氧气能顺利通达每一单电池。电堆工作时，氢气和氧气分别由进口引入，经电堆气体主通道分配至各单电池的双极板，经双极板导流均匀分配至电极，通过电极支撑体与催化剂接触进行电化学反应。

电堆的核心是 MEA 组件和双极板。MEA 是将两张喷涂有 Nafion 溶液及 Pt 催化剂的碳纤维纸电极分别置于经预处理的质子交换膜两侧，使催化剂靠近质子交换膜，在一定温度和压力下模压制成。双极板常用石墨板材料制作，具有高密度、高强度、无穿孔性漏气，在高压强下无变形，导电、导热性能优良，与电极相容性好等特点。常用石墨双极板厚度 2～3.7mm，经铣床加工成具有一定形状的导流流体槽及流体通道，其流道设计和加工工艺与电池性能密切相关。

质子交换膜燃料电池具有如下优点：其发电过程不涉及氢氧燃烧，因而不受卡诺循环的限制，能量转换率高；发电时不产生污染，发电单元模块化，可靠性高，组装和维修都很方便，工作时也没有噪声。所以，质子交换膜燃料电池是一种清洁、高效的绿色环保电源。

通常，质子交换膜燃料电池的运行需要一系列辅助设备与之共同构成发电系统。质子交换膜燃料电池发电系统由电堆、氢氧供应系统、水热管理系统、电能变换系统和控制系统等构成。电堆是发电系统的核心。发电系统运行时，反应气体氢气和氧气分别通过调压阀、加湿器（加湿、升温）后进入电堆，发生反应产生直流电，经稳压、变换后供给负载。电堆工作时，氢气和氧气反应产生的水由阴极过量的氧气（空气）流带出。未反应的（过量的）氢气和氧气流出电堆后，经汽水分离器除水，可经过循环泵重新进入电堆循环使用，在开放空间也可以直接排放到空气中。

水、热管理是质子交换膜燃料电池发电系统的重要环节之一。电堆运行时，质子交换膜需要保持一定的湿度，反应生成的水需要排除。不同形态的水的迁移、传输、生成、凝结对电堆的稳定运行都有很大影响，这就产生了质子交换膜燃料电池发电系统的水、热管理问题。通常情况下，电堆均需使用复杂的纯水增湿辅助系统用于增湿质子交换膜，以免电极"干死"（质子交换膜传导质子能力下降，甚至损坏）；同时又必须及时将生成的水排出，以防电极"淹死"。由于质子交换膜燃料电池的运行温度一般在 80℃ 左右，此时其运行效能最好，因此反应气体进入电堆前需要预加热，这一过程通常与气体的加湿过程同时进行；电堆发电时产生的热量将使电堆温度升高，必须采取适当的冷却措施，以保持质子交换膜燃料电池电堆工作温度稳定。这些通常用热交换器与纯水增湿装置进行调节，并用计算机进行协调控制。

为了确保质子交换膜燃料电池电堆的正常工作，通常将电堆、氢气和氧气处理系统、水热管理系统及相应的控制系统进行机电一体化集成，构成质子交换膜燃料电池发电机。根据不同负载和环境条件，配置氢气和氧气存储系统、余热处理系统和电力变换系统，并进行机电一体化集成就可构成质子交换膜燃料电池发电站。

通常，质子交换膜燃料电池发电站由质子交换膜燃料电池发电机和氢气生产与储存装置、空气供应保障系统、氢气安全监控与排放装置、冷却水罐和余热处理系统、电气系统及电站自动控制系统构成。

氢气存储装置为发电机提供氢气，其储量按负荷所需发电量确定。氢气存储方式有气态储氢、液态储氢和固态储氢，相应的储氢材料也有多种，主要按电站所处环境条件及技术经济指标来决定。氢气存储是建设质子交换膜燃料电池发电站的关键问题之一，储氢方式、储氢材料选择关系整个电站的安全性和经济性。空气供应保障系统对地面开放空间的质子交换膜燃料电池应用（如燃料电池电动车）不成问题，但对地下工程或封闭空间的应用来说却是一个十分重要的问题，如何设置进气通道必须进行严格的论证。氢气安全监控与排放装置是氢能发电站的一个特有问题，由于氢气是最轻的易燃易爆气体，氢气储存装置、输送管道、阀门管件、质子交换膜燃料电池电堆以及电堆运行的定时排空都可能引起氢气泄漏，为防止电站空间集聚氢气的浓度超过爆炸极限，必须实时检测、报警并进行排放消除处理。氢气安全监控与排放消除装置由氢气敏感传感器、监控报警器及排放风机、管道和消氢器等组成，传感器必须安装在电站空间的最高处。冷却水罐和余热处理系统是吸收或处理质子交换膜燃料电池发电机运行产生的热量，保障电站环境不超温。将质子交换膜燃料电池发电站的余热进行再利用，如用于工程除湿、空调、采暖或洗消等，实现电热联产联供，可大大提高燃料利用效率，具有极好的发展与应用前景。电气系统根据工程整体供电方式和结构对质子交换膜燃料电池发电机发出的电力进行处理后与电网并联运行或/和直接向负载供电，涉及潮流、开关设备、表盘和继电保护等。采用质子交换膜燃料电池发电站可以实现工程应急电网的多电源分布式供电方式，因此电气及变配电系统是一个值得深入研究的问题。电站自动化系统是为保障质子交换膜燃料电池发电站正常工作、可靠运行而设置的基于计算机参数检测与协调控制的自动装置，一般应采用分布式控制系统（DCS）或现场总线控制系统（FCS）。主要设备包括现场智能仪表、传感器、变送器，通信总线和控制器，并提供向工程控制中心联网通信的接口。主要功能包括参数检测，显示，报警，历史数据存储，故障诊断，事故追忆，操作指导，控制保护输出和数据信息管理等，是质子交换膜燃料电池电站信息化、智能化的核心。

质子交换膜燃料电池发电作为新一代发电技术，其广阔的应用前景可与计算机技术相媲美。经过多年的基础研究与应用开发，质子交换膜燃料电池用作汽车动力的研究已取得实质性进展，微型质子交换膜燃料电池便携电源和小型质子交换膜燃料电池移动电源已达到产品化程度，中、大功率质子交换膜燃料电池发电系统的研究也取得了一定成果。由于质子交换膜燃料电池发电系统有望成为移动装备电源和重要建筑物备用电源的主要发展方向，因此有许多问题需要进行深入的研究。就备用氢能发电系统而言，除质子交换膜燃料电池单电池、电堆质量、效率和可靠性等基础研究外，其应用研究主要包括适应各种环境需要的发电机集成制造技术，质子交换膜燃料电池发电机电气输出补偿与电力变换技术，质子交换膜燃料电池发电机并联运行与控制技术，备用氢能发电站制氢与储氢技术，适应环境要求的空气（氧气）供应技术，氢气安全监控与排放技术，氢能发电站基础自动化设备与控制系统开发，建筑物采用质子交换膜燃料电池氢能发电电热联产联供系统，以及质子交换膜燃料电池氢能发电站建设技术等等。采用质子交换膜燃料电池氢能发电将大大提高重要装备及建筑电气系统的供电可靠性，使重要建筑物以市电和备用集中柴油电站供电的方式向市电与中、小型质子交换膜燃料电池发电装置、太阳能发电、风力发电等分散电源联网备用供电的灵活发供电系统转变，极大地提高建筑物的智能化程度、节能水平和环保效益。

4.6.5.2 直接甲醇燃料电池

直接甲醇燃料电池（direct methanol fuel cell，DMFC）从 PEMFC 衍化而来，其结构与 PEMFC 基本相同。PEMFC 以纯 H_2 为燃料，结构简单，稳定环保，在汽车、移动设备及低功率 CHP 系统等方面已展示出了很大的发展潜力。然而，虽然 H_2 是一种高燃烧性的气体，但是由于其沸点仅为 -253℃，无论是采用压缩还是液化的方法，对储氢材料的要求都相当苛刻，并且能耗较大（需维持在低温、高压条件下），储氢效率低（易泄漏）。所以，一直以来，储氢问题都是 PEMFC 发展道路上的最大障碍。基于同样的原理，DMFC 直接使用甲醇溶液为燃料，不需甲醇的重整制氢过程，且操作方便、安全环保，在应用上显示出了比 PEMFC 更大的优势。尤其是在移动电源和便携式电源领域，DMFC 已显现出非常广阔的应用前景。

直接甲醇燃料电池工作原理如图 4-26 所示，在工作过程中，阳极甲醇的水溶液和阴极的氧气分别沿集流板的流场通道，经扩散层到达催化层进行电化学反应。甲醇在催化剂作用下被氧化产生质子、电子和二氧化碳气体。质子形成水合离子的形式穿越质子交换膜到达阴极，电子从外电路经过负载做功后到达阴极，质子和电子在催化剂作用下还原氧气生成水，

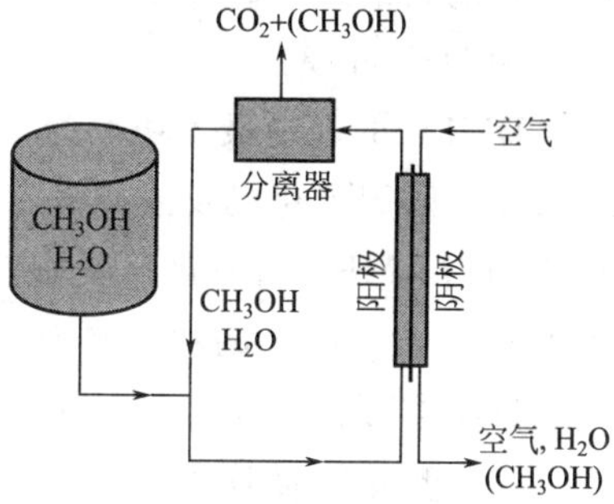

图 4-26 直接甲醇燃料电池工作原理

以蒸汽或者液体形式从阴极出口排出；二氧化碳气体从阳极出口排出。

该电极反应以及电池总反应如下：

阳极反应：

$$CH_3OH + H_2O \longrightarrow CO_2 + 6H^+ + 6e^- \quad E_a = 0.046V \quad (4-36)$$

阴极反应：

$$3/2O_2 + 6H^+ + 6e^- \longrightarrow 3H_2O \quad E_c = 1.229V \quad (4-37)$$

电池总反应：

$$CH_3OH + 3/2O_2 \longrightarrow CO_2 + 2H_2O \quad E = 1.183V \quad (4-38)$$

在标准状态下，DMFC 的理论电动势为 1.183V，其热力学理论能量转换效

率高达 96.7%，远远大于卡诺循环的热机发电能量转换效率。其特点可归结为：①实际能量转换效率高达 60%～80%，不受"卡诺循环"限制；②环保，燃料电池的产物主要是水及少量二氧化碳，且噪声小；③比能量高，DMFC 质量比能量和体积比能量分别达到 6000W·h/kg 和 4800W·h/L，远高于蓄电池的比能量。

直接甲醇燃料电池结构如图 4-27 所示。

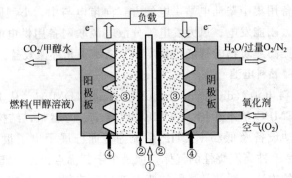

图 4-27　直接甲醇燃料电池结构
①—质子交换膜；②—催化层；③—扩散层；④—极板流场

其主要部件为：两侧起固定作用的端板（一般为力学性能好、强度大的钢板）、集流板（一般为碳板或者钛板，上附进料流场）、阴阳极扩散层（一般为经过处理的碳纸或者碳布）、阴阳极催化层，中间为质子交换膜（现在用得较为普遍的为 Nafion 膜）。

DMFC 的理论最大功率为 $1000mW/cm^2$ 左右。在电池系统运行中会因为活化极化、欧姆极化以及浓差极化等因素的影响，电池的实际性能大大降低，这也成为制约 DMFC 商业化发展的瓶颈。实用化的 DMFC 要求在 0.5V 的电压下达到 $200～300mW/cm^2$ 的功率水平。

DMFC 是燃料电池领域中最有前景实现商业化的，其具有如下特点：

（1）理论能量效率高

对于 DMFC 来说，没有热机的燃烧过程，不受卡诺循环的限制。故而，DMFC 的理论能量转换效率（可达 90% 以上）比热机和发电机能量转换效率（＜40%）要高得多。

（2）环境友好

DMFC 工作时化学反应产物仅为 H_2O 和 CO_2，不排放粉尘等有害物质，从根本上消除了 CO、NO、SO_2、粉尘等向大气中的排放，实现了零污染；另外，DMFC 本身无热机、活塞、引擎等机械运动，操作环境无噪声污染。

（3）结构简单，操作灵活

DMFC 具有组装式结构，不需要很多辅助设施，电池的设计、制造、组装、维护以及操作都较方便。

（4）燃料来源广

DMFC 直接以甲醇为燃料，燃料来源广，价格低廉。

DMFC 最适于应用在功率密度较低，同时能量密度要求相对较高的领域，确切地讲它适合在平均功率在百瓦以下，但需要保证工作状态相当长时间（经常为数天以上）的设备中使用。最好的例子是 3G "常开"手机、便携式笔记本、与通信设备联用的 PDA、交通系统、偏远地区监视器及传感设施、导航系统等。

直接甲醇燃料电池虽然作为新兴的产业具有较强的应用前景，但是不可回避的是其目前仍然有很多问题亟待解决，其中最主要的两点是性能问题和寿命问题。性能问题主要指目前电池采用的催化剂（Pt 系）电催化性能较差，需要达到一定的载量才能实现较好的催化性能，而高催化剂载量又提高了电池成本，解决这一问题的主要方法是研究新型催化剂材料，提高电催化性能，并且降低成本。寿命问题则主要指电池在长时间使用的过程中，输出功率持续衰减，无法实现持续放电的问题。

我国大连燃料电池及氢源技术国家工程研究中心对动力汽车电池性能行了考察，其也确定每个工况运行 1h，每天运行 8h，前后测试电堆的伏安曲线，累计进行 1000h 运行考核。但是，目前，制约动力电池寿命的因素还有启停衰减、电池组散热、防冰冻、大气污染对电池的影响、堆体震动、燃料储备以及电池控制系统设计等。而对于自呼吸式微型燃料电池，虽然没有上述电池组明显的问题，但是其也受到一些自有因素制约，如燃料和氧化物的低流通性以及阴极水淹现象对电池性能的影响；而且其在原料储存供应、集电板加工和堆体设计方面必须有独特的自有设计，才能满足电池长时间稳定性方面的要求，保证较为良好的电池寿命。

4.6.5.3 直接甲酸燃料电池

近年来相比于氢气，直接甲酸燃料电池由于在室温下更安全，容易处理、储存、运输等特性吸引人们了的注意力。

与直接甲醇燃料电池相比，直接甲酸燃料电池无毒，室温下安全不易燃，并且具有较高的理论开路电压。

直接甲醇燃料电池是一种新能源，由于其能量损耗少，能量密度高，而且污染低，噪声低，因此被认为是未来电动汽车动力的最有希望的化学电源。但在实际应用中，人们发现甲醇本身就具有相当高的毒性，可以刺激人的视神经，而且摄入过量会导致失明。而甲酸无毒且不易燃，具有较高的质子电导率和较低的膜透过率，被认为是一种较好的甲醇替代燃料，因此对直接甲酸燃料电池（DFAFC）的研究受到广泛关注。

（1）直接甲酸燃料电池的特点

氢气-质子交换膜燃料电池由于其造价高，并且使用氢气运输危险、低的气相能量密度而受限。同样对于直接甲醇燃料电池，液态甲醇具有高的能量密度，但是它的电化学氧化速率很低，而且质子交换膜只能允许低浓度的甲醇通过导致直接甲醇燃料电池在实际应用上也备受限制。

正是氢气和甲醇的局限性使得直接甲酸燃料电池在近些年来备受关注。

直接甲酸燃料电池存在诸多优点：室温下，甲酸为液态，美国规定稀释的甲酸可作为食品添加剂；甲酸的电化学氧化可通过双途径机理进行，尤其是在钯电极上，主要以直接生成 H_2O 和 CO_2 的途径进行，因此，其电化学氧化产物中 CO 较少，不易使催化剂中毒；甲酸对质子交换膜的渗透率要比甲醇低；虽然甲酸的能量密度较低，为 1740W·h/kg，不到甲醇的 1/3，但据报道，甲酸的最佳工作浓度为 10mol/L，工作浓度范围广，即使在 20mol/L 浓度下也能工作，而甲醇的最佳工作浓度只有 2mol/L，局限性较大，因此直接甲酸燃料电池的能量密度要比直接甲醇燃料电池的能量密度高；温度对甲酸氧化性能的影响不大，因此在较宽的温度范围内均可使用；冰点较低，所以直接甲酸燃料电池（direct formic acid fuel cell，DFAFC）低温工作性能好；甲酸本身作为一种电解质，更有利于增加阳极室内溶液的质子电导率；甲酸不易燃，储存、运输十分方便；甲酸的电化学氧化性能要比甲醇优越，在循环伏安图中，甲醇在 Pt/C 或 Pt-Ru/C 催化剂上的氧化峰峰电位在 0.5V 左右，而甲酸在 Pd/C 催化剂上的氧化峰峰电位在 0.1V 左右。

尽管直接甲酸燃料电池存在着很多优点，但同时它也存在一些不容忽视的问题。甲酸作为燃料的缺点如下：已有研究发现，纯 Pt 催化剂对甲酸的催化活性较低，而且甲酸在纯 Pt 上的氧化主要是通过间接途径进行的，产生有毒中间体 CO 毒化 Pt 催化剂，催化剂的寿命受到影响而使催化效率低；甲酸理论体积能量密度较低（约为 2104W·h/L，不到甲醇的一半）；液态甲酸易挥发并且产生有毒刺激性气体，高浓度的甲酸有较强的腐蚀性；DFAFC 长时间运行的稳定性问题尚待解决。

因此在 DFAFC 中，阳极催化剂的研究成为热点，寻求一种高效的、长期稳定的催化剂成为研究目标，也是实现商业应用的关键。

（2）直接甲酸燃料电池的工作原理

早在 1996 年，Savinell 研究组就提出了 DFAFC。1964 年，人们开始研究甲酸电化学氧化的机理。和 PEMFC 一样，DFAFC 也用空气中的氧气作为阴极氧化剂。氧气在阴极上的还原是 4 电子的反应。在阳极上，每个甲酸分子氧化产生 2 个电子。DFAFC 的阳极、阴极及总的反应方程式和电位如下：

阳极：

$$HCOOH \longrightarrow CO_2 + 2H^+ + 2e^- \quad E^a = -0.25V(vs. SHE) \quad (4-39)$$

阴极：

$$1/2O_2 + 2H^+ + 2e^- \longrightarrow H_2O \quad E^c = 1.23V(vs. SHE) \quad (4-40)$$

总反应：

$$HCOOH + 1/2O_2 \longrightarrow CO_2 + H_2O \quad E^{\ominus} = 1.48V \quad (4-41)$$

理论开路电压 E_{OC} 约为 1.48V。

甲酸的理论能量密度根据公式 $\Delta G/M_w = -nFE_{OC}/M_w$ 计算得到，其中 n 为电子转移数，$n=2$；F 为法拉第常数，$F=96485C/mol$；M_w 为甲酸的摩尔质量，$M_w=46g/mol$。代入公式计算得甲酸的理论能量密度为 1725W·h/kg。

目前研究认为甲酸燃料电池在 Pt 阳极的电氧化主要采用双途径机理：直接氧化脱氢机理（即直接途径）和间接氧化脱水机理（即 CO 路径）。如图 4-28 所示。

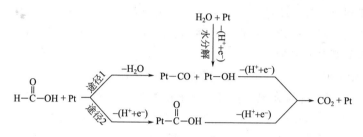

图 4-28　甲酸氧化双途径机理

由于直接途径不产生 CO，不易使催化剂中毒，因此是甲酸氧化所希望的途径。而 CO 途径易使催化剂中毒，是不希望的途径。经研究发现，甲酸在 Pt 催化剂上主要通过 CO 途径氧化，CO 会占据 Pt 催化剂的活性位置（Pt-CO），阻止甲酸电氧化反应的进行，因此对铂催化剂产生毒化作用，使催化剂的活性降低。

而在 Pd 催化剂上主要通过直接途径氧化，Pd 的初始反应活性较高，但催化稳定性不好。Pd 催化剂可以减少 CO 的产生，并且在 DFAFC 中获得了 0.72V 的开路电位。而 Pt 的催化活性没有 Pd 高，但稳定性较高。

Aoki 等对甲酸铵、甲酸、甲醇的电流密度进行了比较，发现甲酸根离子的电流密度最高。

使用甲酸-甲酸盐溶液推测其氧化经由如下途径：

$$HCOO^- \longrightarrow CO_2 + H^+ + 2e^- \tag{4-42}$$

即甲酸盐的直接氧化途径。

同时也有报道认为甲酸的氧化还存在第三个途径，即甲酸盐的氧化。而 $HCOO^-$ 的氧化有两种可能的机理：一种 $HCOO^-$ 是 HCOOH 氧化的中间体；另一种是 $HCOO^-$ 首先吸附在 Pt 表面，之后直接氧化为 CO_2。

$HCOO^-$ 中间体氧化步骤：

$$Pt\text{-}HCOOH \longrightarrow Pt\text{-}HCOO^- + H^+ \tag{4-43}$$

$$Pt\text{-}HCOO^- \longrightarrow Pt + CO_2 + H^+ + 2e^- \tag{4-44}$$

$HCOO^-$ 直接氧化步骤：

$$Pt + HCOO^- \longrightarrow Pt\text{-}HCOO^- \tag{4-45}$$

$$Pt\text{-}HCOO^- \longrightarrow Pt + CO_2 + H^+ + 2e^- \tag{4-46}$$

DFAFC 催化剂的研究主要集中在铂（Pt）、钯（Pd）及其合金上。甲酸的电化学氧化可通过双途径进行，在 Pt 催化剂上，按照途径二进行，氧化生成中间产物 CO，对催化剂产生毒化作用；在 Pd 催化剂上，甲酸氧化主要以途径一反应为主，直接生成 H_2O 和 CO_2，不易使催化剂中毒。Pd 催化剂的研究主要集中在制备方法和改变 Pd 的载体上，可改进制备方法来改变催化剂的粒径和分布。

相对于甲醇而言，甲酸在 Nafion 膜中的渗透问题要轻很多，但对电池的性能仍有影响。有学者研究发现，对甲酸在不同厚度 Nafion 膜中的渗透能力进行了比较，发现膜越厚，渗透率越小。甲酸在 Nafion 112 膜（$50\mu m$ 厚）中的渗透比在 Nafion 117 膜（$180\mu m$ 厚）中严重；在 Nafion 115 膜中，甲酸的渗透会随着温度和甲酸浓度的升高而增加。

在 DFAFC 中，Pt 和 Pd 是研究得最多的阳极催化剂，为了进一步提高 Pt 和 Pd 催化剂的性能，通常在 Pt 或 Pd 催化剂中添加第二或第三种元素。一般来说，Pt 基或 Pd 基复合催化剂对甲酸氧化的电催化性能均好于相应的 Pt 或 Pd 催化剂，但是不同的复合催化剂性能提高的机理有所不同，因此，不同的 Pt 基或 Pd 基复合催化剂的性能也不同。一般的 Pt 基或 Pd 基复合催化剂性能提高的机理有以下3 种。

加速 CO_{ads} 氧化速度机理。这种机理主要用于 Pt 基催化剂，如 Pt/Ru 催化剂，Ru 并不改变甲酸在 Pt 催化剂上氧化的途径，其主要作用是加快 CO_{ads} 在 Pt 催化剂上的氧化速度，因此提高了甲酸在 Pt 催化剂上的氧化速度，改进了 Pt 催化剂对甲酸氧化的电催化性能。

降低 CO_{ads} 吸附量机理。这种机理适用于 Pt 基和 Pd 基催化剂上，例如，对于 Pt/Au 催化剂，Au 的主要作用是降低 CO_{ads} 在 Pt 上的吸附量，因此促使甲酸在 Pt 上氧化主要通过直接途径进行，降低了 Pt 催化剂被 CO_{ads} 毒化的概率，提高了 Pt 催化剂对甲酸氧化的电催化性能。一般来说，通过加速 CO_{ads} 氧化速度机理来提高 Pt 或 Pd 催化剂性能的效果要比降低 CO 吸附量的效果差，因此 Pt/Au 催化剂对甲酸氧化的电催化性能优于 Pt/Ru 催化剂。

电子效应机理。电子效应机理也适用于 Pt 基和 Pd 基催化剂，例如，在 Pt/Pb 催化剂中，由于 Pt 和 Pb 之间的电子效应，使 Pt/Pb 催化剂中金属 Pt 的质量分数从 80.3% 增加至 84.6%，而 PtO 或 $Pt(OH)_2$ 的质量分数从 19.7% 下降至 15.4%，金属 Pt 质量分数的增加提高了 Pt 催化剂对甲酸氧化的电催化性能。在最近的研究中发现，在制备的 Pd-P/C 催化剂中，Pd 和 P 也存在电子效应，因此在 Pd-P/C 催化剂中零价 Pd 的质量分数要大于在 Pd/C 催化剂中的，使得 Pd-P/C 催化剂对甲酸氧化的电催化性能好于 Pd/C 催化剂。

在有些复合催化剂，如 Pt/Bi 催化剂中，Bi 既有电子效应作用，又能降低 CO 在 Pt 上的吸附量，因此，Pt/Bi 催化剂对甲酸氧化有很好的电催化性能。另外，笔者研究组的研究发现，对于 Pt-FeTSPc 催化剂来说，FeTSPc 也是由于降低了 CO_{ads} 吸附量而提高 Pt 催化剂性能的，但是 FeTSPc 降低 CO_{ads} 吸附量是因为位阻效应阻止了形成吸附的 CO，而且，该催化剂也有电子效应，FeTSPc 提供的电子增加了甲酸在 Pt 催化剂上氧化的反应速率，甲酸在 Pt-FeTSPc 催化剂上氧化的电流密度要比在 Pt 催化剂上大 10 倍。

（3）DFAFC 存在的问题

虽然 DFAFC 有很多的优点，并在近年来得到了很快的发展，但是在研究过程中也发现了一些问题。

Pd 催化剂催化分解甲酸。在阳极催化反应过程中，Pd 催化剂会使甲酸自发催化分解。当溶液中有氧存在时，甲酸被 Pd 催化分解的主要产物是 CO_2 和 H_2O，也有一部分直接分解为 CO 和 H_2O。温度越高，分解越快，在 50℃ 时，30min 分解率达 32.0%；当反应温度达到 100℃ 时，分解率可达到 85.0%。这造成了甲酸的极大浪费。

Pd 催化剂的电催化稳定性差。Pd 催化剂对甲酸氧化的电催化活性远高于 Pt 催化剂，但是其稳定性差也可能是 DFAFC 中一个大的问题。近年来，在研究稳定性差的原因方面已经做了不少的工作。

Pd 催化剂稳定性不好的原因之一可能是甲酸在 Pd 催化剂上分解。在 DFAFC 运行过程中，Pd 催化剂会慢慢中毒，分析发现其表面存在 CO_{ads}，因此，Pd 催化剂电催化性能不稳定的原因是被甲酸电氧化过程中产生的 CO_{ads} 所毒化。但在甲酸被 Pd 催化分解的产物中也含有 CO_{ads}，因此，认为部分 CO_{ads} 也可能来自 Pd 使甲酸催化分解的过程。

Pd 催化剂稳定性不好的另一个原因可能是阴离子对 Pd 催化剂性能的影响。通过对不同阴离子对 Pd 催化剂性能的影响研究，发现作为电解质，$HClO_4$ 要好于 H_2SO_4。而在电解液中加入少量 HBr、HCl 和 $NaSO_3CF_3$ 等均会对 Pd 催化剂的性能产生不好的影响，其原因主要是这些化合物的阴离子强烈吸附在 Pd 的活性位点上，因而不利于促进 CO_{ads} 氧化的 OH 基团在较负的电位下形成。有研究组也发现，由于硫酸根能吸附在 Pd 上而降低 Pd 催化剂对甲酸的电催化性能，因此，在研究 DFAFC 时必须使用高纯度的电解液，电解质最好使用 $HClO_4$，而不用 H_2SO_4。

也有关于一些离子吸附在 Pd 上能提高 Pd 催化剂电催化性能的报道。例如，有研究小组发现，HBF_4 能提高 Pd 催化剂对甲酸氧化的电催化活性约 50%，因为 BF_4^- 能在较负电位下吸附在 Pd 催化剂表面形成的含有 OH 基团的 BF_3OH^-，它能促进 CO_{ads} 氧化，因而可提高 Pd 催化剂对甲酸氧化的电催化性能。

甲酸在 Nafion 膜上的渗透。对于 DMFC，甲醇能从阳极透过膜到达阴极，这种现象降低了燃料的利用率，产生了不利的混合电位，并毒化阴极催化剂，因此降低了电池的性能。DFAFC 的优点之一是甲酸对 Nafion 膜的渗透率比甲醇低一个数量级。但是，这并不意味着甲酸的渗透是可以忽略的，渗透仍然是制约 DFAFC 性能的一个重要因素。最近有不少关于 DFAFC 中甲酸的渗透行为的研究，主要研究了甲酸浓度、温度和 Nafion 膜的厚度等对甲酸透过 Nafion 膜渗透率的影响，发现甲酸透过 Nafion 膜的渗透率随甲酸浓度的增加、温度的升高和 Nafion 膜厚度的降低而增加。解决甲酸对 Nafion 膜渗透问题的途径之一是研究对甲酸氧化没有电催化活性和对氧还原有良好电催化活性的阴极催化剂，笔者研究组首先开展了这方面的工作，发现 Au 和 Ir 对甲酸氧化无电催化活性，并对氧还原有较好的电催化性能，但比 Pt 催化剂要差一些。在 Au 催化剂中加 Ir、铁卟啉能提高 Au 对氧还原的电催化活性而对甲酸氧化没有电催化活性。另外，发现 Ru-Fe/C 催化剂对氧还原的电催化活性要远好于 Ru/C 催化剂，只有与 Ru 形成合金的 Fe 才能提高 Ru/C 催化剂对氧还原的电催化活性。而且，Ru-Fe/C 催化剂对甲酸氧化没有电催化活性。因此，Ru-Fe/C 催化剂也有很好的抗甲酸能力。所以，Ru-Fe/C 催化剂适合作为 DFAFC 的阴极催化剂。

4.6.6　固体氧化物燃料电池

固体氧化物燃料电池（SOFC）以固体氧化物为电解质。SOFC 不仅有其他燃料电池高效及环境友好的优点，同时还具有如下的特点：

① 全固态结构可以避免液体电解质带来的腐蚀和电解液流失；

② 在 800～1000℃的高温条件下，电极反应过程迅速，无须采用贵金属催化剂，降低成本；

③ 燃料选用范围广，除 H_2、CO 外，可直接采用天然气、煤气及碳氢化合物等；

④ 余热可以用于供热和发电，能量综合利用率达到 70％。

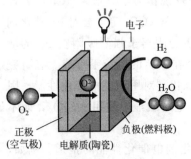

图 4-29　SOFC 工作原理

SOFC 主要用于与燃气轮机、蒸汽轮机组成联合循环发电系统，建造中心电站或分散电站。

SOFC 的电解质是固体氧化物，如 ZrO_2、Bi_2O_3 等，其阳极是 Ni-YSZ 陶瓷，阴极目前主要采用锰酸镧（$La_{1-x}SrMnO_3$，LSM）材料。

SOFC 的固体氧化物电解质在高温下（800～1000℃）具有传导 O^{2-} 的能力，在电池中起传递 O^{2-} 和分隔氧化剂与燃料的作用。平板式 SOFC 的工作原理如图 4-29 所示。

阴极反应：

$$1/2O_2 + 2e^- \longrightarrow O^{2-} \tag{4-47}$$

阳极反应：

$$H_2 + O^{2-} \longrightarrow H_2O + 2e^- \tag{4-48}$$

电池反应：

$$1/2O_2 + H_2 \Longrightarrow H_2O \tag{4-49}$$

在阴极（空气电极）上，氧分子得到电子，被还原为氧离子；氧离子在电池两次氧浓度差驱动力的作用下，通过电解质中的氧空位定向迁移，在阳极（燃料电极）上与燃料进行氧化反应。如果燃料为天然气（甲烷），其反应为：

$$2O_2 + CH_4 = 2H_2O + CO_2 \tag{4-50}$$

从原理上讲，SOFC是最理想的燃料电池类型之一，一旦解决了一系列技术问题，SOFC有希望成为集中式发电和分散式发电的新能源。

SOFC的关键材料与部件为电解质隔膜、阴极材料、阳极材料和双极板连接材料。

（1）固体氧化物电解质

目前，处于研究阶段的SOFC的固体电解质材料主要有两种类型：萤石结构和钙钛矿结构，其中萤石结构的电解质材料研究相对充分。

① 萤石结构的氧化物　萤石结构的氧化物中ZrO_2、Bi_2O_3和CeO_2研究较多。掺杂6%～10%（摩尔分数）Y_2O_3的ZrO_2是目前应用最广的电解质材料。常温下纯ZrO_2属于单斜晶系，在1150℃时不可逆转变为四方晶系，到2370℃时转变为立方萤石结构，并抑制结构稳定。同时Y_2O_3在ZrO_2晶格内产生大量的氧离子空位以保持整体的电中性。研究发现，加入两个三价离子，就引入一个氧离子空位。掺杂Y_2O_3的量取决于不影响ZrO_2的电导率，8%（摩尔分数）Y_2O_3稳定的ZrO_2（YSZ）是SOFC中普遍采用的电解质材料。在950℃时，电导率为0.1S/cm，它有很宽的氧分位范围，在$1.0～1.0×10^{20}$Pa压力范围内呈纯氧离子导电特性，只有在很低和很高的氧分位下才会产生离子导电和空穴导电。

采用Sc_2O_3和Yb_2O_3掺杂的ZrO_2用于SOFC作为固体电解质，性能优于YSZ，但是造价较高。

YSZ的弱点是必须在900～1000℃的温度下才有较高的功率密度，这给双极板和密封胶的选择及电池组装带来了一系列困难。目前SOFC的发展趋势是降低电池的工作温度，800℃左右中温型SOFC受到重视。采用Cd_2O_3和Sm_2O_3掺杂的CeO_2固体电解质在600～800℃的中温区间将有应用前景。

② 钙钛矿结构的氧化物　$La_{0.9}Sr_{0.1}Gd_{0.8}Mg_{0.2}O_3$（LSGM）具有钙钛矿结构，它的特点是阳离子导电性能好，不产生电子导电，同时在氧化和还原气氛下稳定。研究发现，在800℃时用LSGM作固体电解质，电池的功率可以达到440mW/cm^2，在700℃时为200mW/cm^2，稳定性能好。钙钛矿结构氧化物有希望成为中温SOFC电池的固体电解质。

（2）阴极材料

SOFC的阴极材料要求具有良好的电催化活性和电子导电性，同时要求与固体电解质有优良的化学相容性、热稳定性和相近的热膨胀系数。

目前广泛采用的阴极材料为掺杂锶的锰酸镧（LSM，$La_{1-x}Sr_xMnO_3$）。一般$x=0.1～0.3$。LSM具备氧还原电催化活性和良好的电子导电性，同时与YSZ

的热膨胀系数匹配性良好。

同样可作为 SOFC 的阴极材料还有 $La_{1-x}Sr_xFeO_3$、$La_{1-x}Sr_xCrO_3$ 和 $La_{1-x}Sr_xCoO_3$，但它们的性能低于 LSM。如果用其他稀土元素取代 La，或用 Ca、Ba 取代 Sr 还可以得到一系列的阴极材料。目前这些阴极材料还在研究中。

（3）阳极材料

阳极材料可以选择 Ni、Co、Ru 和 Pt 等金属，考虑到价格因素，目前主要使用 Ni。将 Ni 和 YSZ 混合制备成金属陶瓷电极 Ni-YSZ，可以满足以下三个条件：

① 增加 Ni 电极的多孔性、反应活性，同时防止烧结；

② Ni 电极的热膨胀系数与 YSZ 电解质接近，有利于两者的匹配；

③ YSZ 的加入增大了电极-YSZ 电解质-气体的三相界面区域，增大了电化学活性区的有效面积，使单位面积的电流密度增大。

（4）双极板连接材料

双极连接板在 SOFC 中连接阴极和阳极，在平板式 SOFC 中还起着分隔燃料和氧化剂，构成流场及导电的作用。对于双极板材料的要求是必须具备良好的力学性能、化学稳定性、电导率高和接近 YSZ 的热膨胀系数。

对于平板式 SOFC，双极板连接材料主要有两类：

① 钙或锶掺杂的钙钛矿结构的铬酸镧材料 $La_{1-x}Ca_xCrO_3$（LCC），性能满足要求，但造价高；

② Cr-Ni 合金材料，基本上满足要求，但长期稳定性能较差。

（5）密封材料

密封材料用于电极/电解质和双极板之间的密封，要求必须具备高温下的密封性能好、稳定性高和匹配性好等特点。密封材料主要为无机材料、如玻璃材料、玻璃/陶瓷复合材料等。

PAFC 是一种以磷酸为电解质的燃料电池。PAFC 采用重整天然气作为燃料，空气作氧化剂，浸有浓磷酸的 SiC 微孔膜作为电解质，Pt/C 作为催化剂，工作温度为 200℃。PAFC 参数的直流电经直交变换后以交流电的形式供给用户。

PAFC 是目前单机发电量最大的一种燃料电池。50～200kW 功率的 PAFC 可供现场应用，1000kW 功率以上的 PAFC 的电站也已经运行多年，4500kW 和 11000kW 的电站也开始运行。

PAFC 是高度可靠的电源，可用于医院和计算站的不间断供电。PAFC 的发电效率为 40%～50%，热电联供的燃料利用率为 60%～80%。

如果考虑以氢为燃料，氧为氧化剂，PAFC 的反应如下。

阳极（负极）：

$$H_2 \longrightarrow 2H^+ + 2e^- \tag{4-51}$$

阴极（正极）：

$$1/2O_2 + 2H^+ + 2e^- \longrightarrow H_2O \tag{4-52}$$

电池总反应：

$$1/2O_2 + H_2 =\!\!=\!\!= H_2O \tag{4-53}$$

① PAFC 的结构　PAFC 由多节单电池按压滤机方式组装成电池组。PAFC 的工作温度一般为 200℃ 左右，能量转换效率约在 40%，为保证电池工作稳定，必须连续地排出废热。PAFC 电池组在组装过程中每 2～5 节电池间就加入一片冷却板，通过水冷、气冷或油冷的方式实施冷却。PAFC 结构如图 4-30 所示。

其中冷却系统分为如下几种：

a. 水冷排热。水冷可采用沸水冷却和加压冷却。沸水冷却时，水的用量较少，而加压冷却则要求水的流量较大。水冷系统对水质要求高，以防止水对冷却板材料的腐蚀。水中重金属含量要低于万分之一，氧含量要低于十亿分之一。

b. 空气冷却。采用空气强制对流冷却，系统简单，操作稳定。但气体热容低，造成空气循环量大，消耗动力过大。所以气冷仅适用于中小功率的电池组。

c. 绝缘油冷却。采用绝缘油作冷却剂的结构与加压式水冷相似，油冷系统可以避免对水质高的要求，但由于油的比热容小，流量远大于水的流量。

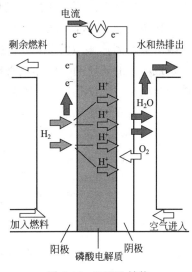

图 4-30　PAFC 结构

② PAFC 的性能

a. 电池的工作温度。从热力学分析角度看，升高电池的工作温度，会使电池的可逆电位下降。但升高温度会加速传质和电化学反应速率，减小活化极化、浓差极化和欧姆极化。总体上，升温会改善电池性能，PAFC 的工作温度为 200℃。

b. 电池反应气体的工作压力。热力学分析表明，电池反应气体的工作压力会升高可逆电池的电压；从动力学角度来看，升高压力会增加氧还原的电化学反应速率，氧还原的速率与氧的压力成正比。升高压力会减小欧姆极化。

c. 电池的工作电位。在 PAFC 的工作条件下，氧电极的工作电压高于 0.8 V 时，电催化剂会发生微溶，催化剂的载体 XC-72 型碳也会缓慢氧化。

d. PAFC 电池的工作气体。PAFC 的燃料气体对杂质有相当高的要求，以富氢气体为例，富氢气体中的 CO 会造成催化剂铂中毒和氢电极极化，要求 CO 的浓度范围控制在 1%（工作温度为 190℃ 时），富氢气体中的 H_2S 气体的最高体积分数为 $2.0×10^{-6}$。

4.7　氢冶金

碳冶金是钢铁工业传统发展的典型代表模式，高炉冶炼基本反应式为：

$Fe_2O_3 + 3CO = 2Fe + 3CO_2$。从反应式中不难看出，还原剂是碳，故称为碳冶金。最终产物是二氧化碳。

未来十年我国工业发展还将沿用传统的碳化发展方式，这是由多煤、少油、少气的能源结构所决定的。特别是钢铁工业，按现在的发展方式，以现在的发展速度，二氧化碳的排放量将成倍增长，占排放总量20％以上。基于此，可减少碳排放的氢冶金工艺受到了关注。氢作为还原剂用于炼铁工艺，不仅可行，而且有许多传统炼铁工艺不可比拟的优势。

如图4-31所示，所谓氢冶金，即在还原冶炼过程中主要用气体氢作还原剂，而碳冶金是固体碳（焦炭等）在不完全燃烧条件下转化成CO，进行还原反应。氢是最活泼的还原剂，气体氢直接参与还原反应不需任何转换。因此，氢冶金与碳冶金比较，无论是还原效率还是还原速率，前者均大大高于后者。氢的还原潜能与一氧化碳的还原潜能比较，前者是后者的14倍。

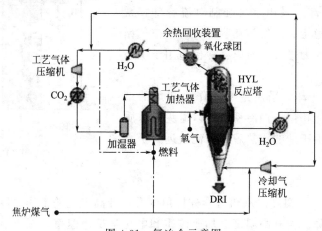

图 4-31　氢冶金示意图

由此可见，大力开发和发展氢冶金，可以大大提高金属还原效率，成倍地提高金属冶炼的生产能力和生产效率。同时，可以大大减少金属冶炼过程中碳还原剂的消耗，从而大大降低钢铁生产中的煤耗，确保钢铁工业可持续发展。

4.8　思考题

(1) 氢能是怎样被发现的？怎么理解"氢能是能源历史的必然"这句话？

(2) 比较不同水制氢方法的优缺点，并对它们的发展前景提出自己的看法。

(3) 化石燃料制氢的优缺点是什么？

(4) 结合生活体验，谈谈生物质的利用，对其前景提出自己的看法。

(5) 如果大规模利用太阳能制氢，会不会对周围环境造成生态影响。

(6) 如果你是商人，投资制氢技术，你会选择哪种制氢方法，理由是什么？

(7) 目前的储氢技术可以满足氢燃料汽车的实用化吗？调研最先进的氢燃料

汽车。

（8）在标准状况下，水电解生成 $1m^3$ 氢气及 $0.5m^3$ 氧气，理论上需要多少升水？

（9）水电解制氢的催化剂主要有哪几种类型？主要的制备方法及其优缺点有哪些？

（10）用于电解水制氢的膜电极存在哪些有待改进之处？

（11）写出氢氧电池的能斯特方程。

（12）说明燃料电池电催化剂的种类，说明多孔扩散电极的作用。

（13）说明不同种类燃料电池系统的组成，并画出简图。

（14）燃料电池发动机的能量转化形式及主要结构与锂电池系统及内燃机相比有什么优缺点？

（15）在北京奥运会期间为运动员提供服务的我国拥有完全自主权的氢氧燃料电池车所采用的燃料电池属于哪种类型，其主要工作电化学反应是什么？

（16）甲醇燃料电池在哪些应用领域具备应用优势，主要的不足之处及可能的改进方法有哪些？

（17）应用酸性电解质和碱性电解质的质子交换膜燃料电池各有什么优势及不足之处？

（18）为了维持固体氧化物燃料电池电解质的稳定，可以在空气中加入哪些物质，其来源和原理是什么？

（19）空气/丁烷电池属于哪一类燃料电池，其电解质一般选用什么材料，电极反应方程是什么？

（20）从文献、教材和网络等收集至少 2 个应用实例，并根据收集的资料展望燃料电池的应用前景，描述燃料电池在未来生活中可能的应用。

5

电化学能源材料与器件

5.1 概述

电源（power source）：一种提供电能的装置。

电源是把其他形式的能转换成电能，供给电器设备使用的装置。电源是人类发展史上最伟大的发明之一，1799 年伏特发明电池，标志着化学电源的诞生。经过 200 多年的发展，化学电源的种类和数量不断增加，外形和设计不断更新，应用范围不断拓展，电池的世界精彩纷呈，化学电源已经成为现代生活中不可或缺的动力源。特别是第二次世界大战后，由于空间技术、移动通信、导弹、航空航天等领域的飞速发展，以及现代人们对能源危机和环境保护问题的日益关注，高能量密度的二次电池研究和开发引起了人们广泛的兴趣。

常见的电源是电池（直流电）与家用的 $110 \sim 220\text{V}$ 交流电源。电池主要分为三大类，即化学电池、物理电池以及生物电池。分别为：①化学电池或化学电源，是将化学能转化为电能的装置，其主要分为一次电池、二次电池以及储备电池和燃料电池四种。②物理电池，物理电池是利用光、热、物理吸附等物理能量发电的电池，如太阳能电池、超级电容器以及飞轮电池等。③生物电池，生物电池是利用生物化学反应发电的电池，如微生物电池、酶电池以及生物太阳能电池等。

化学电源的组成包括正极、负极、电解质、隔膜以及电池壳与极耳等。其基本特点为：化学电源涉及的化学反应是氧化还原反应，氧化还原反应分别在电池两极同时进行，电子通过外线路转移，离子通过电解质转移。

化学电源的性能包括电池电动势、电池内阻、开路电压和工作电压、容量和比容量、能量和比能量、功率和比功率、库仑效率和能量效率、循环性能（电池寿命）、倍率性能、自放电性能、安全性能、毒性以及成本等。

电池的性能是上述各种性能的综合表现。这些性能都是电池材料本征特性的直接体现，因此各种性能之间往往具有一定的关联性，会相互影响相互制约。例如，一种常见的提高电池倍率性能的做法是将电极材料纳米化，但这同时带来的影响可能有：电极材料振实密度降低，导致体积能量密度下降；电极材料比表面积增大，与电解液的副反应程度增加，电池循环性能变差；成本增加。一般来说，一个电池不太可能在所有的性能方面都很优越。我们要用辩证的方法来研究电池，对其性能不能一味地求全求完美，而是要研究材料特性，再针对不同的应用需求来设计具有不同特点的电池，比如能量密度型、功率密度型、快充型、长寿命型等。混合动力汽车在电池的功率密度上要求较高，而在能量密度上要求比较低；纯电动汽车则对电池的功率密度、能量密度以及安全性都有很高的要求；应用于电网储能及调峰的电池则对体积能量密度要求较低，但对能量效率、功率密度要求较高。

电源性能相关参数解释如下：

电池电动势。在等温等压条件下，电池体系的吉布斯自由能以可逆方式转变为电能时，满足公式 $\Delta G_{T,p} = -nFE$，其中 n 是电极在氧化或还原反应中得失电子数，E 即为电池的可逆电动势，它揭示了化学能转化为电能的最高限度，为改善电池性能提供了理论依据。

开路电压和工作电压。开路电压（open circuit voltage，OCV）是外电路没有电流流过时电极之间的电位差，一般小于电池电动势。工作电压是指有电流流过时电池两极间的电位差，工作电压总是低于开路电压。

电池内阻。电池内阻是电池的欧姆内阻（R_Ω）和电极在电化学反应过程时所表现的极化电阻（R_f）的总和。其中欧姆内阻由电极材料、电解液、隔膜电阻及各部分零件的接触电阻组成。极化电阻是指电化学反应时由于极化引起的电阻，包括电化学极化和浓差极化引起的电阻。

容量和比容量。电池的容量是指电池在一定的充放电条件下可以从电池获得的电量（$mA \cdot h$ 或 $A \cdot h$）。比容量是指单位质量或者单位体积电池所能提供的容量（$mA \cdot h/g$ 或 $A \cdot h/L$）。

能量和比能量。电池的能量是指电池在一定的充放电条件下对外做功所能输出的电能（$W \cdot h$）。比能量是指单位质量或者单位体积电池所能输出的电能，即质量能量密度（$W \cdot h/kg$）或者体积能量密度（$W \cdot h/L$）。要想获得高比能量的电池，需要选用比容量高的电极材料，或者选用工作电压高的正极材料和工作电压低的负极材料。

功率和比功率。电池的功率是在一定的充放电条件下，单位时间内电池输出的能量（W 或 kW）。比功率是单位质量或者单位体积电池输出的功率，即质量功率密度（W/kg）或者体积功率密度（W/L）。

库仑效率和能量效率。库仑效率是指同一次循环过程中电池放电容量对充电容量的比值。能量效率则是指电池对外输出的电能与充电时所耗费能量的比值。

一般来说，由于过渡金属氧化物负极材料的充放电电位相差较大，因此其能量效率是比较低的。

循环性能（电池寿命）。电池的寿命是指在一定的充放电机制下，电池容量降低到规定值（80%）时，电池所经受的循环次数。影响电池的循环寿命的主要因素有：a. 电极活性材料、电解质、隔膜的性能；b. 电池的设计和制作工艺；c. 电池的使用状态。在不同放电深度（depth of discharge，DOD）和充电态（state of charge，SOC）下循环，循环次数是不同的。

倍率性能。电池的倍率性能是指电池在大电流充电或者大电流放电时的容量保持率。电池的倍率性能决定着其充电速度以及在大功率对外做功时能够输出的电能。

自放电性能。自放电速率是指电池在开路时，在一定条件下（温度、湿度等）储存时，单位时间内电池容量降低的百分数。

安全性能。为了保证电池的安全性能，需要在出场前对电池进行严格的安全测试，一般包括短路、强制过充、强制过放、穿刺、挤压、加热等。

5.2　锂离子二次电池

随着人们环保意识的增强，铅、镉等有毒金属的使用日益受到限制，因此需要寻求新的可替代传统铅酸电池和镍镉电池的可充电电池。锂二次电池自然成为有力的候选者之一。电子技术的不断发展推动各种电子产品向小型化发展，如便携电话、微型相机、笔记本电脑等的推广普及。而小型化发展必须伴随着电源的小型化。传统铅酸电池容量不高，因此也必须寻找新的电池体系，这就进一步推动了锂二次电池的发展。

锂是所有单质中质量最小（原子量 $M=6.94$，密度 $\rho=0.53\text{g/cm}^3$）和电极电位最低（对标准氢电极为 -3.04V）的金属，由锂组成的电池具有工作电压高、质量比容量高和比能量大等特点。在 20 世纪 70 年代初实现锂原电池的商品化。锂原电池的种类比较多，其中最常见的为 Li-MnO_2、Li-CF_x（$x<1$）、Li-SOCl_2。前两者主要是民用，后者主要是军用。与一般的原电池相比，它具有明显的优点：电压高，传统的干电池一般为 1.5V，而锂原电池则可高达 3.9V；比能量高，为传统锌负极电池的 2~5 倍；工作温度范围宽，锂电池一般能在 $-40\sim70℃$ 下工作；比功率大，可以大电流放电；放电平稳；储存时间长，预期可达 10 年。因此，在锂原电池的推动下，人们几乎在研究锂原电池的同时就开始了对可充放电锂二次电池的研究。

在 20 世纪 80 年代末以前，人们的注意力主要集中在以金属锂及其合金为负极的锂二次电池体系。但是锂在充电的时候，由于金属锂电极表面的不均匀导致表面电位分布不均匀，从而造成锂不均匀沉积。该不均匀沉积过程导致锂在一些部位沉积过快，产生锂枝晶。当枝晶生长到一定程度时，一方面会折断，产生"死锂"，造成锂的不可逆；更严重的另一方面是锂枝晶穿过隔膜，将正极与负极连接起来，使电池短路而生成大量的热，导致电池起火甚至爆炸，造成严重的安全隐患。在 20 世纪 70 年代末，Exxon 公司研究了 Li-TiS$_2$ 体系。尽管该公司未能将该锂二次电池体系实现商品化，但它对锂二次电池研究的推动作用不可低估。导致该种以金属锂或其合金为负极的锂二次电池未实现商品化的主要原因是其循环寿命的问题没有得到根本解决。

在 1987 年，日本索尼公司采用高电位的金属氧化物正极材料 LiCoO$_2$、嵌锂焦炭负极和有机电解液，成功制备出 Li$_x$C$_6$｜LiClO$_4$/PC＋EC｜Li$_{1-x}$CoO$_2$ 结构的锂离子二次电池。1990 年，索尼公司将上述电池成功商品化，并首次提出了"锂离子电池"的概念，成为电池发展史上的重要里程碑。从此，全球掀起了研究锂离子电池的热潮。

5.2.1　锂离子电池的结构

锂电池通常有两种外形：圆柱形和方形。电池内部如图 5-1 所示，采用螺旋绕制结构，用一种非常精细而渗透性很强的聚乙烯薄膜隔离材料在正、负极间间隔而成。正极包括由钴酸锂（或镍钴锰酸锂、锰酸锂、磷酸亚铁锂等）及铝箔组成的集流体。负极由石墨化碳材料和铜箔组成的集流体组成。电池内充有有机电解质溶液。另外还装有安全阀和 PTC 元件（部分圆柱式使用），以便电池在不正常状态及输出短路时保护电池不受损坏。

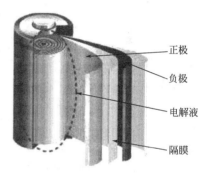

正极

负极

电解液

隔膜

图 5-1　锂离子电池结构

5.2.2　锂离子电池工作原理

锂离子电池一般由正极、负极、电解液、隔膜和集流体等组成。其中电极材料一般选择离子导电和电子导电的复合导体材料，电解质一般选择好的 Li$^+$ 导体物质。正极材料一般选择电位相对较高（vs. Li$^+$/Li）且稳定的嵌脱锂的过渡金属氧化物和聚阴离子类化合物等，负极材料则一般选择电位接近金属锂析出电位的可逆嵌脱锂材料，常见的如 MCMB；电解液一般为以锂盐（如 LiPF$_6$ 等）为溶质的有机碳酸酯溶液；隔膜材料一般为聚烯烃系树脂，如 Celgard 2400 隔膜为 PP/PE/PP 三层微孔隔膜；集流体正极一般采用 Al 箔，负极采用 Cu 箔。

以常见锂离子电池负极材料石墨、正极材料 LiCoO$_2$ 为例，其工作原理如图 5-2

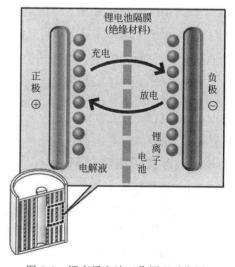

锂电池隔膜
（绝缘材料）

正极 ⊕

充电

放电

负极 ⊖

锂离子电池

电解液

图 5-2　锂离子电池工作原理示意图

所示。充电时，锂离子从正极 $LiCoO_2$ 中脱嵌，释放一个电子，Co^{3+} 氧化成为 Co^{4+}，Li^+ 进入电解液嵌入负极石墨层间，负极得到一个电子生成 LiC_6；放电时，过程相反，负极碳材料中锂离子从层间脱出进入电解液，并释放一个电子，锂离子在电势作用下重新嵌入到 $LiCoO_2$，并得到一个电子使得 Co^{4+} 还原为 Co^{3+}。

化学表达式为：

$$(-)C_n \mid LiPF_6 - EC + DMC \mid LiM_xO_y(+) \tag{5-1}$$

负极反应：

$$Li_xC \Longleftrightarrow C + xLi^+ + xe^- \tag{5-2}$$

正极反应：

$$Li_{1-x}CoO_2 + xLi^+ + xe^- \Longleftrightarrow LiCoO_2 \tag{5-3}$$

总反应：

$$Li_xC + Li_{1-x}CoO_2 \Longleftrightarrow C + LiCoO_2 \tag{5-4}$$

锂离子二次电池实际上是一种锂离子浓差电池，充电时，Li^+ 从正极脱出，经过电解质嵌入到负极，负极处于富锂状态，正极处于贫锂状态，同时电子的补偿电荷从外电路供给到碳负极，以确保电荷的平衡。放电时则相反，Li^+ 从负极脱出，经过电解液嵌入到正极材料中，正极处于富锂状态。在正常的充放电情况下，锂离子在层状结构的碳材料和层状结构氧化物的层间嵌入和脱出，一般只引起材料的层面间距的变化，不破坏其晶体结构，在充放电过程中，负极材料的化学基本结构也保持不变。因此从充放电反应的可逆性来看，锂离子电池反应是一种理想的可逆反应。

锂离子电池也可称为"摇椅电池"或"羽毛球电池"，这是由于在充电过程中，锂离子从正极化合物中脱出并嵌入到负极的晶格中，正极处于高电位的贫锂状态，负极则处于低电位的富锂状态；放电时，锂离子从负极脱出并插入正极，正极为富锂态。为保持电荷的平衡，充、放电过程中有相同数量的电子经外电路传递，与锂离子一起在正负极间迁移，使正负极分别发生氧化和还原反应，并保持一定的电位。在充放电过程中，锂离子在正负极间嵌入脱出往复运动，犹如来回摆动的摇椅或往复运动的羽毛球，如图 5-3 所示。

5.2.3 锂离子电池材料

5.2.3.1 正极材料

作为理想的正极材料，锂嵌入化合物应具有以下性能：

① 金属离子 M^{n+} 在嵌入化合物 $Li_xM_yX_z$ 中应有较高的氧化还原电位，从而使电池的输出电压高；

② 嵌入化合物 $Li_xM_yX_z$ 应能允许大量的锂进行可逆嵌入和脱嵌，以得到高

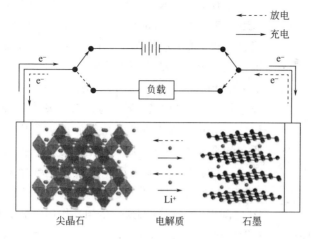

图 5-3　"摇椅"式工作原理

尖晶石　　　　　　电解质　　　　　石墨

容量，即 x 值尽可能大；

③ 在整个嵌入/脱嵌过程中，锂的嵌入和脱嵌应可逆，且主体结构没有或很少发生变化，氧化还原电位随 x 的变化应减小，这样电池的电压不会发生明显的变化；

④ 嵌入化合物应有较好的电子电导率和离子电导率，这样可以减少极化，能大电流充放电；

⑤ 嵌入化合物在整个电压范围内应化学稳定性好，不与电解质等发生反应；

⑥ 从实用角度而言，嵌入化合物应该更便宜，对环境无污染，质量轻等。

正极材料具有相对重要性，主要体现在以下几方面：能量密度，安全性，循环寿命，成本价格。

表 5-1 列举了主要正极材料的性能特点。正极材料的分类：按照化学组成可分为 Co 基正极、Ni 基正极、Mn 基正极和磷酸盐类正极等；按物理结构可分为层状正极、尖晶石型正极和橄榄石型正极等。常见的正极材料体系有：钴酸锂、镍钴锰、锰酸锂和磷酸铁锂。

表 5-1　主要正极材料的性能特点

类别	安全性能	比容量 /(mA·h/g)	循环寿命/次	电压平台/V	材料成本	所占成本比重/%	适合领域
钴酸锂	差	145	>500	3.6	高	40	中小型移动电池
锰酸锂	较好	105	>500	3.7	低	25	对体积不敏感的中型动力电池
镍钴锰	较好	160	>800	3.6	较高	33	中小型动力电池
磷酸铁锂	很好	150	>1500	3.2	低廉	25	对体积不敏感的大型动力电源

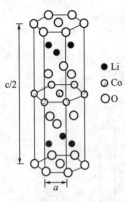

图 5-4　层状正极材料

具有 α-NaFeO₂ 结构的层状 LiCoO₂ 仍是目前商品锂离子电池中最常见的正极材料。它的结构如图 5-4 所示。在理想层状 LiCoO₂ 结构中，Li^+ 和 Co^{3+} 各自位于立方紧密堆积氧层中交替的八面体位置，c/a 比为 4.899，但是实际上由于 Li^+ 和 Co^{3+} 与氧原子层的作用力不一样，氧原子的分布并不是理想的密堆结构，而是发生偏离，呈现三方对称性（空间群为 R3m）。在充放电过程中，锂离子可以在所在的平面发生可逆脱出/嵌入反应。锂离子在键合强的 CoO_2 层间进行二维运动，锂离子电导率高，扩散系数为 $10^{-9} \sim 10^{-7} cm^2/s$。另外，共棱的 CoO_6 八面体分布使 Co 与 Co 之间以 Co-O-Co 形式发生相互作用，电子电导率也较高。

LiCoO₂ 的理论脱嵌锂容量是 274mA·h/g，但在实际中，由于结构上的限制，只有部分锂离子能够可逆地嵌入脱出。研究表明：锂离子从 LiCoO₂ 中可逆脱嵌量约为 0.5 单元（137mA·h/g）。当大于 0.5 单元时，$Li_{1-x}CoO_2$ 在有机溶剂中不稳定，会发生失去氧的反应。$Li_{1-x}CoO_2$ 在 $x=0.5$ 附近发生可逆相变，从三方对称性转变为单斜对称性。该转变是由于锂离子在离散的晶体位置发生有序化而产生的，并伴随晶体常数的细微变化，但不会导致 CoO_2 次晶格发生明显破坏，因此曾估计在循环过程中不会导致结构发生明显的退化，应该能制备 $x \approx 1$ 的末端组分 CoO_2；但是由于没有锂离子，其层状堆积为 ABAB……型，而非母体 LiCoO₂ 的 ABCABC……型。$x > 0.5$ 时，CoO_2 不稳定，容量发生衰减，并伴随钴的损失，该损失是由于钴从其所在的平面迁移到锂所在的平面，导致结构不稳定而使钴离子通过锂离子所在的平面迁移到电解液造成的。因此 x 的范围为 $0 \leqslant x \leqslant 0.5$，理论容量为 137mA·h/g，在此范围内电压表现为 4V 左右的平台。X 射线衍射表明，$x < 0.5$ 时，Co-Co 原子间距稍微降低；而 $x > 0.5$ 时，则反而增加。

LiCoO₂ 的制备工艺相对简单，利用高温固相法就可以在空气中合成 LiCoO₂。钴酸锂的离子导电性也较大，能够满足较大充放电流的需要。其缺点是：耐过充能力较差，即如果超过额定的充电深度，会使循环性能降低；另外，钴在自然界的丰度很低，又是军备材料，价格极高而且对又污染环境，因此人们在积极寻求更好的材料来代替。

（1）三元材料

目前常见的锂离子电池正极材料中，LiCoO₂ 材料因其制备工艺简单、充放电电压较高和循环性能优异而获得广泛应用，但是钴资源稀少、成本较高、环境污染较大和抗过充能力较差等缺点限制了它的应用。LiNiO₂ 比容量较高，但是制备过程中易生成非化学计量比的产物，阳离子混排严重，且结构稳定性和热稳定性差。尖晶石结构 LiMn₂O₄ 工艺简单，价格低廉，充放电电压高，对环境友好，安全性能优异，但比容量较低，高温下容量衰减较严重。层状 $LiMnO_2$ 比容量较大，但其属于热力学亚稳态，结构不稳定，存在 Jahn-Teller 效应而循环性能较差。$LiCoO_2$、$LiNiO_2$ 同属 α-$NaFeO_2$ 结构，与同为层状结构的正交 $LiMnO_2$ 结构类似，而且 Ni、Co、Mn 为同周期的相邻元素，因此它们能够很好地形成固溶体并且保持层状结构不变，具有很好的结构互补性以及电化学性能互补性。因此，开发它们的复合正极材料成了锂离子电池正极材料的研究方向之一。其中，镍钴锰三元素 $LiNi_xCo_yMn_zO_2$ 系列材料（简称三元材料）具有高比容量、循环性能优异、成本较低、安全性能较好等特点，较好地兼备三者的优点而且弥补各自的不足，三元材料是目前能量密度最高的产业化锂离子电池正极材料。

目前研究的三元材料体系主要有 $LiNi_xCo_{1-2x}Mn_xO_2$、$LiNi_{1-x-y}Co_xMn_yO_2$、$LiNi_xCo_{1-x-y}Mn_yO_2$、$LiNi_xCo_yMn_{1-x-y}O_2$ 等（x、y 表示较小的掺杂量）。该体系中，材料的物理性能和电化学性能随着过渡金属元素比例的改变而改变。一般认为，Ni 的存在使晶胞参数 c 和 a 增大，而且使 c/a 减小，有助于提高材料的比容量。但 Ni^{2+} 含量过高时，与 Li^+ 的混排加重导致循环性能恶化。Co 能有效稳定三元材料的层状结构并且抑制阳离子混排，提高材料的电子导电性，改善材料的循环性能。但是 Co 比例的增大导致 a 和 c 减小且 c/a 增大，比容量变低。而 Mn 能降低材料成本和改善材料的结构稳定性和安全性，但过高的 Mn 含量使比容量降低，破坏材料的层状结构。因此，优化三元材料中的过渡金属元素比例成了该材料体系研究的重点之一。

① 层状锂镍钴锰氧三元材料

三元材料体系的结构和电化学反应特性较为相似，下面以 $LiNi_{1/3}Co_{1/3}Mn_{1/3}O_2$ 材料为例，对其进行介绍。$LiNi_{1/3}Co_{1/3}Mn_{1/3}O_2$ 具有单一的 α-$NaFeO_2$ 型层状结构，属于六方晶系，其晶体结构如图 5-5 所示。在三元晶胞中，氧离子面心立方

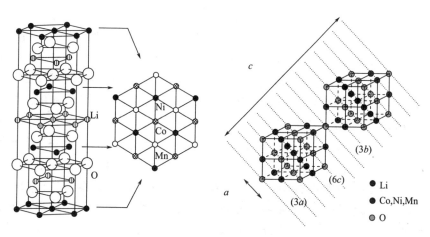

图 5-5 $LiNi_{1/3}Co_{1/3}Mn_{1/3}O_2$ 晶体结构

密堆积构成结构骨架，位于 $6c$ 位置，锂离子与过渡金属离子占据八面体间隙位，分别位于 $3a$ 和 $3b$ 位置。其中，镍、钴、锰的价态分别是＋2、＋3、＋4 价，Ni 和 Mn 的电子结构不同于 $LiNiO_2$ 和 $LiMnO_2$ 中的 Ni 和 Mn，也从另一方面表明 $LiNi_{1/3}Co_{1/3}Mn_{1/3}O_2$ 材料的结构稳定性。

实际合成的三元产物中，Ni、Co 和 Mn 在过渡金属层无序排列，且存在一定的阳离子混排。Li^+ 可进入过渡金属层中，因为 Ni^{2+} 的离子半径（$r_{Ni^{2+}}=0.69Å$）与 Li^+ 的离子半径（$r_{Li^+}=0.76Å$）接近，Ni^{2+} 也可进入锂层。而 Co^{3+} 和 Mn^{4+} 由于它们的离子半径较小（$r_{Co^{3+}}=0.545Å$，$r_{Mn^{4+}}=0.53Å$），进入锂层的概率较低。阳离子无序在高温时更明显，可通过在氧气气氛中降低降温速率来抑制。在三元材料的 XRD 谱图中，通常认为当（003)/(104）峰的强度比超过 1.2，而且（006)/(012）和（018)/(110）峰呈现明显劈裂时，三元材料的层状结构保持较好，阳离子混排较少，电化学性能也较为优异。

② 层状锂镍钴锰氧三元材料的制备

制备方法对锂离子电池三元材料的性能影响很大。目前用于三元材料的制备方法主要有高温固相法、共沉淀法、溶胶凝胶法、喷雾热解法等。

a. 高温固相法　高温固相法一般先将的锂盐与过渡金属的氧化物、乙酸盐或氢氧化物按计量比均匀混合，再进行高温烧结得到产物。高温固相法因其设备和工艺简单，条件控制简单，易于实现工业化，在粉体制备中最为常见。但是该方法主要采用机械手段进行原料的细化和混合，颗粒大小不均匀，混合均匀程度有限，扩散过程难以顺利进行，需要较高的热处理温度和较长的热处理时间，而且易引入杂质，影响材料性能。对于三元材料来说，三种过渡金属元素的均匀混合十分重要，而固相法难以确保物料的混合均匀程度，并不是最理想的合成手段。

b. 共沉淀法　共沉淀法是指在溶液中含有两种或多种阳离子，它们均匀存在于溶液中，加入沉淀剂后，不同种类的阳离子能够被均匀地沉淀下来，它是制备含有两种或两种以上金属元素的复合氧化物粉体的重要方法。与传统固相法相比，共沉淀法有原料可以达到原子或分子级的计量混合、产物的形貌和粒径分布可精确控制、烧结温度和时间大幅降低等优点，因此共沉淀法是实验室或工业生产中制备三元材料的常用方法。共沉淀法又分为氢氧化物共沉淀和碳酸盐共沉淀。采用氢氧化物共沉淀时，Mn 不仅以 Mn（OH)_2 的形式沉淀，还会被部分氧化成 Mn^{3+}、Mn^{4+}，以 MnOOH 或 MnO_2 的形态形成沉淀，因此在制备前驱物时需采用保护气氛保护。核壳结构的三元材料，能较好地兼顾高容量和长循环寿命，提高安全性。这种结构中，镍含量高的三元或二元材料作为主体的核，提供高比容量，锰含量高的三元或二元材料作为保护性的外壳，提供出色的循环性能和热稳定性。由于不同组分在充放电过程中的体积变化不同，长时间循环后，在内核和外壳之间容易产生间隙甚至发生分离，造成电化学性能的下降。

为了避免此类情况的发生，对外壳进行设计，使内核生成后，逐渐改变溶液的浓度，进而在内核表面生成过渡金属粒子浓度渐变的外壳。这种有浓度梯度分布的外壳层，能够防止颗粒内部间隙的形成，进一步改善材料的循环性能。碳酸盐共沉淀中，Mn^{2+} 沉淀生成的 $MnCO_3$ 很稳定，不易被氧化，不需要保护性气氛。

c. 溶胶凝胶法　溶胶凝胶法也是制备三元粉体材料的常用方法。它的优点有：原料各组分可达到原子级别的均匀混合，产物均匀性好；计量比可精确控制，产物纯度高；产物颗粒小，粒径分布窄，可通过改变工艺参数进行精确控制；热处理温度及热处理时间可显著降低。

③ 层状锂镍钴锰氧三元材料的改性

三元材料同 $LiCoO_2$ 相比，电压平台相对较低，首次充放电效率较低。此外，其电导率较低，大倍率性能不佳；振实密度偏低，影响体积能量密度；追求高比容量，采用高充电截止电压，容量衰减较为严重，循环性能不佳。一般可通过元素掺杂和表面修饰等手段对其进行改性，提高材料的综合性能。

a. 三元材料的元素掺杂　适当的掺杂比例和均匀的掺杂能使材料的结构更稳定，一部分离子掺杂能提高电子和 Li^+ 的扩散速率，进而改善材料的循环性能和热稳定性。目前用于掺杂的非金属元素主要有 F、B 等，其中关于 F 取代 O 的掺杂研究较多，改性效果也最为明显。用于掺杂的金属元素主要有 Li、Mg、Al、Fe、Cr、Mo、Zr 等，一般要求与被取代的离子半径相近，并且与氧有较强的结合能。F 取代 O 后，过渡金属平均价态下降，平均半径增大；Li-F 强键使氧层排斥力增大，晶格参数增大。在 2.8～4.6V 区间内，F 掺杂的样品首次放电容量略有降低，原因是 Li-F 键能大于 Li-O 键能，阻碍了 Li^+ 的传输。50 次循环后，F 掺杂的样品仅衰减 2%，远优于未掺杂的 12%。材料的热稳定性也得到显著改善。原因有二：掺杂的 F 有效阻止电解液中 HF 对电极的侵蚀；M-F 的键能大，结构稳定性和热稳定性都有所提高。

b. 三元材料的表面修饰　表面修饰指在材料表面包覆一层稳定的薄膜物质，大多不会改变材料的主体结构和容量。适当厚度、均匀的修饰层能减少电解液对正极活性物质的侵蚀，保护材料结构，也能抑制高电压下副反应的发生，改善材料的循环稳定性和倍率性能。同时表面包覆还可以减少在反复充放电过程中材料结构的坍塌，对材料的循环性能是有益的。目前用来表面修饰的物质主要有：$LiAlO_2$、Al_2O_3、TiO_2、ZrO_2、ZnO、Nb_2O_5、Ta_2O_5、AlF_3、碳等。纳米厚度的 Al_2O_3 包覆层阻止了 HF 对电极的侵蚀作用，容纳 Li^+ 脱嵌过程中的体积变化，电极结构被损坏的程度大为降低，降低了电池的电荷转移阻抗和界面阻抗。电化学测试表明，0.25% 包覆量的样品首次放电容量无明显变化，但循环性能、高温性能和倍率性能均得到了显著改善。但过厚的包覆层则会导致电化学性能的恶化。充放电过程中，金属氧化物与电解液中的 HF 反应生成的金属氟化物，有效地阻止了 HF 对电极的侵蚀。

（2）尖晶石正极材料（$LiMn_2O_4$、$LiNi_{0.5}Mn_{1.5}O_4$）

尖晶石 $LiMn_2O_4$ 的 $[Mn_2]O_4$ 框架结构为 Li^+ 的插入/脱出提供了良好的三维通道。空间点群为 Fd3m，其中 75% 的金属阳离子占据（CCP）氧立方密堆积的 AB 层中，25% 的金属阳离子占据相邻的第三层，在锂离子脱出时，有足够的阳离子提供相应的高键能来维持理想的（CCP）氧的框架结构。在多数情况下，在 Li^+ 的插入/脱出过程中，尖晶石结构的膨胀和收缩是各向同性的。$LiMn_2O_4$ 在 Li 完全脱去时能够保持结构稳定，具有 4V 的电压平台，理论比容量为 148mA·h/g，实际可达到 120mA·h/g 左右。$LiMn_2O_4$ 虽然比容量较低，目前作为正极材料还存在一些不足之处，但其资源丰富，价格便宜，其作为正极材料的金属成本仅为 $LiCoO_2$ 的 1/20（售价为 1/8），且安全性好，无环境污染，这些优点使其作为锂离子电池正极材料具有得天独厚的优势，被认为是 21 世纪最具吸引力的一种锂离子动力电池正极材料。

$LiMn_2O_4$ 正极材料的缺点包括：循环寿命低，特别是在高温（55～60℃）条件下；存储产生容量衰减，特别是在高温下储存；容量低，不适合手机和笔记本电池的要求；在循环过程中，容量常发生快速衰减。

$LiMn_2O_4$ 材料的这些缺点，主要是由以下原因造成的：

① 充电至高电压时电解液可被氧化分解；

② 溶解在电解液中的 $LiMn_2O_4$ 发生歧化反应：

$$2Mn^{3+} = Mn^{2+} + Mn^{4+} \tag{5-5}$$

③ 深度放电时，出现 Jahn-Teller 效应；

④ $LiMn_2O_4$ 表面钝化膜的形成。

HF 导致的锰的溶解是造成 $LiMn_2O_4$ 容量衰减的直接原因。含 F 电解液本身含有的 HF 杂质、溶剂发生氧化产生的质子与 F 化合形成的 HF 以及电解液中的水分杂质或电极材料吸附的水生成电解质分解产生的 HF 造成了尖晶石的溶解。并且，$LiMn_2O_4$ 对电解液的分解反应具有催化作用，从而使锰的溶解反应具有自催化性。锰的溶解反应是动力学控制的，40℃ 以上溶解加快，且温度越高，锰的溶解损失越严重。而事实上，锰溶解造成的不可逆容量损失只占不可逆容量损失的一部分。显然必定有锰溶解以外的其他原因：即随着锰的溶解，材料的结构也发生了变化，生成了低电化学活性的新相。关于钝化膜，有文献报道：离子交换反应从活性粒子表面向其核心推进形成新相包埋了原来的活性物质，粒子表面形成了离子和电子导电性比较低的钝化膜。因此储存后的 $LiMn_2O_4$ 比储存前的具有更大的极化。并且随着循环次数的增加，表面钝化层的电阻增加，界面电容减小，反映出钝化层厚度是随循环次数的增加而增加的。锰的溶解及电解液的分解导致钝化膜的形成，高温环境更有利于这些反应进行。这将造成活性物质粒子间接触电阻和 Li^+ 迁移电阻的增加，从而使电池的极化增大，充放电不完全，容量减小。$LiMn_2O_4$ 在放电条件下，活性物质粒子表面可能存在局部的 Li^+ 浓度梯度导致 Jahn-Teller 扭曲相 $Li_2Mn_2O_4$ 的形成。晶格常数的不匹配导致表面的断裂和粉化，比表面的增大和富 Mn^{3+} 相 $Li_2Mn_2O_4$ 的形成会有利于 Mn^{3+} 的溶解。

针对上述问题，通常可通过下列途径改善其循环性能：

① 减少电解液中的 HF 和 H_2O；

② 加入部分镍酸锂和三元材料；

③ 稳定锰酸锂的尖晶石结构；

④ 降低电池的电压范围。

其中稳定锰酸锂的尖晶石结构的途径有：①加入一价和二价元素，形成固溶体，减少三价锰的含量，降低 Jahn-Teller 影响，但其容量也相应下降；②加入氟离子取代氧，可降低对容量的减少；③加入 Al、Cr 等和氧有较强结合力的元素，强化尖晶石结构。

针对 $LiMn_2O_4$ 高温电化学性能的改进，人们也研究了许多改性措施。其中有在 Mn 位掺杂来提高尖晶石 $LiMn_2O_4$ 的结构稳定性，效果较好的有掺 Li、Cr、Ni 等，它们很好地稳定了正极材料的结构，提高了 $LiMn_2O_4$ 中锰的平均价态，抑制了 Jahn-Teller 效应的同时，也使锰在电解液中的溶解减少，故改善了 $LiMn_2O_4$ 的高温电化学性能。当然，考虑导致 $LiMn_2O_4$ 高温容量衰减的原因，人们也考虑用不含 F 的电解液或者在正极材料表面包覆一层均匀的稳定层等方法来改善其高温性能。

电池的能量密度由比容量和工作电压以及电池的总重量共同决定。考虑到安全性等问题，通过改进工艺（比如减轻电极壳的重量）来提高电池能量密度的提升空间是很有限的。因此人们一直在寻找具有高能量密度的电极材料。由于锂离子电池负极材料的比容量（石墨理论比容量为 $372mA \cdot h/g$）远远高于正极材料，因此正极材料对全电池的能量密度影响更大。简单地计算可知，在现有的水平上，将正极材料的比容量翻倍就能够使全电池的能量密度提高 57%。而负极材料的比容量即使增加到现有的 10 倍，全电池的能量密度也只能提高 47%。因此提高能量密度的努力也更多地集中在寻找具有高比能量的正极材料上。图 5-6 为几种常见锂离子电池正极材料的半电池放电曲线（$LiCoO_2$、$LiMn_2O_4$ 和 $LiFePO_4$ 为商品粉，$LiNi_{0.5}Mn_{1.5}O_4$ 为实验室合成样品）。放电曲线下方的积分面积即为对应正极材料的能量密度。可见 $LiMn_2O_4$ 和 $LiFePO_4$ 的能量密度都比较低，只有 $500W \cdot h/kg$，比 $LiCoO_2$ 的能量密度稍低，而 $LiNi_{0.5}Mn_{1.5}O_4$ 虽然比容量并不是最高的，但是其 4.7V 的工作电压使其拥有 $650W \cdot h/kg$ 的能量密度，相比 $LiMn_2O_4$ 和 $LiFePO_4$ 提高了约 30%。

$LiNi_{0.5}Mn_{1.5}O_4$ 在这些正极材料中最突出的特点就是高电压。高电压带来的另外一个好处是在组装成电池组时，只需要比较少的单体电池就能达到同样大小

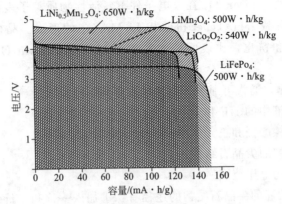

图 5-6 几种常见锂离子电池正极材料的半电池放电曲线

的电压。这样对电池组的控制就会变得更容易。例如，在电动车的应用中，通常需要几百个电池组成电池组来满足汽车启动、加速、爬坡的要求，而使用这些5V电池可以大大减少电池的个数。

（3）橄榄石型正极材料（LiFePO$_4$）

至今，用于锂离子电池的正极材料主要是层状 LiCoO$_2$，其已广泛应用在小型电池，但它由于安全问题突出不宜用于 EV/HEV 大型动力电池中。相对于大多数金属氧化物正极材料，具有聚阴离子的磷酸盐正极材料由于其良好的热稳定性和高安全特征，加上其良好的电化学性能，自从其问世开始，一直受到人们的广泛关注，目前已经成为锂离子电池正极材料研究的热点。

1997 年，首次报道了橄榄石型的磷酸铁锂（LiFePO$_4$）可用于锂离子电池正极材料，近年来国际上普遍认为 LiFePO$_4$ 是高能动力电池的最佳新型正极材料。其主要优点表现在突出的安全性能。使用传统的过渡金属氧化物作正极的电池在过充、加热或短路等滥用情况下，会有氧气析出，进而引发电解质发生剧烈的放热反应，导致电池的热失控；而 LiFePO$_4$ 氧原子是以 PO$_4^{3-}$ 形式存在，具有很好的稳定性，在滥用条件下不会有氧气析出，所以安全性能大大提高。此外，这种正极材料无毒，环境友好；其原料来源广泛，价格低廉；循环寿命非常长，可以满足电动汽车频繁充放电的需要。而目前，磷酸铁锂存在的主要问题，在于其电子电导率和离子电导率均较低，相应电池的倍率性能不理想。由于锂离子在 LiFePO$_4$ 正极材料中的扩散速率远低于在负极材料中的扩散速率，因此锂离子在 LiFePO$_4$ 正极材料中的扩散速率可能成为控制步骤，影响锂离子电池的电化学性能。这是因为要保持材料的电中性，要求带反电荷的 Li$^+$ 和电子进出电极的速率相等。由于 LiFePO$_4$ 同时具有很低的电子电导率和 Li$^+$ 扩散系数，在改善 LiFePO$_4$ 材料性能时，必须同时考虑到改善它的电子电导率和离子扩散速率。通常可以通过碳包覆来提高其电子电导率，通过掺杂来改善其离子电导率。

（4）磷酸铁锂的改性方法

碳具有优良的导电性能和较低的质量密度，加入少量的碳，一方面可以降低材料的粒径尺度，另一方面可以改善材料的导电性能。因为碳的加入在很大程度上抑制 $LiFePO_4$ 颗粒的生长，使 Li^+ 扩散路径缩短。同时，碳与 $LiFePO_4$ 紧密接触，增强了晶粒之间的离子和电子传导能力。加入碳材料的影响：可增强粒子与粒子之间的导电性，减少电池的极化；充当成核剂，减小产物的粒径；起还原剂的作用，避免 Fe^{3+} 的生成，提高产品的纯度；但过量的碳将严重降低材料的体积能量密度。包覆层的均匀性也非常重要，由于部分区域未包覆，表面区域的 Li^+ 脱嵌后，电子不能及时传输，该活性位将会得不到充分利用，这不利于电池的大电流放电。掺入适量的碳，有利于提高 $LiFePO_4$ 的容量；若过量，将会降低材料的密度，多余的碳还会抑制 $LiFePO_4$ 晶体的形成，甚至过量的碳在高温下可将 Fe 和 P 还原成 Fe_2P。

表 5-2 列出了常见正极材料的主要电化学参数，并对制备工艺和特性进行了简要介绍。

表 5-2 常见正极材料的主要电化学参数

正极材料	工作电压区间/V	放电平台（V）及结构	价态变化	理论最高容量/(mA·h/g)
$LiCoO_2$ 层状结构	2.8～4.2	3.9；岩盐结构	Co^{3+}/Co^{4+}	274
	性能特点：实际比容量一般在 140mA·h/g 左右，但倍率性能较差，耐过充性能差			
	制备工艺：制备工艺简单，空气中高温固相法合成			
	总体评价：工艺成熟，是目前市场的主流产品，但价格高，安全性差，是小电池的正极首选，而在大电池中难以胜任			
$LiMn_2O_4$ 尖晶石结构	3.5～4.3	4.1；单相结构	Mn^{3+}/Mn^{4+}	148
	性能特点：实际比容量一般为 110mA·h/g；倍率性能好，但电池中结构稳定性不好，循环性能相对较差，高温下尤其明显			
	制备工艺：制备简单，但通常需采用包覆或掺杂等手段来改善其高温性能			
	总体评价：价格和安全性优势明显，但高温性能差，循环性能不理想，高温性能改善后在动力电池领域有广阔的应用前景			
$LiNi_{1/3}Co_{1/3}Mn_{1/3}O_2$ 层状结构	2.8～4.3	单相结构	$Ni^{2+}/Ni^{3+}/Ni^{4+}$，Co^{3+}/Co^{4+}	277
	性能特点：实际比容量在 160mA·h/g 左右（4.3V），较高的能量密度，相对于 $LiCoO_2$ 倍率性能大大提高			
	制备工艺：可以高温固相合成，但为了获得很好的离子混排，需要较高的反应温度和较长的反应时间			
	总体评价：综合了 $LiCoO_2$、$LiNiO_2$ 和 $LiMn_2O_4$ 的优点，并在一定程度上弥补了各自的不足，非常有前途的正极材料			

正极材料	工作电压区间/V	放电平台（V）及结构	价态变化	理论最高容量/(mA·h/g)
LiFePO₄ 橄榄石结构	2.5～4.0	3.4	Fe^{2+}/Fe^{3+}	165
	性能特点：容量能达到 140mA·h/g 以上，能量密度稍低，循环性能优异，进行碳包覆后倍率性能优异			
	制备工艺：固相合成，为了改善电导率通常需要进行碳包覆，所以合成过程中常需要惰性气氛保护，已经商品化			
	总体评价：新一代锂离子电池的主流正极材料，高安全性，价格低廉，环境友好，是长寿命储能电池和动力电池的首选			

5.2.3.2 负极材料

作为锂二次电池的负极材料，首先是金属锂，随后才是合金。自锂二次电池的商品化即锂离子电池诞生以来，研究的有关负极材料，主要有以下几种：石墨化碳材料、无定形碳材料、氮化物、硅基材料、锡基材料、新型合金和其他材料。目前石墨化碳材料是当今商品化锂二次电池中的主流。

（1）碳材料

碳组成的物质非常丰富，在碳材料中它主要以 sp^2、sp^3 杂化形式存在，形成的品种有石墨化碳、无定形碳、富勒球、碳纳米管等。

① 碳材料的结构 C—C 键的键长在碳材料中单键一般为 0.154nm，双键为 0.142nm。C═C 双键组成六方形结构，构成一个平面，称之为墨片面，这些面相互堆积起来，就成为石墨晶体。石墨晶体的参数早在 1924 年就已经了解，主要有 L_a 和 L_c。L_a 为石墨晶体沿 a 轴方向的平均大小；L_c 为墨片面沿与其垂直的轴方向进行堆积的厚度；d_{002} 为墨片面之间的距离。墨片面间堆积方式的不同导致了六方形结构（2H）和菱形结构（3R）两种晶体，两种结构基本上共存。至今没有发现有效合成单一结构的方法或将两者分离开来的方法，原因主要在于墨片平面的移动性大。

在了解上述参数后，必须意识到，即使上述参数均相同，其性能也并不一定相同，因为它们反映的是平均值相对墨片面的堆积而言，有可能是倾斜而致，也就是说碳材料的性能还与其内在结构有关。本书中将碳材料分为石墨化碳和无定形碳。该分类与锂离子电池负极材料的发展是一致的。碳材料的结构可以从堆积方式、晶体学和对称性等多个角度来划分。从晶体学角度划分为晶体和无定形；从堆积方式可以分为石墨、玻璃碳、碳纤维和炭黑等，从对称性可以分为非对称、点对称、轴对称和面对称等。碳材料的表面结构直接影响其电化学行为，因为碳材料直接与电解液接触，表面结构对电解液的分解及界面的稳定性具有很重要的作用。目前而言，只是对表面结构进行了部分研究，了解并不深入，主要集中在：a. 端面与平面的分布；b. 粗糙因子；c. 物理吸附杂质；d. 化学吸附。

② 碳材料的改性　碳材料的改性主要有以下几个方面：非金属的引入、金属的引入、表面处理和其他方法。以氮元素的引入为例说明。氮在碳材料中以两种形式存在，它们被分别称为化学态氮（chemical nitrogen）和晶格氮（lattice nitrogen）。前者容易与锂发生不可逆反应，使不可逆容量增加，因而认为掺有氮原子的碳材料不适合作为锂二次电池的负极材料。但用同样的化学气相沉积法和同样的原料（吡啶），所得的结果并不一样，充放电结果表明，随氮含量的增加，可逆容量增加，且超过了石墨的理论容量。

③ 锂在碳材料中的插入机理　对于锂在碳材料中的储存机理，除了公认的石墨与锂形成石墨插入化合物外，在别的碳材料，如无定形碳中的储存也有多种说法，主要有锂分子（Li_2）机理、多层锂机理、晶格点阵机理、弹性球-弹性网模型、层-边端-表面机理、纳米级石墨储锂机理、碳-锂-氢机理、单层墨片分子机理和微孔储锂机理。这里仅就碳-锂-氢机理为例进行说明。

在 700℃ 左右裂解多种材料如石油焦、聚氯乙烯、聚偏氟乙烯等，所得碳材料的可逆容量与 H/C 比例有关，随 H/C 比例的增加而增加，即使 H/C 比高达 0.2，也同样如此。锂可以与这些含氢碳材料中的氢原子发生键合。该种键合是有插入的锂以共价形式转移部分 2s 轨道上的电子到邻近的氢原子，与此同时 C—H 键发生部分改变。对于该种键合，他们认为是活化过程，从而导致锂脱出时发生电势位的明显滞后。在锂脱出时，原来的 C—H 键复原。如果不能全部复原就会导致循环容量的不断下降。

碳材料还包括富勒烯、碳纳米管，它们均能发生锂的插入和脱插，特别是后者，可逆容量可超过石墨的理论值。结果表明，碳纳米管的可逆容量与石墨化程度亦存在着明显的关系。石墨化程度低，容量高，可达 700mA·h/g；石墨化程度高，容量低，但是循环性能好。表面再涂上一层铜，能提高第一次充放电效率，通过热处理方法可提高纳米管的石墨化程度，从而降低不可逆容量。

（2）碳材料的分类

① 石墨化碳材料　在石墨化过程中，随石墨化程度的提高，碳材料的密度逐渐增加，孔隙结构先增加，达到 800℃ 以后逐渐下降。对于孔结构而言，有开孔和闭孔两种。随石墨化程度增加，闭孔的相对含量较低，而开孔的相对含量升高。因石墨化程度的不同，碳材料划分为石墨化碳和无定形碳。事实上两者均含有石墨晶体和无定形区，只是各自的相对含量大小不一样而已。目前这种划分标准是定性的，而不是定量的，正如高分子材料中一样，晶区和无定形区总是相互缠绕在一起。一般而言，无定形区存在应变，由 sp^3 杂化碳原子及有序碳区间的墨片分子等组成。石墨化碳材料随原料不同而种类亦多。但是总体而言，具有下述特点：a. 锂的插入定位在 0.25V 以下（本章全部相对于 Li^+/Li 电位）；b. 形成阶化合物；c. 最大可逆容量为 $372mA·h/g$，即对应于 LiC_6 一阶化合物。

对于锂插入石墨形成层间化合物或插入化合物的研究始于 20 世纪 50 年代中期。该插入反应一般从菱形位置开始才能进行，因为锂从墨片平面是无法穿过的。但是如果平面存在缺陷结构诸如前述的微孔，亦可以经平面进行插入。随锂插入量的变化，形成不同的阶化合物，例如平均四层墨片面有一层中插有锂，则称之为四阶化合物，有三层中插有一层称为三阶化合物，依此类推，因此最高程度达到一阶化合物。一阶化合物 LiC_6 的层间距为 3.70Å，形成 αα 堆积序列。在最高的一阶化合物中，锂在平面上的分布避免彼此紧挨，防止排斥力大。因此常温常压下得到的结构平均为六个碳原子一个锂原子。

首先报道将石墨化碳作为锂离子电池是在 1989 年，索尼公司以呋喃树脂为原料，进行热处理，作为商品化锂离子电池的负极。对于天然石墨而言，锂的可逆插入容量达 $372mA \cdot h/g$ 即为理论水平。电位基本上与金属锂接近，它的主要缺点在于墨片面易发生剥离，因此循环性能不是很理想，通过改性，可以有效防止墨片面发生剥离。中间相微珠碳（mesocarbon microbead，MCMB）是通过将煤焦油沥青进行处理，得到中间相球。然后用溶剂萃取等方法进行纯化，接着进行热处理得到，通常为湍层结构。在低黏度纺出来制备的碳纤维石墨化程度高，放电容量大；而在高黏度纺出来制备的碳纤维快速充放电能力好，可能与锂离子在结晶较低的碳纤维中更易扩散有关；优化时可逆容量达 $314mA \cdot h/g$，不可逆容量仅为 $10mA \cdot h/g$，第一次充放电效率达 97%。对于焦炭制备的石墨化碳，尽管容量较石墨低，但是快速充放电能力比石墨强。石墨化介稳相沥青基碳纤维的锂离子的扩散系数比石墨高一个数量级，大电流下的允放电行为亦优于石墨。

石墨化碳材料在锂插入时，首先存在着一个比较重要的过程：形成钝化膜或电解质-电极界面膜，界面膜的好坏对其电化学性能影响非常明显，其形成一般分为以下三个步骤：0.5V 以上膜的开始形成；0.2～0.55V 主要成膜过程；0.0～0.2V 才开始锂的插入。如果膜不稳定或致密性不够，一方面电解液会继续发生分解，另一方面溶剂会发生插入，导致碳结构的破坏。表面膜的好坏与碳材料的种类、电解液的组成有很大的关系。

② 无定形碳材料　无定形碳材料的研究主要在于石墨化碳需要进行高温处理，其理论容量（$372mA \cdot h/g$）比起金属锂（$3800mA \cdot h/g$）要小很多，因此从 20 世纪 90 年代起，它就备受关注。主要特点为制备温度低，一般在 500～1200℃ 范围内。由于热处理温度低，石墨化过程进行得很不完全，所得碳材料主要由石墨微晶和无定形区组成，因此称为无定形碳材料。其 002 面对应的 X 射线衍射峰比较宽。层间距 d_{002} 一般在 3.44Å 以上。石墨微晶的 L_a 和 L_c 一般在几个纳米以下。其他的 X 射线衍射峰如 001、004 等并不明显。

总体上而言，无定形碳材料的可逆容量虽然可高达 $900mA \cdot h/g$ 以上，但是循环性能均不理想，可逆储锂容量一般随循环的进行衰减得比较快。另外，电压存在滞后现象，锂插入时，主要是在 0.3V 以下进行；而在脱出时，则有相当大的一部分在 0.8V 以上。一般而言，低温、无定形碳材料第一次的允放电效率比较低。

（3）其他负极材料

① 氮化物　氮化物的研究主要源于 Li_3N 具有高的离子导电性，即锂离子容易发生迁移。将它与过渡金属元素如 Co、Ni、Cu 等发生作用后得到氮化物 $Li_{3-x}M_xN$。该氮化物具有 P6 对称性，密度与石墨相当；它同六元环形石墨相似，由两层组成。在锂脱出过程中，该氮化物首先由晶态转化为无定形态，并发生部分元素的重排。至于 Co 在其中的化合价变化，则认为是 +1 与 +2 之间的转换。

② 硅及硅化物　硅有晶体和无定形两种形式。作为锂离子电池负极材料，以无定形硅的性能较佳。因此在制备硅时，可加入一些非晶物，如非金属、金属等，以得到无定形硅。硅与 Li 的插入化合物可达 Li_5Si 的水平，在 $0 \sim 1.0V$（以金属锂为参比电极）的范围内，可逆容量可达 $800mA \cdot h/g$ 以上，甚至可高达 $1000mA \cdot h/g$ 以上，但是容量衰减快。

③ 锡基材料　锡基负极材料包括锡的氧化物、复合氧化物、锡盐与合金等。a. 锡的氧化物有三种：氧化亚锡、氧化锡及其混合物，其中氧化亚锡（SnO）的容量同石墨材料相比，要高许多，但是循环性能并不理想。b. 在氧化亚锡、氧化锡中引入一些非金属、金属氧化物，如 B、Al、P、Si、Ge、Ti、Mn、Fe、Zn 等，并进行热处理，可以得到复合氧化物。机械研磨 SnO 和 B_2O_3 同样可得到复合氧化物。对于复合氧化物的储锂机理，目前也有两种观点：一种为合金型，另一种为离子型。c. 除氧化物以外，锡盐也可以作为锂离子二次电池的负极材料，最高可逆容量也可以达到 $600mA \cdot h/g$ 以上。根据合金型机理，不仅 $SnSO_4$ 可作为储锂的活性材料，别的锡盐也可以；40 次循环后容量可稳定在 $300mA \cdot h/g$。d. 其他锡化物：锡硅氧氮化物、锡的羟氧化物、硫化锡和纳米金属锡等。

④ 新型合金　锂二次电池最先所用的负极材料为金属锂，后来用锂的合金如 Li-Al、Li-Mg、Li-Al-Mg 等以期克服枝晶的产生，但是它们并未产生预期的效果，随后陷入低谷。在锂离子电池诞生后，人们发现锡基负极材料可以进行锂的可逆插入和脱出，从此又掀起了合金负极的一个小高潮。合金的主要优点是：加工性能好、导电性好、对环境的敏感性没有碳材料明显、具有快速充放电能力、防止溶剂的共插入等。从目前研究来看，合金材料多种多样，按基体材料来分，主要分为以下几类：锡基合金、硅基合金、锗基合金、镁基合金和其他合金。

⑤ 氧化物　铁的氧化物、钛的氧化物、钼的氧化物等。这里对钛的氧化物进行说明。钛的氧化物包括氧化钛及其与锂的复合氧化物。前者有多种结构，如金红石、锐钛矿、碱硬锰矿和板态矿；后者包括锐钛矿 $Li_{0.5}TiO_2$、尖晶石

$LiTi_2O_4$、斜方相 $Li_2Ti_3O_7$ 和尖晶石 $Li_4Ti_5O_{12}$。作为锂二次电池负极材料研究得较多的为尖晶石 $Li_4Ti_5O_{12}$，其结构与尖晶石 $LiMn_2O_4$ 相似，可写为 $Li[Li_{1/3}Ti_{5/3}]O_4$，为白色晶体。当锂插入时还原为深蓝色的 $Li_2[Li_{1/3}Ti_{5/3}]O_4$。电化学过程可示意如下：

$$Li[Li_{1/3}Ti_{5/3}]O_4 + Li^+ + e^- \Longrightarrow Li_2[Li_{1/3}Ti_{5/3}]O_4 \tag{5-6}$$

该过程的进行是通过两相的共存实现的。生成的 $Li_2[Li_{1/3}Ti_{5/3}]O_4$ 的晶胞参数 a 变化很小，仅从 8.36Å 增加到 8.37Å，因此称为零应变电极材料。放电非常平稳，平均电压平台为 1.56V。可逆容量一般在 150mA·h/g 左右，比理论容量 168mA·h/g 约低 10%。由于是零应变材料，晶体非常稳定，循环性能非常好，因此除作为锂二次电池负极材料外，亦可以作为参比电极来衡量其他电极材料性能的好坏（一般是采用金属锂为参比电极进行比较。而金属锂易形成枝晶，不能作为长期循环性能评价的较好的标准）。尖晶石 $LiTi_2O_4$ 可由锐钛矿 $Li_{0.5}TiO_2$ 在 400℃进行加热制备，锂插入后晶胞参数从 8.42Å 减小到 8.38Å，平均电压平台为 1.34V。一般的 TiO_2 包括锰钡矿型 TiO_2（理论容量 335mA·h/g），可逆容量很小，但是纳米 TiO_2 的可逆容量有明显提高。有趣的是在 TiO_2 中加入 C（C/Ti=0.06），不仅容量从 30mA·h/g 提高到 167mA·h/g，而且容量衰减得到明显的抑制。这可能是 TiO_2 将来改进的一个重要方向。

5.2.3.3 隔膜材料

锂电池的结构中，隔膜是关键的内层组件之一。隔膜的性能决定了电池的界面结构、内阻等，直接影响电池的容量、循环以及安全性能等特性，性能优异的隔膜对提高电池的综合性能具有重要的作用。隔膜的主要作用是使电池的正、负极分隔开来，防止两极接触而短路，此外还具有能使电解质离子通过的功能。隔膜材质是不导电的，其物理化学性质对电池的性能有很大的影响。电池的种类不同，采用的隔膜也不同。对于锂电池系列，由于电解液为有机溶剂体系，因而需要有耐有机溶剂的隔膜材料，一般采用高强度薄膜化的聚烯烃多孔膜。

锂电池隔膜的要求：

① 具有电子绝缘性，保证正负极的机械隔离。

② 有一定的孔径和孔隙率，保证低的电阻和高的离子电导率，对锂离子有很好的透过性。

③ 由于电解质的溶剂为强极性的有机化合物，隔膜必须耐电解液腐蚀，有足够的化学和电化学稳定性。

④ 对电解液的浸润性好并具有足够的吸液保湿能力。

⑤ 具有足够的力学性能，包括穿刺强度、拉伸强度等，但厚度尽可能小。

⑥ 空间稳定性和平整性好。

⑦ 热稳定性和自动关断保护性能好。动力电池对隔膜的要求更高，通常采用

复合膜。

市场化的隔膜材料主要是以聚乙烯（polyethylene，PE）、聚丙烯（polypropylene，PP）为主的聚烯烃（polyolefin）类隔膜，其中 PE 产品主要由湿法工艺制得，PP 产品主要由干法工艺制得。至于 PE 和 PP 这两种材料的特性，总体而言：

① PP 相对更耐高温，PE 相对耐低温；

② PP 密度比 PE 小；

③ PP 熔点和闭孔温度比 PE 高；

④ PP 制品比 PE 脆；

⑤ PE 对环境应力更敏感。

主要的隔膜材料产品有单层 PP、单层 PE、PP＋陶瓷涂覆、PE＋陶瓷涂覆、双层 PP/PE、双层 PP/PP 和三层 PP/PE/PP 等，其中前两类产品主要用于 3C 小电池领域，后几类产品主要用于动力锂电池领域。在动力锂电池用隔膜材料产品中，双层 PP/PP 隔膜材料主要由中国企业生产，在中国大陆使用，这主要是因为目前阶段还没有中国企业具有将 PP 与 PE 制成双层复合膜的技术和能力。而全球汽车动力锂电池使用的隔膜以三层 PP/PE/PP、双层 PP/PE 以及 PP＋陶瓷涂覆、PE＋陶瓷涂覆等隔膜材料产品为主。

与此同时，其他一些新型隔膜材料产品也在不断涌现并开始实现应用，不过，因量少价高，主要还是用在动力锂电池制造领域。这些产品主要有：涂层处理的聚酯膜（polyethylene terephthalate，PET）、纤维素膜、聚酰亚胺膜（PI）、聚酰胺膜（PA）、氨纶或芳纶膜等。这些隔膜的优点是耐高温，且具有低温输出、充电循环寿命长、机械强度适中的特点。总的来看，锂电池隔膜材料产品呈现出明显的多样化发展趋势。

5.2.3.4 集流体及黏结剂材料

流体是锂离子电池中不可或缺的组成部件之一，它不仅能承载活性物质，而且还可以将电极活性物质产生的电流汇集并输出，有利于降低锂离子电池的内阻，提高电池的库仑效率、循环稳定性和倍率性能。因此，集流体成为锂离子电池中继电极活性物质、隔膜及电解质之后的一个重要研究内容。

原则上，理想的锂离子电池集流体应满足以下几个条件：电导率高；化学与电化学稳定性好；机械强度高；与电极活性物质的兼容性和结合力好；廉价易得；质量轻。但在实际应用过程中，不同的集流体材料仍存在这样那样的问题，因而不能完全满足上述多尺度需求。如铜在较高电位时易被氧化，适合用作负极集流体；而铝作为负极集流体时腐蚀问题则较为严重，适合用作正极的集流体。目前可用作锂离子电池集流体的材料有铜、铝、镍和不锈钢等金属导体材料，碳等半导体材料以及复合材料。

5.3 固态锂电池

全固态锂电池，即电池各单元，包括正负极、电解质全部采用固态材料的锂二次电池，是从 20 世纪 50 年代开始发展起来的。全固态锂电池在构造上比传统锂离子电池要简单，固体电解质除了传导锂离子，也充当了隔膜的角色，如图 5-7 所示，所以，在全固态锂电池中，电解液、电解质盐、隔膜与黏结剂聚偏氟乙烯等都不需要使用，大大简化了电池的构建步骤。全固态锂电池的工作原理与液态电解质锂离子电池的原理是相通的，充电时正极中的锂离子从活性物质的晶格中脱嵌，通过固体电解质向负极迁移，电子通过外电路向负极迁移，两者在负极处复合成锂原子、合金化或嵌入到负极材料中。放电过程与充电过程恰好相反，此时电子通过外电路驱动电子器件。

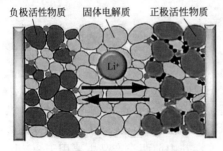

负极活性物质　固体电解质　正极活性物质

图 5-7 全固态锂电池的构造结构图

目前，对于全固态锂二次电池的研究，按电解质区分主要包括两大类：一类是以有机聚合物电解质组成的锂离子电池，也称为聚合物全固态锂电池；另一类是以无机固体电解质组成的锂离子电池，又称为无机全固态锂电池。聚合物全固态锂电池的优点是安全性高、能够制备成各种形状、通过卷对卷的方式制备相对容易。但是，该类电池作为大容量化学电源进入储能领域仍有一段距离，主要存在的问题包括电解质和电极的界面不稳定、高分子固体电解质容易结晶、适用温度范围窄以及力学性能有提升空间；以上问题将导致大容量电池在使用过程中因为局部温度升高、界面处化学反应使聚合物电解质形貌发生变化，进而增大界面电阻甚至导致断路。同时，具有隔膜作用的电解质层的力学性能的下降将引起电池内部发生短路，从而使电池失效。无机固体电解质材料具有机械强度高，不含易燃、易挥发成分，不存在漏夜，抗温度性能好等特点；同时，无机材料处理容易实现大规模制备以满足大尺寸电池的需要，还可以制备成薄膜，易于将锂电池小型化，而且由无机材料组装的薄膜无机固体电解质锂电池具有超长的储存寿命和循环性能，是各类微型电子产品电源的最佳选择。

传统锂离子电池采用有机液体电解液，在过度充电、内部短路等异常的情况下，电池容易发热，造成电解液气胀、自燃甚至爆炸，存在严重的安全隐患。20世纪50年代发展起来的基于固体电解质的全固态锂电池，由于采用固体电解质，不含易燃、易挥发组分，彻底消除电池因漏液引发的电池冒烟、起火等安全隐患，被称为最安全电池体系。对于能量密度，中、美、日三国政府希望在 2020 年开发出 400～500W·h/kg 的原型器件，2025～2030 年实现量产，要实现这一目标，目前公认的最有可能的即为金属锂负极的使用，金属锂在传统液态锂离子电池中存在枝晶、粉化、SEI（固体电解质界膜）不稳定、表面副反应多等诸多技术挑战，而固态电解质与金属锂的兼容性使得使用锂作负极成为可能，从而显著实现能量密度的提升。固态电池的特性和优点列举在表 5-3 中。

表 5-3　固态电池的特性和优点

特性	优点
抑制锂枝晶	可以使用金属锂电极，显著提高能量密度、循环性、安全性
不易燃烧	服役寿命长，不易性能跳水
无持续界面副反应	适合车用及工业应用
无电解液泄漏、干涸问题	可开发多种不同性能电池
高温寿命不受影响	模块、系统设计简单，易于灵活配组
无胀气	非活性物质体积质量小
正极材料选择面宽	电芯内部可串联

5.3.1　固态电解质

对于固态电池，固态电解质是其区别于其他电池体系的核心组成部分，理想的固态电解质应具备工作温度区间保持高的锂离子电导率；可忽略或者不存在晶界阻抗；与电极材料的热膨胀系数匹配；在电池充放电过程中，对正负极电极材料保持良好的化学稳定性，尤其是金属锂或锂合金负极；电化学窗口宽，分解电压高；不易吸湿，价格低廉，制备工艺简单；环境友好。

（1）聚合物固态电解质

聚合物固态电解质是由有机聚合物和锂盐构成的一类锂离子导体，具有质量轻、易成膜、黏弹性好等特性。应用在锂离子电池中，可获得在宽工作温度范围内的高比能量、大功率、长循环寿命的电池，并且可将电池制备成各种形状，充分利用电化学器件的有效空间。聚合物锂离子电池在组装、使用和运输的过程中，可以承受挤压、碰撞和电池内部的温度和外形变化。此外，聚合物电解质除了自身传输锂离子的功能，还能充当隔膜，隔离正负电极，在电池充放电过程中补偿电极材料的体积变化，保持电极和电解质的紧密接触。聚合物电解质还可在一定程度上抑制锂枝晶的生长，降低电解质和电极材料之间的反应活性，提高电池的安全性。聚合物电解质还有利于电池进行卷对卷地大规模生产，从而有望降低生产成本。目前商业化的聚合物锂离子电池已逐渐应用于手机、笔记本电脑、移动充电电源等电子设备领域。

固态聚合物电池可近似看作是将盐直接溶于聚合物中形成的固态溶液体系，其主要性能由聚合物、锂盐和各种添加剂共同决定。对锂盐的选择实际上就是对阴离子的选择，在非质子、低介电常数的聚合物溶剂中，阴离子的电荷密度和碱性等性质对聚合物电解质的形成起重要作用。聚合物电解质的形成能力取决于对阳离子的溶剂化作用能和盐晶格能的相对大小，晶格能越大，与聚合物形成聚合物电解质的能力就越弱。锂盐晶格能的上限一般认为是 850J/mol，不同的锂盐，晶格能大小不同，常见锂盐晶格能排序：$F^- > Cl^- > Br^- > I^- > SCN^- > ClO_4^- \sim CF_3SO_3^- > BF_4^- \approx AsF_6^-$。除了晶格能和阴离子的电荷密度分布以外，锂盐的解离常数也会产生一定的影响。

聚氧化乙烯（PEO）也称聚环氧乙烷，是一种典型的高分子电解质，它由—CH_2CH_2O—和—$CH_2CH_2CH_2O$—单元构成，醚氧原子在 PEO 的最佳分布使得它可与多种锂盐形成复合物，PEO 基聚合物电解质因而也得到了广泛的研究和应用。对于无机添加物，具有化学惰性的、高比表面的无机填料可以改善聚合物电解质的热稳定性，抑制电极界面上钝化层的形成，提供电解质的电导率和阳离子迁移数等，常用的无机添加剂有 SiO_2、Al_2O_3、MgO、ZrO_2、TiO_2、$LiTaO_3$、Li_3N、$LiAlO_2$ 等。目前聚合物电解质相比液体电解质在安全性上有明显提升，但是仍需进一步提高电解质的锂离子电导率，维持聚合物的力学稳定性以及化学稳定性。

（2）无机固态电解质

无机固态电解质发挥自己单一离子传导和高稳定性的优势，用于全固态锂离子电池中，具有热稳定性高、不易燃烧爆炸、环境友好、循环稳定性高、抗冲击能力强等优势，得到了广泛的关注，同时有望应用在锂-硫电池、锂-空气电池等新型锂离子电池上，是未来电解质发展的主要方向。按照物质结构进行划分，无机固态电解质可以分为晶态和非晶态（玻璃态）两大类，每一类按照元素组成的不同又可分为氧化物和硫化物。

非晶态无机固体电解质具有组分变化宽、离子传导各向同性、界面阻抗相对较低、易于加工成膜等优点，在全固态电池中具有很好的应用前景。按照组成可分为氧化物体系玻璃电解质和硫化物体系玻璃电解质，其中氧化物玻璃电解质的电化学稳定性和热稳定好，但是离子电导率比较低，硫化物玻璃电解质虽然具有较高的离子电导率，但是电化学稳定性差，制备困难。

氧化物玻璃体系电解质由网络形成氧化物（如 SiO_2、B_2O_3、P_2O_5 等）和网络改性物（如 Li_2O）组成，网络形成氧化物通过共价键相互连接形成玻璃网络，网络改性氧化物打破网络中的氧桥，使锂离子在其网络间进行迁移。提高氧化物玻璃体系电解质电导率可通过多种途径实现。首先，可适量增加网络改性物的含量。对于通过适量增加 Li_2O 的含量会导致氧化物玻璃电解质电导率的提高，而 Li_2O 的含量增加到一定程度，则会导致非氧桥原子数的增加，非氧桥原子可以捕获锂离子，从而降低氧化物玻璃的电导率的问题，可使用混合网络形成氧化物。采用二元或二元以上的网络形成氧化物，会产生混合网络效应，增加网络中的缺陷结构，改善锂离子传导通道中的传输瓶颈，提升锂离子传导效率。如 Li_2O-P_2O_5-B_2O_3 三元体系玻璃，当锂离子浓度为 5%（摩尔分数）时，电导率为 9×10^{-5} S/cm。此外，还可进行氮掺杂。在 Li_2O-P_2O_5 体系中引入氮元素后，可以形成 Li-PON 玻璃，在提高材料电导率的同时，还增加玻璃的硬度、热稳定性以及抗水和盐溶液的腐蚀能力。在硫化物玻璃体系电解质中，由于硫的原子半径比氧离子大，可以增大锂离子传输通道，同时由于非桥接 S_2^- 比非桥接 O_2^- 的活性高，使得硫化物玻璃电解质的锂离子电导率比氧化物体系要高，室温下电导率为 $10^{-3} \sim 10^{-4}$ S/cm。虽然硫化物玻璃电解质的电导率高，化学稳定性较好，但是在制备过程中使用 Li_2S 组分，造价高昂且需惰性气氛保护，设备要求较高；同时，该类电解质高温下容易分解，对锂可能不稳定，造成了其合成难度较大，成本高，限制了大规模的应用。

（3）玻璃陶瓷无机电解质

玻璃陶瓷即玻璃微晶，是在玻璃材料中加入成核剂后经过高温处理制备而成的，它和陶瓷材料及玻璃材料都不相同。玻璃陶瓷中，晶相从玻璃网络中析出，导致电导率显著提高。玻璃陶瓷不仅具备陶瓷材料的化学稳定性的特点，而且继承了玻璃态固体电解质离子电导率高、界面阻抗小、致密度高的特点。

在氧化物玻璃陶瓷电解质中，研究比较多的是具有钠离子快离子导体（NASICON）结构的锂离子导体。$LiTi_2(PO_4)_3$ 和 $LiGe_2(PO_4)_3$ 都是具有 NASICON 结构的物质，通过低价元素（如 Al、Ga、In、Cr、La 等）置换 Ti 或者 Ge，可在一定的组成范围内形成具有该结构的固溶体，电导率会提高 2～3 个数量级。Li_2O-Al_2O_3-TiO_2-P_2O_5 的玻璃经过热处理可转变成主晶相为 $Li_{1+x}Al_xTi_{2-x}(PO_4)_3$ 的玻璃陶瓷，室温离子电导率为 1.3×10^{-3} S/cm。氧化物玻璃陶瓷电解质制备工艺容易实现，但在化学稳定性和成本上仍需进一步提升。

在硫化物玻璃陶瓷电解质中，研究比较多的是 Li_2S-P_2S_5 体系。将 Li_2S-P_2S_5 基质玻璃通过高温处理后得到的微晶玻璃陶瓷电解质的电导率得到明显提升，在室温下即可达 10^{-3} S/cm，而且解决了对金属锂不稳定的问题。

（4）陶瓷固体电解质

陶瓷固体电解质种类繁多，从结构上看，主要包括 NASICON 结构锂陶瓷电解质、钙钛矿结构锂陶瓷电解质、石榴石结构锂陶瓷电解质、锂离子快离子导体（LISICON）型锂陶瓷电解质、硫化结晶锂离子快离子导体（Thio-LISICON）型结构锂陶瓷电解质、Li_3N 型结构锂陶瓷电解质、锂化 BPO_4 锂陶瓷电解质和以 Li_4SiO_4 为母体的锂陶瓷电解质等。

陶瓷电解质的电导率与其晶体结构密切相关，影响因素包括传输通道、与 Li^+ 半径的匹配性、骨架离子与 Li^+ 键合强弱、Li^+ 浓度和空位浓度之比，以及陶瓷的致密度等。

5.3.2　正极材料

全固态电池正极一般采用复合电极，除了电极活性物质外还包括固态电解质和导电剂，在电极中起传输离子和电子的作用。$LiCoO_2$、$LiFePO_4$、$LiMn_2O_4$等氧化物正极在全固态电池中应用较为普遍。当电解质为硫化物时，由于化学势相差较大，氧化物正极对Li^+的吸引力大大强于硫化物电解质，造成Li^+大量移向正极，界面电解质处贫锂。若氧化物正极是离子导体，则正极处也同样会形成空间电荷层，但如果正极为混合导体（如$LiCoO_2$等既是离子导体，又是电子导体），氧化物处Li^+浓度被电子导电稀释，空间电荷层消失，此时硫化物电解质处的Li^+再次移向正极，电解质处的空间电荷层进一步增大，由此产生影响电池性能的非常大的界面阻抗。在正极与电解质之间增加只有离子导电的氧化物层，可以有效抑制空间电的荷层的产生，降低界面阻抗。

除了空间电荷层效应，影响界面性能的因素还包括元素扩散和体积效应。由于化学势和电化学势的差异，在电池制备或者充放电循环过程中，电极和固体电解质之间会发生元素相互扩散，形成阻抗超高的固固界面层，影响离子的传输。体积效应是指电极材料在嵌脱锂的过程中发生体积变化，导致电极/电解质界面结构遭到破坏，内阻大幅升高，活性物质利用率下降严重。

新型高能量正极主要包括高容量的三元正极材料和5V高电压材料等。三元材料的典型代表是$LiNi_{1-x-y}Co_xMn_yO_2$（NCM）和$LiNi_{1-x-y}Co_xAl_yO_2$（NCA），均具有层状结构，且理论比容量高（约200mA·h/g）。与尖晶石$LiMn_2O_4$相比，5V尖晶石$LiNi_{0.5}Mn_{1.5}O_4$具有更高的放电平台电压（4.7V）和倍率性能，因此成为全固态电池正极有力的候选材料。

除了氧化物正极，硫化物正极也是全固态电池正极材料一个重要的组成部分。这类材料普遍具有高的理论比容量，比氧化物正极高出几倍甚至一个数量级，与导电性良好的硫化物固态电解质匹配时，由于化学势相近，不会造成严重的空间电荷层效应，得到的全固态电池有望实现高容量和长寿命的使用要求。然而，硫化物正极与电解质的固固界面仍存在接触不良、阻抗高、无法充放电等问题。

5.3.3　负极材料

金属Li因其高容量和低电位的优点成为全固态电池最主要的负极材料之一，然而金属Li在循环过程中会有锂枝晶产生，不但会使可供嵌/脱的锂量减少，更严重的是会造成短路等安全问题。另外，金属Li十分活泼，容易与空气中的氧气和水分等发生反应，并且金属Li不能耐高温，给电池的组装和应用带来困难。

加入其他金属与锂组成合金是解决上述问题的主要方法之一，这些合金材料一般都具有高的理论容量，并且金属锂的活性因其他金属的加入而降低，可以有效控制锂枝晶的生成和电化学副反应的发生，从而增强界面稳定性。锂合金的通式是 Li$_x$M，其中 M 可以是 In、B、Al、Ga、Sn、Si、Ge、Pb、As、Bi、Sb、Cu、Ag、Zn 等。Li-Al 合金负极匹配硫化物固态电解质循环后会在电极/电解质界面生成稳定的 SEI 膜，改善界面的相容性，降低界面阻抗。全固态电池在大倍率下仍具有良好的循环性能。

相反，在 Li-In 合金负极表面则无法生成这样的界面相，导致电荷转移阻抗随循环不断增大，容量衰减严重；而在金属 Li 表面生成的界面相随循环不断生长，直至电池失效。Li-Si 和 Li-Sn 合金负极同样会在与硫化物固态电解质接触界面生成阻抗小且稳定的 SEI 膜，有利于电池稳定。然而，锂合金负极存在着一些明显的缺陷，主要是在循环过程中电极体积变化大，严重时会导致电极粉化失效，循环性能大幅下降，同时，由于锂仍然是电极活性物质，所以相应的安全隐患仍存在。目前，可以改善这些问题的方法主要包括合成新型合金材料、制备超细纳米合金和复合合金体系（如活性/非活性、活性/活性、碳基复合以及多孔结构）等。

碳族的碳基、硅基和锡基材料是全固态电池另一类重要的负极材料。碳基以石墨类材料为典型代表，石墨碳具有适合于锂离子嵌入和脱出的层状结构，具有良好的电压平台，充放电效率在 90% 以上，然而理论容量较低（仅为 372 mA·h/g）是这类材料最大的不足，并且目前实际应用已经基本达到理论极限，无法满足高能量密度的需求。最近，石墨烯、碳纳米管等纳米碳作为新型碳材料出现在市场上，可以使电池容量扩大到之前的 2～3 倍。

氧化物负极材料主要包括金属氧化物、金属基复合氧化物和其他氧化物。典型的氧化物负极材料有 TiO_2、MoO_2、In_2O_3、Al_2O_3、Cu_2O、VO_2、SnO_x、SiO_x、Ga_2O_3、Sb_2O_5、Bi_2O_5 等，这些氧化物均具有较高的理论比容量，然而在从氧化物中置换金属单质的过程中，大量的 Li 被消耗，造成巨大的容量损失，并且循环过程中伴随着巨大的体积变化，造成电池的失效。

5.4 电化学超级电容器

超级电容器（supercapacitors）是近几十年来国内外发展起来的一种介于常规电容器与化学电池二者之间的新型储能元件。它具备传统电容那样的放电功率，也具备化学电池储备电荷的能力。与传统电容相比，具备达到法拉级别的超大电容量、较高的能量、较宽的工作温度范围和极长的使用寿命，充放电循环次数可达十万次以上，且不用维护；与化学电池相比，具备较高的比功率，且对环境无污染。因此，超级电容器是一种高效、实用、环保的能量存储装置，它优越的性能得到各方的重视，目前发展十分迅速。

根据储存电能机理的不同分为两类：一类是基于高比表面积碳材料与溶液间界面双电层原理的双电层电容器；另一类是在电极材料表面或体相的二维或准二维空间上，电活性物质进行欠电位沉积，发生高度可逆的化学吸附/脱附或氧化/

还原反应，产生与电极充电电位有关的赝电容。实际上各种超级电容器的电容同时包含双电层电容和赝电容两个分量，只是所占的比例不同而已。

1879年，Helmholtz发现界面双电层现象，提出了平板电容器的解释模型，但直到1957年Becker获得了双电层电容器的专利，才使得超级电容器的产品化有了新的突破。到目前超级电容器已有50多年的发展历史，其间对超级电容器的研究主要集中在寻找电极活性物质作为电极的研究上。今后人们将会继续研究与开发新颖的电极材料、选择合适的电解液、优化电容器的组装技术。目前电极材料可以分为三类：第一类是碳材料；第二类是过渡金属氧化物；第三类是导电聚合物材料。

实际上，后两种物质作电极的性能要优于碳材料，但昂贵的贵金属材料以及性能不稳定的导电聚合物掺杂，使得后两类超级电容器的研究多限于实验室，短期内不太可能进行商业化。此外，还有使用不同正负电极材料的非对称型超级电容器（也称混合超级电容器或杂化超级电容器），其储能能力大大增加。

在超级电容器的产业化上，最早是1980年NEC/Tokin与1987年松下三菱的产品。到20世纪90年代，Econd和ELIT推出了适合于大功率启动动力场合的电化学电容器。如今，Panasonic、NEC、EPCOS、Maxwell、Powerstor、Evans，SAFT，CAP-XX，NESS等公司在超级电容器方面的研究均非常活跃。总的来说，目前美国、日本、俄罗斯的产品几乎占据了整个超级电容器市场，实现产业化的基本上都是双电层电容器。

5.4.1 超级电容器的特点

超级电容器作为一种新的储能元件，具有如下优点：①超高电容量（0.1～50000F）。比同体积钽、铝电解电容器电容量大2000～50000倍。②漏电流极小，具有电压记忆功能，电压保持时间长。③功率密度高，可作为功率辅助器，供给大电流。④充放电效率高，具有超长自身寿命和循环寿命，即使几年不用仍可保留原有的性能指标，充放电次数大于10万次。⑤对过充放电有一定的承受能力，短时过压不会产生严重影响，能反复地稳定充放电。⑥温度范围宽，为−40～＋70℃，一般电池是−20～＋60℃，且免维护，环境友善。

但是，目前超级电容器还有一些需要改进的地方，如能量密度较低、体积能量密度较差，和电解电容器相比，工作电压较低，一般水系电解液的单体工作电压为0～1.4V，且电解液腐蚀性强；非水系可以高达4.5V，实际使用的一般为3.5V，作为非水系电解液要求高纯度、无水，价格较高，并且非水系要求苛刻的装配环境。

超级电容器作为大功率物理二次电源，在国民经济各领域用途十分广泛。各发达国家都把超级电容的研究列为国家重点战略研究项目。1996年欧共体制定了超级电容器的发展计划，日本"新阳光计划"中列出了超级电容器的研制，美国能源部及国防部也制定了发展超级电容器的研究计划。我国从20世纪80年代开始研究超级电容器，北京有色金属研究总院、锦州电力电容器有限责任公司、北京科技大学、北京化工大学、北京理工大学等也陆续开展超级电容器相关研究工作。2005 年，中国科学院电工所完成了用于光伏发电系统的 300W·h/kW 超级电容器储能系统的研究开发工作。2006 年 8 月，世界首条超级电容公交商业示范线在上海率先启动。上海振华港机利用超级电容器作为轮胎式集装箱龙门起重机储能装置实现了绿色环保要求，取得良好效果。2008 年 8 月，北京理工大学具有自主知识产权的纯电动动力系统应用到北京奥运用电动客车中。

目前超级电容器正逐渐步入成熟期，市场越来越大，有越来越多的公司聚焦到生产超级电容器上。以下以超级电容器应用的电流等级不同，介绍超级电容器的应用范围。①应用在 $100\mu A$ 以下的，主要作为记忆体的后备电源，可以作为 CMOS、RAM、IC 的时钟电源。在医疗器械、微波炉、手持终端、校准仪等中得到应用。②应用在 $500\mu A$ 以下的，主要作为主供电的后备电源。在数字调频音响系统、可编程消费电子产品、洗衣机等中作为 CMOS、RAM、IC 的时钟电源并在测量仪器、自动控制模块等中提供高温 85℃ 条件下系统时钟电源。③应用在最高 50mA 的，主要用作电压补偿。在引擎启动时，主电压突降，它可以作为汽车音响后备电源，进行电压补偿。同样用在磁带机、影碟机电机以及计量表启动时。④应用在最高 1A 的，主要作为小型设备主电源。在玩具、智能电表、水表、煤气表、热水器、报警装置、太阳能道路灯等作为主电源。还在激发器和点火器中起激励作用，在短时间内供给大电流。⑤应用在最高 50A 的，主要提供大电流瞬时放电。主要用于不间断电源、GPS、电动自行车、风能太阳能的能量储备等。⑥应用在 50A 以上的，主要提供超大电流放电。主要用于汽车、坦克等内燃发动机的电启动系统，以解决怠速启动问题。

5.4.2 超级电容器的原理

超级电容器根据储能机理不同，主要分为双电层电容器和赝电容器。电容产生机理是以电活性离子在贵金属电极表面的欠电位沉积现象或在贵金属氧化物电极体相及其表面的氧化还原反应为依据的吸附电容，与双电层电容相比较，吸附电容完全不相同。超级电容器可用电压的最大值取决于电解质分解电压，电解质可为强碱、强酸等水溶液，亦或盐的质子惰性溶剂等。通过水溶液体系，超级电容器可获取高比功率及高容量的最大可用电压；通过有机溶液体系，超级电容器可获取高电压，并获取高比能量。

5.4.2.1 双电层电容器原理

双电层电容器属于一种新型元器件，其能量储存主要通过电解质与电极间界面双层得以实现。若电解液与电极间相互接触，因分子间力、库仑力及原子间力作用力的存在，其势必会引起固液界面产生一个双层电荷，该电荷具备符号相反及稳定性强的特点。双电层电容器的电极材料主要是多孔碳材料（碳气凝胶、粉末及纤维状活性炭、碳纳米管）。通常情况下，就双电层电容器的电极材料而言，其孔隙率影响着其容量的大小，即电极材料比表面积随着孔隙率的增高而变大，双电层电容随着孔隙率的增高而变大。需要强调的一点是，孔隙率的增高与电容器的变大间无规律性可言，但电极材料的孔径大小却保持在 $2\sim50mm$ 范围内，其对孔隙率的提高、材料有效比表面积的提高及双电层电容的提高意义至关重要。

5.4.2.2 赝电容器原理

赝电容主要是指在电极材料体相、表面准二维或二维空间内，以欠电位沉积电活性物质为依托，发生高度可逆的氧化脱附、化学吸附或还原反应，从而产生一个与电极充电电位间存在一定关系的电容。因一切反应均发生于整个体相内，则其最大电容值相对更大，如：吸附型准电容为 2000×10^{-6} F/cm^2。就氧化还原型电容器而言，其最大电容量更大。已经被公认了的碳材料比容值为 20×10^{-6} F/cm^2，则在重量级体积相同条件下，赝电容器容量等同于 $10\sim100$ 倍双电层电容器容量。现阶段，赝电容器的电极材料主要是导电聚合物及金属氧化物。

金属氧化物超级电容器的电极材料以过渡金属氧化物为主，例如：V_2O_5、MnO_2、IrO_2、WO_3、NiO、RuO_2、Co_3O_4 等。金属氧化物在超级电容器电极中的应用效果最佳，就 H_2SO_4 电解液内而言，金属氧化物比电容能高达 $700\sim760F/g$。但是，因 RuO_2 资源稀有、价格昂贵，其在超级电容器中的应用受到极大的限制。随着技术的发展及相关研究的深入，科研人员正在试图从 NiO 及 MnO_2 等价格低廉的金属氧化物内提取出能够取代 RuO_2 的电极材料。

近年来，超级电容器电极材料新增了导电聚合物，其电子电导率最高可达 $1000S/cm$。以还原反应及电化学氧化反应为依托，在电子共轭聚合物链上，导电聚合物引入负电荷及正电荷中心，此时，电极的电势决定了负电荷及正电荷中心的充电程度。导电聚合物能量存储的途径为法拉第过程。现阶段，能够于较高还原电位条件下高稳定低发生电化学 n 型掺杂的导电聚合物数量相当少，例如聚吡咯、聚噻吩、聚乙炔、聚苯胺等。

5.4.3 超级电容器电极材料

双电层电容器利用在电极和电解质之间形成的双电层来储存电荷，电极材料多选用碳材料，如碳纳米管、活性炭等，这是由于这些材料具有一些独特的性能，如多孔结构、高电导率、大的比表面积。赝电容是电化学活性物质在电极上发生快速可逆的化学吸附或脱附以及发生电化学氧化还原反应形成电容，这种电容器的电极材料常见的有导电聚合物、金属氧化物等。电极材料作为超级电容器至关重要的组成部分可以决定其性能好坏。常见的可应用于超级电容器中的电极材料主要有以下几种：碳材料、金属氧化物、导电聚合物及其复合材料。

5.4.3.1 碳材料

所有的电化学超级电容器电极材料中碳材料研究最早且技术最成熟。碳材料的主要的优点在于其比表面积大、价格低，但其缺点也比较明显，它的比电容相对较低。目前，主要研究的碳材料为碳纳米管、多孔碳材料以及含碳的复合材料等。

活性炭具有大的比表面积，是最早被应用于超级电容器的电极材料。活性炭的比表面积主要受制备方法和原材料的影响。用于制备活性炭的原料有许多种，但是所用原料需要进行活化，常用物理活化和化学活化来实现。

20世纪90年代初，碳纳米管被人们发现。它是一种纳米尺寸管状结构的碳材料。碳纳米管有许多优异的性能，如其导电性良好、比表面积较大、化学稳定性较好，所形成的孔隙也较适合电解质离子迁移，并且在经过交互缠绕后可形成纳米尺度的网状结构，所以碳纳米管被认为是超级电容器较为理想的电极材料。近年来为提高碳纳米管超级电容器的电容性能，研究人员通过对碳纳米管进行改性来增加碳纳米管表面的亲水性和提高纳米结构的有序性，也将其和其他材料复合制备电极材料。目前对碳纳米管的研究出现一些限制问题，如碳纳米管的价格较高，因此将其有效地应用在电容器上仍处于研究阶段，还未真正实现实际应用。

石墨烯拥有灵活、开放的孔隙结构，有利于形成电极材料/电解液双电层界面，这样更有效地利用了材料表面，因此具有较好的储能功率特性。石墨烯的优点在于电子迁移率高、比表面积大、导电性能好等。近年来，研究者将石墨烯应用于超级电容器电极材料中，并取得了积极的效果。目前的研究重点主要是制备不同形貌的石墨烯，不同形貌的石墨烯有不同的比表面积，比表面积越大，电解液越容易进入孔隙，因此石墨烯便能将其优异的电化学性能完全表现出来。

5.4.3.2 金属氧化物

金属氧化物常用作赝电容器的电极材料。电容在电极表面和内部产生，这就是赝电容器的电容量较高的原因。金属氧化物作为超级电容器电极材料来使用具有很好的应用前景。贵金属氧化物中的氧化钌就可应用于超级电容器的电极材料，它的导电性好，比能量高，但价格昂贵，使应用受到限制。因此，研究者们将研究重心转到了氧化钴、氧化锰、氧化镍等非贵金属材料上。

贵金属钌的氧化物被用来作为赝电容器的电极材料时一般可分为纯氧化钌和复合氧化钌电极材料。由于氧化钌材料具有多种优异性能，如比电容高、性能稳定等，被公认是性能最好的电极材料。一些国家已将其作为先进的材料应用于多个领域，如航空航天、军用装备等。但由于钌资源匮乏，所以氧化钌价格比较昂贵，这使其应用具有一定的局限性。因此，研究者将重点集中在进一步提高电极材料的性能和降低成本上，越来越多的价格低廉的金属氧化物被作为电极材料进行研究。

二氧化锰价格低廉，具有大的比表面积，性能良好，可作为一种新型电极材料应用在超级电容器中。通过实验对比可得出，用溶胶凝胶法制备的二氧化锰的比电容量高于用沉积法制备的二氧化锰的，前者的比电容能达到698F/g，在充放电循环 1500 次后，容量衰减不到 10%。二氧化锰具有多种氧化价态，来源比较丰富，而且价格低廉。这些都使其应用范围变得广泛，且可实现商业化。

氧化镍导电性能好，价格低廉，也成了近几年研究的重点。可通过电化学沉积法制得 $Ni(OH)_2$ 薄膜，热处理后得到多孔 NiO_x 薄膜，然后将其作为电极材料制成电极，测试后发现其比电容可达 277F/g。将 $Ni(OH)_2$ 在 523K 温度下焙烧后制得 NiO，其比电容可达 124F/g。纳米 NiO 粉体，比电容可达 78.8F/g，具有较好的循环寿命。通过沉淀转化法制备出 $Ni(OH)_2$ 超微粉末，热处理得到纳米 NiO，测试其比电容可达 243F/g。因此氧化镍作为电极材料也十分有发展前景，并成为近几年的研究热点。

5.4.3.3 导电聚合物

导电聚合物是一种新型的电极材料，导电聚合物的优点在于使用寿命长、可使用的温度范围宽，所以其作为电极材料发展迅速。目前可作为电极材料应用的导电聚合物主要有聚吡咯、聚苯胺、聚噻吩等。该类材料在使用过程中优点显著：成本低、容量高、充放电时间短、污染小、安全性高等。不过由于大多数导电聚合物的导电性较差，所以一般让导电聚合物材料处于掺杂状态，这样可使其导电性显著提高，电活性也明显增加。

聚苯胺（PANI）是比较常见的导电聚合物材料，它具有价格低廉、导电性好、稳定性好、比能量密度较高等优点，被广泛应用于超级电容器，发展潜力巨大。聚苯胺纳米结构的形态对其电化学性能有非常关键的影响，因此，使用方便高效的方法合成具有合适结构的聚苯胺也是非常重要的，合成聚苯胺通常采用化学聚合和电化学聚合方法。通过电化学方法可在柔性基片上制备聚苯胺，在 $1mol/L\ H_2SO_4$ 溶液中其比电容可达 233F/g。

聚吡咯（PPy）同样是一种重要的导电聚合物材料，具有电导率高、氧化还原性好、循环稳定性好等优点。通过界面聚合方法可合成独立的聚吡咯薄膜，制得的薄膜由于具有多孔结构而展现出良好的电化学性能，在 25mV/s 扫描速度下比电容可达 261F/g，并且经过 1000 次循环之后仍能保持 75% 的比电容。利用电化学聚合方法，使用植酸作为掺杂剂制备的聚吡咯薄膜的最大比电容可达 343F/g（5mV/s），且具有良好的循环稳定性，4000 次循环充放电后仍保持 91% 的比电容。聚吡咯作为电极材料其微观结构和电化学性能受到多种因素的影响，如聚合方法、掺杂剂、模板等。

聚噻吩（polythiophene）及其衍生物由于具有较高的电导率及较好的环境稳定性，将其作为超级电容器电极材料在近几年也进行了一定的研究。采用恒电流法制备的聚噻吩膜在最低电流密度 0.3A/g 时，比电容可达 103F/g，在进行 500 次循环后仍可保持良好的循环稳定性。采用 $FeCl_3$ 作氧化剂，通过连续的离子层吸附反应制备的非结晶型聚噻吩薄膜，其比电容在 $0.1mol/L\ LiClO_4$ 溶液中可达 252F/g。目前聚噻吩的应用存在局限性，这是由于其制备较为困难、成本高等。

持续开发新型的导电聚合物以及优化导电材料的性能、降低成本是导电聚合物的发展方向。

5.4.3.4 复合材料

在超级电容器发展过程中，综合性能的提高尤为重要。继碳材料和金属氧化物之后，导电聚合物逐渐发展起来并成为应用较多的一类电极材料，导电聚合物由于应用中的局限性需要提高其性能。研究人员试图将其他材料与导电聚合物复合成二元复合材料甚至三元复合材料，如导电聚合物/金属氧化物复合材料、导电聚合物/碳材料复合材料，因而电极材料的研究中又有了新的亮点。

活性炭比表面积大、性能好且价格便宜，是最早应用于超级电容器的电极材料，其本身结构的局限性使其需要与导电聚合物复合来提高性能，通常会使用原位化学聚合法和电化学聚合法进行聚合。在活性炭电极表面使活性炭与聚苯胺聚合所构成的复合电极材料的比电容可达 $382F/g$（H_2SO_4 电解液），经 50 次循环比电容降低 7%，明显好于聚苯胺，这说明复合材料的性能有很大的提高。

石墨烯作为一种新兴碳材料，因其具有优良的性能如导电性好、机械强度高而成为近几年的研究热点。通常采用化学法或电化学法制备石墨烯，目前已将其成功应用在超级电容器的电极材料中。石墨烯/聚吡咯/MnO_2 复合材料，在作为电极材料进行测试时比电容可达 469.5F/g。将石墨烯片与聚苯胺掺杂，所制备的纳米复合材料电导率 10S/cm、比电容 531F/g，性能优于纯聚苯胺。通过原位聚合的方法制备的 3D 聚苯胺/石墨烯纳米复合材料，同时具备聚苯胺和石墨烯的优点而展现出良好的电性能，在电流密度 1A/g 条件下比电容达到 701F/g，并且经过 1000 次循环之后比电容可以保持 92%。

碳纳米管是一种纳米尺寸管状结构的碳材料。碳纳米管有许多优异的性能，比如其具有良好的导电性、较大的比表面积、较好的化学稳定性。因此，将碳纳米管与导电聚合物进行复合也是近些年研究者的研究热点之一，通过原位化学聚合的方法实现聚苯胺与碳纳米管的聚合，复合材料经测试其比电容高于聚苯胺的，这说明将碳纳米管与聚苯胺复合所制备的复合材料性能有了较大的提高。通过原位界面聚合方法合成的多壁碳纳米管/聚吡咯（MWCNT/PPy）核壳复合材料中存在许多有序的链堆砌而使其拥有良好的电化学性能。PPy/CNT 复合材料作为超级电容器电极材料，3 000 次循环充放电后比电容能保留 92%，电化学性能好。

一般情况下，因为金属氧化物的能量密度高，循环稳定性好，应用广泛，所以尝试将金属氧化物与其他材料进行复合用于制备复合材料。一般应用于电极材料较多的金属氧化物有 RuO_2、MnO_2、Co_3O_4 等。有许多研究已成功将导电聚合物与金属氧化物复合，并将其应用于超级电容器电极材料。导电聚合物在这种复合材料中有很重要的作用，由于导电聚合物可以有效防止金属氧化物粒子团聚并能够助分散，既能增大金属氧化物与电解液的接触面积，又能增强金属氧化物与集流体之间的吸附作用，因此通过复合可使材料性能有效增强，并得到更广泛的应用。

在众多的金属氧化物中，MnO_2 由于具有循环稳定性好、比表面积大、成本低等优点而被广泛研究。利用硅烷偶联剂来改性 MnO_2 可改善 PANI 和 MnO_2 之间的相互作用，制备的 PANI/MnO_2 纳米复合膜在电流密度为 $1.67mA/cm^2$ 下电容可达 415F/g。通过电化学聚合方法制备的 PPy/MnO_2 纳米线复合材料，电容可达 203F/g。除了 MnO_2，研究人员还研究了其他金属氧化物与导电聚合物的复合材料的电化学性能。采用原位聚合法制备的 PANI/RuO_2 复合材料，比电容可达 373.27F/g。

除了碳材料和金属氧化物，实验人员也在积极寻找其他可与导电聚合物复合的材料，如有机材料、金属硫化物等。通过原位聚合的方法制备的聚苯胺/对苯二酚复合微球，在扫描速率为 5mV/s 时比电容为 126F/g，在 500 次充放电循环后电容保持 85.1%。聚吡咯/纳米碳纤维复合材料作为电极组合的超级电容器通过电化学测试发现，在电流密度为 $300mA/cm^2$ 时比电容达到 127F/g。吡咯通过原位氧化聚合的方式在单层二硫化钼上聚合制备的 PPy/MoS_2 纳米复合材料，比电容在 0.5A/g 的电流密度下达到 695F/g，并且在经过 4000 次循环充放电后比电容保留 85%。除了传统的碳材料和金属氧化物，越来越多类型的材料被用来与导电聚合物进行复合，使材料的电化学性能得到提高后用作超级电容器电极材料。

在锂离子电池之后，超级电容器是新兴的一种非常有潜力的储能元件，在未来发展中既有广阔的应用前景，也能产生巨大的经济价值。而电极材料作为超级电容器的重要组成部分，既是决定其性能的关键因素，也是决定生产成本的关键。目前对电极材料的研究主要有 2 个方向：制备性能优异的复合材料，利用材料的不同的性能将材料成功复合，使材料性能得到较大提高；实现材料纳米化，这样可以增大比表面积，进一步提高材料的电化学性能。若既能实现不同性能电极材料的复合，又能实现材料的纳米化，这将是电极材料研究中的又一大进展。

5.4.4 超级电容器的应用

超级电容器凭借自身众多优点而被广泛应用于各行各业，例如：充当记忆器、计时器、内燃机启动电力；电脑等电子产品；航空；太阳能电池辅助电源；电动玩具车主电源等领域。

5.4.4.1 消费电子

超级电容器凭借着自身循环寿命长、储能高、质量轻等优点而被广泛应用于微型计算机、存储器、钟表及系统主板等备用电源领域。超级电容器的充电时间较短，但充电能量较大。若因主电源接触不良或中断等因素而导致系统电压降低，则超级电容器将起后备补充的作用，以防止仪器因突然断电而受到损坏。超级电容器完全可以代替电池而成为新型环保型小型用电器电源，且数字钟、录音机、电动玩具、照相机及便携式摄影机等电源都可选用超级电容器，理由是超级电容器具备经济性高及循环寿命长等优点。若将超级电容器与电池联用，其使用效果极佳，即允许长期供电、蓄电池容量大、克服超大电流放电相关局限等。若将超级电容器应用于大功率大脉冲电源，尤其是某些无线技术便携装置，其应用效果不言而喻。

5.4.4.2 电动汽车及混合电动汽车

超级电容器的独特优势大大满足了电动汽车对电动电源的需求。相对于超级电容器，传统动力电池因在快速充电、使用寿命、高功率输出及宽温度范围等方面均存在局限，而不能最大限度满足电动汽车动力电源的需要。就电动车加速、启动或爬坡等高功率需求环节，超级电容器为其提供了极大的方便。如果将超级电容器配合动力电池使用，则电池受到大电流充放电的负面影响将大幅度降低。此外，在再生自动系统的协助下，可将瞬间能量回收，以提高超级电容器能量利用率。

5.4.4.3 电力系统

随着超级电容器的问世，电解电容器已逐渐被超级电容器所取代。若将超级电容器应用到高压开关站或变电站硅整流分合闸装置中，其将发挥储能装置的作用，并能有效地解决电解电容器因漏电电流大及储能低等缺点而引发的分合闸装置可靠性降低等缺陷，且能最大化规避相关安全事故的发生。与此同时，若以超级电容器取代电解电容器，其不仅能够保持原装置的简单结构，且能有效地减少电力系统的维护量，并能大幅度降低电力系统运行成本。超级电容器在分布式电网储能中的应用很广，且其应用效果极佳。分布式电网系统以多组超级电容器为依托，以电场能形式为主要手段，将能量一一储存起来，并在能量紧缺的情况下，通过控制单元，将能量释放出来，以此为系统提供足够的能量，从而确保系统内电能平衡机控制的稳定性。

5.4.4.4 内燃机车启动

通常情况下，内燃机车柴油发电机组启动主要依靠蓄电池组。但因蓄电池向外放电所需时间较长，尤其是冬天，其时间要求更是严格，所以其使用效果不理想，且其经济性及环保性不高。针对这一点，德国研究人员首先做出了将超级电容器应用于汽车启动上的尝试，他们试图通过超级电容器解决怠速汽车因停车导致的能源浪费等问题。实验结果显示，超级电容器蓄电池组质量仅为传统车用蓄电池组的 $1/3$，但其实现了将启动机启动扭矩提高 $1/2$，从而有效地增加了内燃机车启动转速。

5.5 金属-空气电池

金属-空气电池是以空气中的氧作为正极活性物质，以金属（锌、铝、锂等）作为负极活性物质的一种电池，也被称为金属燃料电池。此类电池发挥了燃料电池的优势，其所需的氧可源源不断地取自空气中的氧气。空气中的氧气通过气体扩散电极到达电化学反应界面与金属反应，从而释放出电能。由于金属-空气电池的原材料丰富、价格低廉、质量和体积比能量高且无污染，因此，此类电池被称为是面向21世纪的绿色能源。目前，已经实现商业化的金属-空气电池只有小型的锌-空气电池，而铝-空气电池、锂-空气电池等仍处在应用研究或基础研究中。

5.5.1 锌-空气电池

如图5-8所示，锌-空气电池主要由正极、负极（金属锌电极）、电解液（碱性水溶液）三大部分组成。

（1）正极

一个正极一般由三层组成：催化层、防水透气层以及用来增加电极机械强度的金属集流导电网。空气中的氧在电极参加反应时，首先通过扩散溶入溶液，然后在液相中扩散，在电极表面进行化学吸附，最后在催化层进行电化学还原。因此催化层的性能和催化剂的选择直接关系到正极的性能的好坏。而正极反应是在气、液、固三相界面上进行的，电极内部能否形成尽可能多的有效三相界面将影响催化剂的利用率和电极的传质过程。

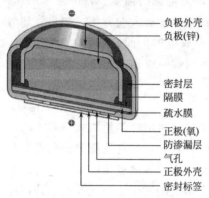

图5-8 锌-空气电池基本结构

在放电过程中，氧气在三相界面上被电化学催化还原为氢氧根离子，发生反应：

$$O_2 + 2H_2O + 4e^- \longrightarrow 4OH^- \tag{5-7}$$

（2）负极

锌-空气电池的理论能量密度只取决于负极，即金属锌电极。金属锌的形态取决于电池的制备形式。锌是在电池中传递的唯一活性物质。放电时，锌在碱性溶液中发生反应：

$$2Zn + 4OH^- \longrightarrow 2Zn(OH)_2 + 4e^- \tag{5-8}$$

在电池中发生的总反应为：

$$O_2 + 2Zn + 2H_2O \longrightarrow 2Zn(OH)_2 \tag{5-9}$$

（3）电解液

正极在反应过程中产生氢氧根离子，它的电势一般由溶液中的氢氧根离子的浓度决定。倘若 OH^- 浓度局部地增加，那么由于电势变化过速会引起严重的极化。缓冲溶液能减小 pH 值变化，即减小氢氧根离子浓度的变化，这样可减小极化而提供更大的电流。酸和碱都是比较好的缓冲溶液，因此最令人满意的正极均采用高浓度的碱性或酸性电解液。碱性和酸性电解液均有缺点，碱性电解液会被空气中的二氧化碳污染，酸性电解液会与低廉的催化剂作用而使之腐蚀，同时也腐蚀用于正极的集流体。在实用中一般能允许碱性电解液的缺点。

锌-空气电池分为三种主要类型：

一次电池。凡电池经一次放电使用后就失掉使用价值而被废弃的称一次电池。大多数早先的锌-空气电池都属于一次电池，在低电流情况下使用时它们比较经久耐用。一个成功的一次电池应价格低廉而又有较长的储存寿命。它应该是一种重量轻或体积小或二者兼备的便于携带的能源。

二次电池。凡电池经一次放电使用后，可通相反方向的电流使其功能恢复的称二次电池。与常规的二次铅酸或锡-镍电池不同，二次锌-空气电池具有一个无限容量的正极，它既不会完全放电，也不会过充电。充电时，正极生成氧气。

机械再充电电池。第三类的锌-空气电池是众所周知的"机械再充电电池"或称"可更换电极电池"。当电池放电完毕，使用过的锌电极（已氧化）遗弃不用，换上一个新的锌电极。同时也可以补充新鲜电解液，但是主要部件正极不会用尽，仍可长久使用。使用过的负极理论上可以送至中央加工站让它经化学或电化学还原，变为原始状态。虽然这在实践上比较困难，但这样可反复使用多次。

锌-空气电池中央是一个可替换的负极锌，电解液为碱性溶液，正极是空气还原电极，电池反应的标准电压为 1.65V，理论比能量达到 1350W·h/kg，实际的比能量为 200W·h/kg。目前锌-空气电池在技术上存在的难题主要有：防止负极（锌）的直接氧化，抑制锌枝晶的出现；正极（氧电极）催化剂活性不能偏低；阻止电解液的碳酸化。

抑制锌枝晶主要从加入电极添加剂和电解液添加剂、选择合适的隔膜以及改变充电方式等几个方面进行研究。其中加入添加剂的作用主要是使电极表面的电流密度分布均匀性提高，从而减少枝晶的产生。季铵盐是研究得最多的一类物质，研究者认为该类物质通过以大分子有机阳离子在锌表面活性中心上的吸附，抑制锌在这些位置的沉积与枝晶的产生，来提高电池循环寿命。人们发现硫酸盐、聚乙烯醇等也有与季铵盐相同的作用。此外，还可以通过改善隔膜性能或改变充电方式来抑制锌枝晶的产生。

正极采用铂、锗、银等贵金属作催化剂，其催化效果比较好，但是电池成本很高。后来采用别的催化剂，如炭黑、石墨与二氧化锰的混合物，锌正极的成本虽然得到降低，但催化剂活性偏低，影响了电池工作时的电流密度。近来研究发现，金属氧化物，如 $La_{0.6}Ca_{0.4}CoO_3$、MnO_2、MnO_x，非贵金属大环化合物以及 $LaNiO_3$ 等可替代 Pt 作为气体扩散电极的电催化剂。另外，添加一些适当的助溶剂可以影响主催化剂的物理化学性质，提高其催化活性。研究表明，V、Ge、Zr 的氧化物具有较高的储氧能力，其特定部位上结合的氧原子可以随氧分压的变化自由地进出，从而使主催化剂周围保持一定的氧浓度，达到降低氧电极过电位的目的，还能促进贵金属催化剂的分散，增大有效催化活性表面积。

空气中的二氧化碳溶于电解液，使得电解液碳酸化，导致锌电极析氢腐蚀，降低电池使用寿命。解决方法是在锌电极中加入具有高氢过电位的金属氧化物或氢氧化物。这些金属在碱性溶液中的平衡电位一般比锌高，在电极充电时优先沉积，放电时一般不溶解。由于这些外加金属具有较高的析氢过电位，抑制了正极析氢反应的进行，因而有效地减缓了锌在酸性溶液中的腐蚀。另一方法是加无机电解液添加剂，无机添加剂主要有高氢过电位的金属化合物。与碱性锌-空气电池相比，中性、微酸性锌-空气电池具有电解液价廉易取、腐蚀性小和可避免电解液碳酸化等优点。虽然其工作电压和放电电流密度不及碱性锌-空气电池高，但能满足中、小电流密度放电要求，可在小功率放电场所替代碱性锌-空气电池。

电解液中锌电极的钝化也是一个值得注意的问题，主要是由于其表面真实电流密度较高，负极极化增大，在其表面形成致密的氧化锌层。因此，防止活性物质有效面积减小的措施，如抑制锌变形的方法等，均能减弱锌电极的钝化趋势；减小放电电流和放电深度，也会减轻锌的钝化。

5.5.2 铝-空气电池

铝-空气电池是以铝合金为负极、空气（氧）为正极、海水或食盐水为电解液构成的一种空气燃料电池。由于铝既溶于酸又溶于碱，电阻率低，电化当量高（2.98A·h/g），电极电位 $-1.66V$，成为发展金属空气电池的首选材料。铝合金在电池放电时被不断消耗并生成 $Al(OH)_3$；正极是多孔性氧电极，跟氢氧燃料电池的氧电极相同；电池放电时，从外界进入电极的氧（空气）发生电化学反应，生成 OH^-；电解液可分为两种：一种为中性溶液（NaCl 或 NH_4Cl 水溶液或海水），另一种是碱性溶液。氧电极主要由防水透气层、导电网、催化层三部分组成。

铝-空气电池目前所需要的关键技术有以下四点：

① 电解液中铝氧化膜的生成会导致铝电极电位升高，而氧化膜的破坏又会导致大量析氢，难以使溶解停止，从而使电池失效。

② 如何选用其他廉价材料来制造适合的电极形状，以减小铝电极的腐蚀率，增大电池功率和放电密度。

③ 电解液的活性控制及循环利用。

④ 选用合适的电极催化剂来提高电极反应的效率。

电极材料是以 Al-Ca、Al-In、Al-Ca-In 合金为基质，再辅以铅、铋、锡、锌、镁、镉、锰等元素形成的负极材料系列。适合的电池形状可以减小铝电极的腐蚀率，增大电池功率和放电密度。研究的电极形状已经有多种，如平面形、楔形、圆柱形等。当电解液是盐溶液时，电池放电产物会成凝胶状，增大电池电阻，降低电池效率。目前使用的电解液有碱性溶液、中性溶液及常温熔盐溶液等。氧电极的工作电流密度已达 $650mA/cm^2$，其寿命也由过去的 20 次提高到 3000 次以上，并且提高了系统输出功率。氧电极催化剂的研究主要集中在贵金属催化剂、金属复合氧化物催化剂（尖晶石型、烧绿石型、钙钛矿型）、过渡金属碳基化合物和有机催化剂等方面。MnO_2 催化剂与上述催化剂相比，最大的优势在于价格低廉，具有非常广阔的应用前景。

5.5.3 锂-空气电池

锂-空气电池的理论比能量高（1500～3000W·h/kg），对环境友好，是目前备受关注的未来动力电池。锂-空气电池是一种以锂作负极、空气中的氧气作正极反应物的电池，其工作电压在 2.0～2.8V 之间。该电池采用含有 Li^+ 的有机电解液，将储存在金属锂中的化学能通过电化学反应直接转化为电能。其过程不涉及燃烧，无污染物排放，无机械能量损耗，动力能量转换率高，所产生的物质为电能、热能和锂的氧化物。而且锂资源丰富、比能量高、能量转化过程平稳、无振动和噪声，能真正实现汽车的"零排放"。此外，在能量耗尽后，锂-空气动力电池电动汽车不需要充电等待，像传统燃油汽车加油一样，只需更换电池即可继续工作。因此，该电池被认为是 21 世纪最有发展潜力的汽车动力电源。

锂空气电池的概念最早由 Lockheed 公司的研究人员在 1978 提出，他们以碱性水溶液作为电解质溶液，但由于锂会与水发生反应产生大量的氢气，导致效能很低并存在安全问题，因此在几年后放弃了研究。直到 1996 年，美国 EIC 实验室的 K. M. Abraham 和 Z. Jiang 首次报道了采用凝胶聚合电解液制备的非水体系的锂-空气电池的相关研究，才使该电池的研究开始兴起，但直到近几年才有较多的文献报道相关的研究工作。在 2007 年，PolyPlus Battery Company 针对非水体系中正极产物因难以溶于有机电解液而沉积在正极上阻碍电池反应，便将锌-空气电池采用水溶液的概念引入到锂-空气电池中，提出了锂-空气电池有机-水混合体系的概念，并申请了专利。随后日本在该体系中做了较多的相关研究。而在 2010年，美国道戴顿大学的 Kumar 等将固态锂离子电池的离子传导概念引入到锂-空气电池中，首次成功研究了固态、可充电、长循环寿命的锂-空气电池。

由于锂-空气电池的正极原料直接来源于空气中的氧气，因此也将其称为锂-空气燃料电池。随着研究的不断深入，目前研究的锂-空气电池主要有三个体系：非水体系（也称有机体系）、有机-水混合体系及固态体系，其中有机体系见报道的相关研究最多。

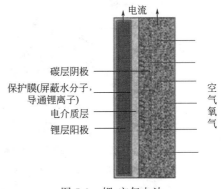

图 5-9　锂-空气电池

如图 5-9 所示，有机体系主要由金属锂负极、含有可溶性锂盐的有机电解液以及多孔碳正极所构成。其单电池的理论比能量约为 2800W·h/kg（多孔碳孔隙率为 70%，计算质量时仅包括金属锂负极、多孔正极）。

放电时，在负极上将发生氧化反应：

$$Li \longrightarrow Li^+ + e^- \qquad (5\text{-}10)$$

电子通过外电路进行迁移，而在正极上 Li^+ 与氧反应生成 Li_2O_2（也有可能

是 Li_2O），其理论开路电压为 $2.96V$。

放电过程中，有机体系的总反应为：

$$2Li + O_2 \longrightarrow Li_2O_2 \tag{5-11}$$

该反应也被称为氧还原反应。当有催化剂存在时，在足够高的充电电压下，上述反应是可逆的，Li_2O_2 将发生析氧反应。因此，有机体系可以实现锂-空气电池的再充电。由于电池反应生成的 Li_2O_2（或含有 Li_2O）不溶于有机电解液而易沉积在正极堵塞氧通道，以及在充电时需较高的充电电压（$\geqslant 4.5V$）而降低了其能效，所以多孔碳正极、催化剂以及电解液等方面是该体系主要的研究点。

如图 5-10 所示，有机-水混合体系锂-空气电池的主要组成部分有金属锂负极及负极侧有机电解液、超级 Li^+ 导通隔膜、多孔碳正极及正极侧碱（酸）性水溶液。正极侧和负极侧完全被超级 Li^+ 导通隔膜分开。其理论比能量约为 $1400W \cdot h/kg$（多孔碳孔隙率为 70%，计算质量时仅包括金属锂、正极和正极侧电解液）。

该体系的总反应为：

$$4Li + 6H_2O + O_2 \longrightarrow 4(LiOH \cdot H_2O)(LiOH\text{ 溶液}) \tag{5-12}$$

$$4Li + 2H_2SO_4 \cdot H_2O + O_2 \longrightarrow 2Li_2SO_4 + 3H_2O(H_2SO_4 \cdot H_2O\text{ 溶液})$$

$$\tag{5-13}$$

对应的理论开路电压分别为 $2.98V$ 和 $3.72V$。当电池能量耗尽时，可通过补充金属锂和更换正极电解液的方式给用电设备供电，然后处理正极电解液来回收金属锂，从而达到循环利用的目的。该体系正极侧的水溶液可以溶解反应产物，能有效地解决产物堵塞正极氧通道的问题，但对超级 Li^+ 导通隔膜有较高的要求。

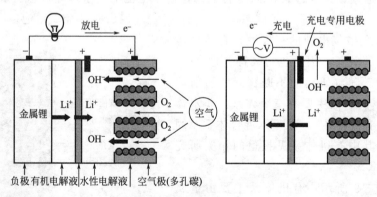

图 5-10　有机-水混合体系锂-空气电池示意图

固态体系锂-空气电池的研发是为了消除负极、正极电解液产生的界面问题。其结构如图 5-11 所示，主要由金属锂负极、多孔碳正极和固态电解质膜（由 PC 膜、GC 膜组成的复合膜，通常为陶瓷，或玻璃，或玻璃-陶瓷材料）组成。正负极之间通常采用聚合物-陶瓷复合材料隔开，同时起传导 Li^+ 的作用，并降低电池的内阻。固态电解质的不足之处是离子导通性比电解液差。该体系的锂-空气电池也具有可充性，但反应原理尚不明确。

目前，全球研究锂-空气电池的科研小组主要有美国陆军实验室的 J. Read 小组，美国西北太平洋国家实验室的 J. G. Zhang 小组，英国圣安德鲁斯大学的 P. G. Bruce 小组，日本产业技术综合研究所的 H. S. Zhou 小组，日本三重大学的 O. Yamamoto 小组，日本的九州大学的 T. Ishihara 小组，美国麻省理工学院的 S. H. Yang 小组等。另外，日本东芝和本田、美国的 IBM、福特汽车等企业及我国的复旦大学、厦门大学等少数

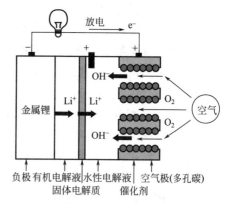

图 5-11　固态体系锂-空气电池示意图

高校和科研单位也开始了锂-空气电池的研究工作。研究工作主要集中在正极催化剂、多孔碳电极、有机电解液及锂离子导通玻璃陶瓷膜几个方面，但仍处在基础研究阶段，离实际应用还有较大的距离。

（1）正极催化剂

常用的贵金属催化剂是铂系催化剂，虽然具有良好的催化活性，但由于价格昂贵不利于推广应用。最初以过渡金属 Mn 作为催化剂，将其与碳和黏结剂混在一起制成正极组装成袋式电池，表现出了较好的催化活性。随后发现，在有机体系的碳正极中添加不同过渡金属的氧化物可起到催化作用，并发现催化剂对电池放电电压的影响不大，对放电容量、充电电压和循环性能有很大的影响。

但仅采用过渡金属及其氧化物作催化剂解决不了锂-空气电池充电电压较高（充电电压平台大于 4.0V）的问题。利用含有少量贵金属的 Pd/MnO_2 复合物作为正极催化剂可以明显地降低充电电压，并且提高了电池的循环稳定性。另外，采用类片架结构的 MnO_2 与混有聚四氟乙烯（PTFE）的乙炔炭黑制备成正极，组装成的电池表现出了较好的充放电特性，表明片架结构的 MnO_2 具有较高的催化活性。其片架结构使它具有相对大的孔径和表面积，也很有希望成为锂-空气电池的正极材料。厦门大学的杨勇研究小组考查了以电解二氧化锰作为催化剂对氧电极循环充放电性能的影响，表明在制备正极时加入 45% 的电解二氧化锰可减小正极在充电过程中的极化，提高可充性。

美国陆军实验室的 Read 小组通过热处理 FeCu-酞菁复合物得到了 FeCu/C 催化剂，将其用于组装式电池并研究了其催化性能。实验表明，与相同条件下采用纯碳作负极的锂-空气电池相比，加了 FeCu/C 催化剂的锂-空气电池的放电电压至少提高了 0.2V（放电电流为 $0.2mA/cm^2$），即降低了正极极化；另外，它还可以促使 Li_2O_2 的氧进一步发生反应，即 $2Li_2O_2 \longrightarrow 2Li_2O + O_2$，从而促进了锂-空气电池放电后开路电压的恢复速率；同时，它也降低了锂-空气电池在放电过程中的表面活化能。以上催化剂的研究均是在有机电解液环境下进行的。

（2）多孔碳电极

对于有机体系锂-空气电池，放电容量与正极材料的孔隙率和孔容有关。氧在正极的还原反应是在电解质、正极孔洞表面及氧气构成的三相界面上进行的，三相界面的总面积越大，能够容纳的放电产物就越多，就越能提高锂-空气电池的放电容量和持续放电能力。

利用碳酸钠为催化剂，可通过间苯二酚与甲醛的聚合、碳化制备多孔碳气凝胶，通过控制反应参数与条件对碳气凝胶的孔结构进行调控。随着碳材料介孔孔容的增加，储存容量增大。介孔孔容是影响锂-空气电池性能的关键因素之一。随着充放电的反复循环，锂-空气电池的内阻不断增加，同时循环寿命不断减小。在充放电过程中，随着放电产物不断地堵塞碳材料的孔道，正极的孔容以及氧气与锂离子在电极内的传输能力将会发生变化，从而导致电池阻抗的明显增加。这将导致动力学性能降低，同时极化增大，从而造成容量的衰减以及循环性能的下降。通过设计具有合适孔结构与孔尺寸的正极，使其利于电解液与空气在多孔结构内的传输，从而降低内阻，这对于正极至关重要。

由于在放电过程中生成的 Li_2O_2 易沉积在正极上而影响锂-空气电池的输出功率，调整正极孔隙度和活性催化剂分布可最大限度地减小气体扩散限制和增大电极材料的利用率，制备具有内在连接双孔体系（一种孔隙用于填充催化剂，另一种孔隙用于氧在正极中的传递）的正极，达到提高电池输出功率的目的。单位质量碳的比容量与单位面积所负载碳的质量有着重要的联系，随着碳材料介孔孔容的增加，电极的容量增加。孔尺寸的均一性对于电池的性能也起着重要的作用，在碳的负载量与放电速率固定的情况下，随着电解液量的增加，电池容量明显增加。他们认为这是因为在正极内形成了额外的三相区域。

利用多孔 SiO_2 作为硬模板可制备多孔碳泡沫，多孔碳泡沫具有二级介孔孔道结构以及窄的孔尺寸分布。与多种商用碳材料相比，多孔碳泡沫具有更大的放电容量。多孔碳泡沫之所以具有良好的性能，是由于它的大孔容与非常大的介孔孔道可以为放电过程中锂氧化物的沉积提供更多的空间。

孔容（尤其是介孔孔容）是决定多孔碳电极性能最重要的结构参数，一般来说，电极材料的孔容越大，其比容量也越大，这主要是由于孔含量越高，存储锂氧化物的空间越大，也越有利于放电过程中氧的传输。此外，比表面积、孔径、电极厚度对放电容量也有重要的影响。

而对于有机-水混合体系，正极侧使用了水性电解质溶液，使放电产物溶解入电解液中，极大地"释放"了正极。但这就要求正极在酸性或碱性水溶液中具有较强的化学稳定性。

（3）电解液

电解液是充放电过程中在正极与负极之间传输锂离子的唯一媒介，并且正极中的 O_2 需要先溶于电解液中再进一步参与氧还原反应。因此电解液是决定锂-空气电池能量储存的另一重要参数。

通过优化电解液的黏度，可以实现对倍率性能进行有效的改善。为了使电解液成分的变化、放电过程中锂电极与水之间的反应减到最少，需要选择具有低挥发性与低吸湿性的有机溶剂。另外，选择具有高极性的电解液可以降低碳基正极的吸湿与漏液，从而改善电池性能。相比于黏度、离子电导率及氧溶性，溶剂的极性更为重要。碳酸乙烯/碳酸丙烯（PC/EC）混合物是可行性较好的溶剂体系，而双（三氟甲烷磺酰基）酰亚胺锂对 PC/EC 的比例和盐浓度不敏感，是锂-空气电池最合适的盐。

电池的性能由 O_2、电解液、活性炭（带有催化剂）形成的三相区的数量所决定。氧气在空旷通道（与溶剂的极性密切相关）内的传输速率比其在液相电解液中的传输速率高数个数量级。因此，与电解液其他性质（如氧溶性、黏度、离子电导率）相比，电解液极性是决定锂-空气电池性能最重要的因素。电池内电解液的用量对电池的放电性能也有重要的影响，合适的电解液用量可以得到最大的容量值。在电解液中添加三(五氟苯基)硼烷作为功能化的添加剂与助溶剂，可以帮助部分溶解放电过程中形成的 Li_2O 与 Li_2O_2（通过与氧化物或过氧化物离子产生配位作用），这有利于提高放电容量。然而，这种添加也会大大降低接触角、增加电解液的黏度，因此又会相应地降低放电容量。

利用 $TBAPF_6$ 与 $LiPF_6$ 两种溶质分别与 4 种具有不同电子给体数的溶剂（DMSO、MeCN、DME、TEFDME）进行配对，组成不同的电解液，溶剂与溶液的阳离子对还原产物的种类与再充电性能有一定的影响。对于含有 TBA^+ 的溶液，O_2 还原是一个高度可逆的 O_2/O_2^- 偶联（couple）单电子过程。对于含有 Li^+ 的电解液，O_2 还原过程以逐步形成 O_2^-、O_2^{2-} 与 O^{2-} 产物的方式进行。在 Li^+ 存在时，这些反应是不可逆或准可逆的电化学过程，同时溶剂对动力学、不同还原产物的可逆性有着重要的影响。对于含有 TBA^+ 的所有溶液，单电子还原产物超氧阴离子（O^{2-}）的稳定性，可以利用 Pearson 的 HSAB 理论进行解释，通过该理论，软酸的 TBA^+ 可以与软碱的 O_2^- 形成稳定的 $TBA^+-O_2^-$ 络合物。HSAB 理论与 Li^+-(溶剂) n 复合体相对稳定性的结合，可以解释 Li^+ 传导电解液（Li^+-conducting electrolyte）中不同 O_2 还原产物的形成。他们还首次发现了 Li^+ 传导 DMSO 电解液中，O_2 向可长时间存在的过氧化物的可逆还原。他们的研究为可充电锂-空气电池有机电解液的选择提供了合理的途径。厦门大学的杨勇研究小组研究了有机电解液体系中溶剂及电解质盐对氧电极的电化学还原过程的影响情况。结果表明，使用四丁基六氟磷酸铵（$TBAPF_6$）作电解质盐时，如以纯乙腈（MeCN）作溶剂，氧还原过程表现为较好的可逆性，以纯丙烯碳酸酯（PC）作溶剂，氧的还原过程则表现为不可逆过程，倘若配成乙腈与丙烯碳酸酯混合溶剂，则氧化峰电流与还原峰电流比值随着混合溶剂中 MeCN：PC 比值的减小而逐渐减小，说明该过程可逆性逐渐降低；根据单电子还原峰电流也随混合物中 PC 比例的增加而逐渐减小可知，PC 对氧还原过程具有一定的抑制作用，而使用乙腈溶剂，氧还原在六氟磷酸锂溶液中表现为不可逆。

总之，有机体系的电解液通常需要具备以下一些特点：具有高的憎水性，这样可以降低体系的吸湿性；具有低的黏度，从而尽可能增大离子电导率；具有良好的氧扩散性和溶解性。

（4）锂离子导通玻璃陶瓷膜

有机-水混合体系锂-空气电池最关键的是要寻找出能完全消除金属锂与 H_2O、O_2 之间直接进行反应的隔膜，该隔膜要有良好的 Li^+ 导通性，与电解液的界面阻抗低，机械强度高，韧性好，化学和电化学稳定性良好。

采用 $Li_{1+x+y}Ti_{2-x}Al_xSi_yP_{3-y}O_{12}$ 作为 Li^+ 导通玻璃陶瓷膜（LTAP），并采用 $PEO_{18}Li(CF_3SO_2)_2N(PEO_{18}LiTFSI)$ 锂导通聚合物作为负极区的电解液，采用水相 LiCl/Pt 作为正极区组装成了锂-空气电池进行了测试，在 60℃下显示良好的稳定性和电化学性能。在 $PEO_{18}LiTFSI$ 聚合物内添加 $BaTiO_3$ 纳米粒子，可显著降低金属锂与聚合物电解液之间的界面电阻，$Li/PEO_{18}LiTFSI$-10％（质量分数）$BaTiO_3$/LTAP 电极在 60℃、1mol/L LiCl 溶液中的总电阻明显减小，并且显示出良好的稳定性和充放电可逆性。

LTAP 可以稳定存在于 $LiNO_3$、LiCl 水溶液中，在 0.1mol/L 的 HCl 与 1mol/L 的 LiOH 水溶液中不稳定，而在蒸馏水中，电导率缓慢增加。LTAP 在 100％的醋酸与甲酸中，50℃下浸泡 4 个月后，电导率会明显降低，但浸泡于饱和甲酸锂的甲酸水溶液中后电导率没有明显变化，浸泡于饱和醋酸锂的醋酸水溶液中后电导率会增加。醋酸在很高的电压下仍然稳定，而甲酸在水的分解电压下则会分解。因此，醋酸溶液将很有可能成为锂-空气电池正极中的活性物质。另外，LTAP 膜在 pH 值大于等于 10 的 LiOH 水溶液中浸泡后电导率会降低，而在加入了大量 LiCl 的 LiOH 水溶液中能够稳定存在，主要是因为加入 LiCl 后，由于 Li^+ 浓度增大而抑制了 LiOH 的离解，从而降低溶液的 pH 值。

5.6 其他储能电池

5.6.1 全钒液流电池

全钒液流电池（vanadium redox flow battery，VRB）是一种活性物质呈循环流动液态的氧化还原电池。早在 20 世纪 60 年代，就有铁-铬体系的氧化还原电池问世，但是钒系的氧化还原电池是在 1985 年由澳大利亚新南威尔士大学的 Marria Kacos 提出的，经过 30 多年的研发，钒电池技术已经趋近成熟。在日本，用于电站调峰和风力储能的固定型（相对于电动车用而言）钒电池发展迅速，大功率的钒电池储能系统已投入实用，并全力推进其商业化进程。

钒电池电能以化学能的方式存储在不同价态钒离子的硫酸电解液中，通过外接泵把电解液压入电池堆体内，在机械动力作用下，使其在不同的储液罐和半电池的闭合回路中循环流动，采用质子交换膜作为电池组的隔膜，电解质溶液平行流过电极表面并发生电化学反应，通过双电极板收集和传导电流，从而使得储存在溶液中的化学能转换成电能。这个可逆的反应过程使钒电池顺利完成充电、放电和再充电。

全钒液电池的优点：

① 电池的输出功率取决于电池堆的大小，储能容量取决于电解液储量和浓度，因此它的设计非常灵活，当输出功率一定时，要增加储能容量，只需要增大电解液储存罐的容积或提高电解质浓度；

② 钒电池的活性物质存在于液体中，电解质离子只有钒离子一种，故充放电时无其他电池常有的物相变化，电池使用寿命长；

③ 充、放电性能好，可深度放电而不损坏电池；

④ 自放电低，在系统处于关闭模式时，储罐中的电解液无自放电现象；

⑤ 钒电池选址自由度大，系统可全自动封闭运行，无污染，维护简单，操作成本低；

⑥ 电池系统无潜在的爆炸或着火危险，安全性高；

⑦ 电池部件多为廉价的碳材料、工程塑料，材料来源丰富，易回收，不需要贵金属作电极催化剂；

⑧ 能量效率高，可达 $75\%\sim80\%$，性价比非常高；

⑨ 启动速度快，如果电堆里充满电解液可在 2min 内启动，在运行过程中充放电状态切换只需要 0.02s。

全钒液电池的缺点：

① 能量密度低，目前先进的产品能量密度大概只有 $40W\cdot h/kg$。铅酸电池大概有 $35W\cdot h/kg$。

② 因为能量密度低，又是液流电池，所以占地面积大。

③ 目前国际先进水平的工作温度范围为 $5\sim45℃$，过高或过低都需要调节。

5.6.2 钠硫电池

钠硫电池是一种以金属钠为负极、硫为正极、陶瓷管为电解质隔膜的二次电池。在一定的工作温度下，钠离子透过电解质隔膜与硫之间发生可逆反应，形成能量的释放和储存。

钠硫电池的基本工作原理：电池通常由正极、负极、电解质、隔膜和外壳等几部分组成。一般常规二次电池如铅酸电池、镉镍电池等都是由固体电极和液体电解质构成的，而钠硫电池则与之相反，它是由熔融液态电极和固体电解质组成的，构成其负极的活性物质是熔融金属钠，正极的活性物质是硫和多硫化钠熔盐，由于硫是绝缘体，所以硫一般填充在导电的多孔碳或石墨毡里，固体电解质兼隔膜的是一种专门传导钠离子被称为 Al_2O_3 的陶瓷材料，外壳则一般用不锈钢等金属材料。

钠硫电池的理论比能量高达 $760W \cdot h/kg$，实际已大于 $150W \cdot h/kg$，是铅酸电池的 3～4 倍。如日本东京电力公司（TEPCO）和日本永木精械株式会社（NGK）公司合作开发钠硫电池作为储能电池，其应用目标瞄准电站负荷调平（即起削峰平谷作用，将夜晚多余的电存储在电池里，到白天用电高峰时再从电池中释放出来）、UPS 应急电源及瞬间补偿电源等，并于 2002 年开始进入商品化实施阶段，已建成世界上最大规模（8MW）的储能钠硫电池装置，截至 2005 年10 月统计，年产钠硫电池年产量已超过 100MW，同时开始向海外输出。

5.7　思考题

(1) 简述界面双电层及其特点。

(2) 简述原电池和电解池的异同。

(3) 锂离子电池的工作原理是什么？

(4) 锂离子电池由哪些部分组成？

(5) 锂离子电池的正极材料需要满足哪些特点？

(6) 锂离子电池的负极材料需要满足哪些特点？

(7) 列举三种锂离子电池正极材料并对比其优缺点。

(8) 锂离子电池正极材料有哪些制备方法？

(9) 列举三种锂离子电池负极材料并分析其优缺点。

(10) 常用的锂离子电池隔膜材料有哪些？对比其优缺点。

(11) 锂离子电池所用集流体的选择原则是什么？

(12) 什么是多孔电极，有什么特点？

(13) 锂离子电池电解液需要满足哪些要求？

(14) 简述普通锂离子电池、有机聚合物锂离子电池和固态电池的异同。

(15) 什么是电化学超级电容器？

(16) 超级电容器与二次电池有什么异同？

(17) 列举三种金属空气电池并简述其特点。

(18) 全钒液流电池有什么优点？

(19) 钠硫电池有什么特点？

(20) 比较全钒液流电池与钠硫电池的特点与性能。

6

其他新能源技术

6.1 生物质能转化技术

地球上蕴藏的可开发利用的煤和化石能源将分别在 200 年、40 年内耗竭，天然气也只能用 60 年左右。与此同时，由于化石能源的过度开发利用带来的环境污染和全球气候变暖的问题也日益突出，因此，寻找和开发新型可再生能源迫在眉睫。

生物质能是人类使用的最古老的能源，是随着化石能源危机及回归生态平衡而被人类重新认识的。生物质主要是指可再生或循环的有机物质，包括农作物、树木、垃圾、工农业废弃物和其他植物及其残体等。生物质能一般是绿色植物通过叶绿素将太阳能转化为化学能而储存在生物质内部的能量，其来源于 CO_2，燃烧后产生 CO_2，因此可以认为 CO_2 的排放是零，甚至有所减少（燃烧后草木灰中含有大量的 K_2CO_3）。故生物质与矿物燃料相比更为洁净，具有可再生性、环境友好性，是解决能源和环境问题的有效途径之一。

目前世界上拥有生物质资源约 18.41×10^{11} t，如以能量换算，相当于目前石油储量的 $15 \sim 20$ 倍。生物质能已成为仅次于煤、石油和天然气的第四大能源，约占全球总能耗的 14%，生物质能的研究与开发早已被世界各国所关注。北欧各国发展木材发电，德国致力发展沼气，并且已利用生物气体研制新型燃料电池。美国加快木材发电和燃料乙醇的启用，利用农作物及其废物制造乙醇，作为汽车燃料。古巴利用大量的甘蔗渣燃烧发电，并且已进行国际合作，欲投资 1 亿美元兴建以甘蔗渣为原料的环保电厂，预计所生产的电能可达到古巴全国需要量。我国是世界第二大能源消耗国，也是农业大国，生物质资源十分丰富，开发利用生物质能不仅能解决能源危机，为可持续发展提供充足的能源和动力，还可保护生态环境，解决环境污染问题。目前，我国生物质能源的开发和利用仍然以传统的燃烧技术为主，生物质气化、液化和生物柴油等技术正得到逐步发展。气化以厌氧发酵技术的推广和应用为主，同时发展直接气化技术。

6.1.1 直接燃烧法

直接燃烧通常是在蒸汽循环作用下将生物质能转化为热能和电能，为烹饪、取暖、工业生产和发电提供热量和蒸汽。小规模的生物质转化利用率低下，热转化损失为30%～90%。通过利用转化效率更高的燃烧炉，可以提高利用率。生物质燃烧最常用的是锅炉燃烧和流化床燃烧技术，后者由于氮氧化物的低排放特性迅速得到青睐。直接燃烧是最早采用的一种生物质开发利用方式，可以最快速度地实现各种生物质资源的大规模无害化、资源化利用，成本较低，因而具有良好的经济性和开发潜力。

6.1.2 生物化学转化

（1）发酵

乙醇具有诸多优良特性，如燃烧特性好，无铅、CO、SO_2 和其他碳氢化合物，有益于保护环境，特别是可直接与石油、天然气混合作为内燃机的液体燃料。乙醇的发酵底物几乎包括各种原始生物材料，最主要的原料为甘蔗、小麦、谷类、甜菜和木材。若用富含木质纤维素的农业废弃物生产乙醇，可避免农作物食用和工业生产间的矛盾。采用毛霉、根霉和酵母对稀酸预处理过的稻草进行同步糖化发酵，根霉发酵乙醇产率高达74%，副产物为乳酸，毛霉也能达到68%的产率。美国能源部选用稀酸处理过的玉米纤维进行同步糖化发酵，降低了原料成本。高粱富含淀粉，但尚未用来生产生物质能，对高粱采用超临界流体挤压蒸煮法，使乙醇转化率提高5%，表明该法是一种有效的处理方法。

生物质发酵生产乙醇是国际上除了制备生物柴油以外的另一条石油替代路线，近期我国重点技术研发方向是利用甜高粱、木薯及木质纤维素等非粮食原料生产燃料乙醇，并建设规模化原料供应基地，建立生物质液体燃料加工企业，到2017年，燃料乙醇的年产量已达到260万吨。

（2）厌氧性消化

厌氧消化是指利用微生物在缺氧条件下消化易腐生物质，使其彻底分解，产生氢气和甲烷等高能清洁燃料，即沼气的过程。以醋酸盐等为有机源，在填充了碳毡的固定化产烷微生物流化床混合反应器中进行厌氧消化，甲烷产量达798mL/d。目前，木质纤维素类物质分解是沼气生产的瓶颈问题，由于对厌氧消化所需要的三类厌氧微生物的研究仍较肤浅，致使无法圆满解决产气效率低的现象。如果这一课题的研究得到质的进展，则可将原料由目前以人畜粪便为主扩大到各种秸秆、枝叶类，可以大大扩展沼气原料来源。

6.1.3 热化学转化

热化学转化技术与其他技术相比，具有功耗少、转化率高、较易工业化等优点。生物质热化学转化包括气化、热解、液化和超临界萃取，其中气化和液化技术是生物质热化学利用的主要形式。

（1）气化

气化是生物质转化的最新技术之一。生物质受热后，通过连续反应将其中碳的内在能量转化为可燃烧气体，既可供生产、生活直接燃用，也可用来发电，进行热电联产联供，从而实现生物质的高效清洁利用。我国根据目前的生物质资源，如果仅将1％的麦秆和10％的谷壳用来气化和发电，总装机容量就可能会高于$200×10^4\,kW$。另外，我国已基本具备了发展生物质气化合成甲醇技术的空间，只要各部分的关键问题得到解决，并结合新技术和提高系统效率，生物质气化合成甲醇技术就会具有广阔的发展前景。生物质气化及发电技术在发达国家已受广泛重视，发展中国家随着经济发展也逐步重视生物质的开发利用。在我国，利用现有技术，研究开发经济上可行、效率较高的生物质气化发电系统将对今后有效利用生物质起关键作用。

（2）热解

在隔绝空气条件下加热生物质，或者在少量空气存在的条件下部分燃烧产生碳氢化合物、含油液体和残炭的混合物，为热解产物。通过生物质热解及其相关技术，可生产焦炭和甲醇、丙酮、乙酸、焦油等副产物。热解按温度、升温速率、反应时间和颗粒大小等条件，可分为慢速热解、常规热解和闪速热解三种方式。快速热解是以非粮食类的生物质为原料制取液体燃料的方法之一，尺度小的稻壳、木屑等的干燥物料是快速热解工艺的理想原料。由快速热解工艺获得的液体燃料含氧量高，但是热值较石化燃料低，还需要进一步精制处理才能有效利用。如果能够开发出选择性优良的快速热解工艺，生产出低含氧量、高热值的液体燃料，那么快速热解工艺将具有非常强的竞争力。

（3）液化

生物质的液化是在缺氧条件下将生物质迅速加热到$500\sim600℃$，使之主要转换成液化产物（油）的一种工艺。这种液体燃料既可以直接作为燃料使用，也可以再转化为品位更高的液体燃料或价值更高的化工产品。液化产品的处理方法包括催化加氢、热加氢、催化裂解及两段精制处理等。目前，催化加氢是较常用的方法。高压液化技术是生物质直接液化技术的一种，是指在较高压力、一定温度和溶剂、催化剂存在等条件下对生物质进行液化反应制取液体产品的技术。相比同为直接液化的快速热裂解法，该技术具有工艺简捷、易于大规模工业化生产等特点，因而得到了广泛的关注和深入的研究。

（4）超临界流体萃取

超临界流体（SCF）具有气液两重性的特点，它既有与气体相当的高渗透能力和低黏度，又兼有与液体相近的密度和对许多物质优良的溶解能力。在超临界水中，将煤炭和生物质能源转化为清洁的氢能，具有气态产物中氢气含量高、无需对原料进行干燥、反应不生成焦油等副产品、不造成二次污染等优点。和其他热解、气化等热化学法相比，超临界萃取法能直接处理潮湿物料而不用对其干燥，并且能在较低温度下保持高的萃取效率。超临界流体萃取能缩短样品的准备时间，加快提取速度，改善萃取效果，并且对固体和半固体样品的提取率不亚于常规萃取法。可作为 SCF 的物质很多，如二氧化碳、六氟化硫、乙烷、甲醇、氨和水等。利用 SCF 进行生物质转化已有很多应用。

6.1.4 固体成型技术

固体成型技术是指在一定温度与压力作用下，将原来分散的、没有一定形状的生物质废弃物压制成具有一定形状、密度较大的各种成型燃料的高新技术。秸秆、谷壳和木材等的屑末下脚料由于体积密度小，占用空间大，直接焚烧浪费资源且污染环境。该技术则能以连续的工艺和工厂化的生产方式将这些低品位的生物质转化为易储存、易运输、能量密度高的高品位生物质燃料，从而使燃烧性能得到明显改善，热利用效率显著提高，为高效再利用农林废弃物、农作物秸秆等提供了一条很好的途径。目前国内开发的生物质颗粒燃料成型技术比热压成型技术减少了烘干、成型时加热及降温等三个耗能程序，可就地将原料及时压缩成颗粒燃料，解决了生物质燃料规模化应用中存在的收、运、储成本高的瓶颈问题，便于在原料产地推广使用。

6.1.5 生物柴油制取

这是一种从含有大量植物油的种子中提取液体油直接用于燃烧或将其经乳化、高温裂解或酯化处理后作为替代柴油的方法。植物油黏度较大，直接用作燃料油会出现结焦炭化等现象，国内外普遍采用以低碳醇为酯化剂，用酸、碱或酶作催化剂，将原料油进行酯化处理后获得相应的脂肪酸酯，即生物柴油。生物柴油性能与石化柴油相近，并且具有硫含量低、分解性能好、燃烧效率高等特点，大大降低了环境污染，是石化柴油的优良可再生替代品，有"绿色柴油"之称。相比其他方法，酯交换法工艺简单、费用较低、制得的产品性质稳定，是生物柴油主要的制备方法。

美国主要以相对便宜的豆油为原料制备生物柴油，欧洲主要以油菜籽为原料，棕榈油、葵籽油、米糠油等也是最常见的原料。值得一提的是，动植物废弃餐饮油是一种很好的制备生物柴油的原料，除了获得优质生物柴油并防止废弃油重返餐桌，保证饮食安全，还可以有效降低生产成本。日本植物油资源贫乏，因此主要用废油为原料制备生物柴油。我国多年来开展了一些生物柴油研发工作，中科大、石油化工研究院、西北农林科技大学、辽宁能源所等分别进行了实验研发和小型工业试验，一系列关键技术已被克服。海南、四川和福建几家公司开发出拥有自主知识产权的技术，相继建成年产超过万吨生物柴油的生产企业。我国中长期规划战略目标指出：2020 年乙醇和生物柴油的产量各达到 1500 万吨，替代 25％的石油进口。以含油率较高、经济寿命达 70 余年的木本作物乌桕所产的梓油和动植物废弃油脂为原料，在制备生物柴油过程中使用磁性固体催化剂，可制备出高质量的生物柴油。该催化剂催化活性较高，易与反应体系分离，可回收，可重复使用并且能够避免传统工艺使用强酸、强碱催化剂。所产生的大量腐蚀性废液，具有环境友好性；同时用大孔树脂精制其副产物，得到高附加值的精制甘油，有效降低了生产成本。整个生产过程中无"三废"、无污染，符合绿色化工生产要求。生物柴油生产过程对水分要求苛刻，去除水分一般采用硅胶干燥或真空减压蒸馏，设备投资大，能耗高，增加生产成本。

6.2 风能技术

6.2.1 风能的特点

风是由于太阳辐射造成地球表面受热不均，从而引起大气层压力分布不均，空气沿水平方向运动而形成的。所以，风就是水平运动的空气。空气产生运动主要是由于地球上各纬度所接受的太阳辐射强度不同而形成的。在赤道和低纬度地区，太阳高度角大，日照时间长，太阳辐射强度大，地面和大气接受的热量多，温度较高；而在高纬度地区太阳高度角小，日照时间短，地面和大气接受的热量小，温度低。这种高纬度与低纬度之间的温度差异，就形成了南北之间的气压梯度，使空气做水平运动。而地球的自转，使空气水平运动发生偏向的力，称为地转偏向力，所以地球大气运动除受气压梯度力影响外，还要受地转偏向力的影响。大气真实运动是这两种力综合作用的结果。

实际上，地面风不仅受这两个力的支配，而且在很大程度上还要受海洋、地形的影响。山隘和海峡不仅能改变气流运动的方向，而且还能使风速增大；丘陵、山地由于摩擦力大，会使风速减小；孤立山峰会因海拔高而使风速增大等。因此，风向和风速的时空分布较为复杂。由于空气流动具有一定的动能，因此风是一种可供利用的自然能源，称之为风能。风能不会因人类的开发利用而枯竭，因此它是一种可再生能源。

海陆差异也会对气流运动产生影响。在冬季，大陆比海洋冷，大陆气压比海洋高，风从大陆吹向海洋。夏季相反，大陆比海洋热，风从海洋吹向内陆。这种随季节转换的风，我们称为季风。所谓的海陆风也是由于海陆的差异而产生的。白昼时，大陆上的气流受热膨胀上升至高空流向海洋，到达海洋上空后冷却下沉，在近地层海洋上的气流吹向大陆，以补偿大陆的上升气流，低层风从海洋吹向大陆称为海风。夜间（冬季）时，情况相反，低层风从大陆吹向海洋，称为陆风。在山区由于热力原因气流白天由谷地吹向平原或山坡，夜间由平原或山坡吹向谷地，前者称谷风，后者称为山风。这是因为白天山坡受热快，温度高于山谷上方同高度的空气温度，坡地上的暖空气会从山坡流向谷地上方，而谷地的空气则会沿着山坡向上以补充坡地流失的空气，这时由山谷吹向山坡的风，就称为谷风。夜间，山坡因辐射冷却，其降温速度比同高度的空气快，冷空气沿坡地向下流入山谷，称为山风。当太阳辐射能穿越地球大气层时，大气层约吸收 $2×10^6$ W 的能量，其中的一小部分转变成空气的动能。从全球来看，由于热带比极带吸收较多的太阳辐射能，从而产生大气压力差导致空气流动而产生风。至于局部地区，例如，在高山和深谷，白天高山顶上空气受热而上升，深谷中冷空气取而代之，因此，风由深谷吹向高山；夜晚，高山上空气散热较快，于是风由高山吹向深谷。另一例子，如在沿海地区，白天由于陆地与海洋的温度差，而形成海风吹向陆地；反之，晚上陆风吹向海上。

各地风能资源的多少，主要取决于该地每年刮风的时间长短和风的强度。风能的特征包括风速、风级、风能密度等。

风的大小常用风的速度来衡量，风速是指单位时间内空气在水平方向上所移动的距离。由于风是不恒定的，所以风速经常变化，甚至瞬息万变。通常风速是指风速仪在一个极短时间内测到的瞬时风速。若在指定的一段时间内测得多次瞬时风速，将其平均，就得到平均风速。例如日平均风速、月平均风速或年平均风速等。当然，风速仪设置的高度不同，所得风速结果也不同，它是随高度升高而增强的。通常测风高度为 10m。根据风的气候特点，一般选取 10 年风速资料中年平均风速最大、中间和最小的三个年份为代表年份，分别计算该三个年份的风功率密度然后加以平均，其结果可以作为当地常年平均值。

风速是一个随机性很大的量，必须通过一段长时间的观测计算出平均风功率密度。对于风能转换装置而言，在"启动风速"到"停机风速"之间的风速段即为可利用的风速，这个范围的风能即为"有效风能"，该风速范围内的平均风功率密度称为"有效风功率密度"。

风级是根据风对地面或海面物体影响而引起的各种现象，按风力的强度等级来估计风力的大小。早在 1805 年，英国人蒲福就拟定了风速的等级，国际上称为"蒲福风级"。自 1946 年以来风力等级又做了一些修订，由原来的 13 个等级改为 18 个等级，但实际上应用的还是 0~12 级的风速，所以最大的风速即人们常说的刮 12 级台风。

风能密度即通过单位截面积的风所含的能量，常用 W/m^2 来表示。风能密度是决定风能潜力大小的重要因素。风能密度和空气的密度有直接关系，而空气的密度又取决于气压和温度。因此，不同地方、不同条件的风能密度是不同的。一般来说，海边地势低，气压高，空气密度大，风能密度也就高。在这种情况下，若有适当的风速，风能潜力自然大。高山气压低，空气稀薄，风能密度就小些。但是如果高山风速大，气温低，仍然会有相当的风能潜力。所以说，风能密度大，风速又大，则风能潜力最好。

6.2.2 我国的风能资源

我国风能资源的分布与天气气候背景有着非常密切的关系，从我国风能资源分布图上可以清楚看出，我国风能资源丰富和较丰富的地区主要分布在两个大带里。

（1）三北（东北、华北、西北）地区丰富带。

这一地区风能功率密度在 $200\sim300W/m^2$ 以上，有的地方可达到 $500W/m^2$ 以上，如阿拉山口、达坂城、辉腾锡勒、锡林浩特的灰腾梁等，可利用的小时数在 5000h 以上，有的甚至达到 7000h 以上。这一风能丰富带的形成，主要与三北地区处于中高纬度的地理位置有关。

冬季（12～2月）蒙古高压完全控制着整个亚洲大陆，其中心位置位于蒙古的西北部，从高压中不断有小股冷空气南下，进入我国。同时还有移动性的高压（反气旋）不时地南下，这类高压大致从四条路径侵入我国。第一条源于俄罗斯的新地岛，经西伯利亚及俄罗斯贝加尔湖的东西伯利亚地区，进入我国东北及华北一带，称为东北路径；第二条源自俄罗斯的泰梅尔半岛，自北向南经西伯利亚、蒙古进入我国，称为北路径；第三条源自俄罗斯的新地岛，经西伯利亚及蒙古进入我国，由于是西北向称为西北路径；第四条源自冰岛以南洋面，经俄罗斯、哈萨克斯坦，基本上是自西向东进入我国新疆，称为西路径。这四条路径除东北路径外，一般都要经过蒙古，当经过时蒙古高压得到新的冷高压的补充和加强，这种高压往往可以迅速南下，进入我国。

欧亚大陆面积广大，北部地区气温又低，是北半球冷高压活动最频繁的地区，而我国地处欧亚大陆东岸，正是冷高压南下必经之路。三北地区是冷空气入侵我国的前沿，一般冷高压前锋称为冷锋，当冷锋过境时，在冷锋后面 200km 附近经常可出现 6～10 级（10.8～24.4m/s）大风。对风能资源利用来说，这就是可以有效利用的高质量大风。

从三北地区向南，由于冷空气经过长途跋涉，从源地到达我国黄河中下游再到长江中下游，地面气温有所升高，原来寒冷干燥的气流性质逐渐改变为较冷湿润的气流性质（称为变性），也就是冷空气逐渐变暖，这时气压差也变小了，所以，风速由北向南逐渐减小。

我国东部处于蒙古高压的东侧和东南侧，所以盛行的风向都是偏北风，但由于其相对蒙古高压中心的位置不同，所以实际偏北的角度会有所区别。三北地区多为西北风，秦岭黄河下游以南的广大地区，盛行风向偏于北和东北之间。

春季（3～5月）是冬季到夏季的过渡季节，由于地面温度不断升高，从4月开始，中、高纬度地区的蒙古高压强度已明显减弱，而这时印度低压（大陆低压）及其向东北伸展的低压槽已控制了我国的华南地区，与此同时，太平洋副热带高压也由菲律宾以北逐渐侵入我国华南沿海一带，这几个高、低气压系统的强弱、消长对我国风能资源有着重要的作用。

在春季，这几种气流在我国频繁地交替。春季是我国气旋活动最多的季节，特别是我国东北及内蒙古一带气旋活动频繁，造成内蒙古和东北的大风和沙暴天气。同样地，在江南地区，气旋活动也较多，但造成的却是春雨和华南雨季。这也是三北地区风资源较南方丰富的一个主要的原因。春季全国风向已不如冬季风那样稳定少变，仍以偏北风占优势，但风的偏南分显著增加。

夏季（6～8月）东亚地面气压分布与冬季完全相反。这时中、高纬度的蒙古高压已向北退缩，相反，印度低压继续向北发展控制了亚洲大陆，为全年最盛。与此同时，太平洋副热带高压也向北扩展和向大陆西伸。可以说东亚大陆夏季的天气气候变化基本上受这两个环流系统的强弱和相互作用的制约。

随着太平洋副热带高压的西伸北跳，我国东部地区均可受到它的影响，在此高压的西部为东南气流和西南气流带来了丰富的降水，但由于高、低压间压差小，风速不大，夏季是全国全年风速最小的季节。

夏季大陆为热低压、海上为高压，高、低压间的等压线在我国东部呈南北向分布的形式，所以夏季风行偏南风。

秋季（9～11月）是由夏季到冬季的过渡季节，此时印度低压和太平洋高压开始明显衰退，而中高纬度的蒙古高压又开始活跃起来。由于冬季风来得迅速，且稳定维持，不像春季中夏季风代替冬季风那种来回进退的形式。此时，我国东南沿海已逐渐受到蒙古高压边缘的影响，华南沿海由夏季的东南风转为东北风。三北地区秋季已确立了冬季风的优势。各地多为稳定的偏北风，风速开始增大。

（2）沿海及其岛屿地丰富带

这一地区年有效风能功率密度在 $200W/m^2$ 以上，将风能功率密度线平行于海岸线，沿海岛屿风能功率密度在 $500W/m^2$ 以上，如台山、平潭、东山、南鹿、大陈、南澳、马祖、马公、东沙等。可利用小时数在 7000～8000h，这一地区特别是东南沿海，由海岸向内陆丘陵连绵，所以仅在海岸 50km 之内风能资源比较丰富，再向内陆不但不是风能丰富区，反而成为全国最小风能区，风能功率密度仅 $50W/m^2$ 左右，基本上是风能不能利用的地区。

沿海风能丰富带形成的天气气候背景与三北地区基本相同，所不同的是海洋与大陆是由两种截然不同的物质组成的，二者的辐射与热力学过程都存在明显的差异。大气与海洋间的能量交换大不相同。海洋温度变化慢，具有明显的热惯性，而大陆温度变化快，具有明显的热敏感性，冬季海洋比大陆温暖，夏季比大陆凉爽，这种海陆温差的影响，在冬季每当冷空气到达海洋上方时，风速增大，再加上海洋表面平滑，摩擦力小，一般风速要比大陆增大 2～4m/s。

由于我国东南沿海会受台湾海峡的影响，每当冷空气南下时，狭管效应会使得风速增大，因此，这里是我国风能资源最佳的地区。

每年夏秋季节我国沿海都会受到热带气旋的影响，当热带气旋风速达到 8 级（17.2m/s）以上时，称为台风。台风是一种直径 1000km 左右的圆形气旋，中心气压极低，台风中心 0～30km 范围内是台风眼，台风眼中天气较好，风速很小。台风眼外壁天气最为恶劣，最大破坏风速就出现在这个范围内，所以一般只要不是台风正面直接登陆的地区，风速一般都小于 10 级（26m/s），它的平均影响范围的直径有 800～1000km，每当台风登陆后我国沿海便可以产生一次大风过程，而风速基本上在风力机切出风速范围之内，是一次满负荷发电的好机会。

据北极星电力网统计，1949 年至今，我国每年至少约有 7 次台风登陆，而广东年均登陆次数居首，约为 3.5 次，海南次之，约为 2.1 次，台湾约 1.9 次，福建约 1.6 次，广西、浙江、上海、江苏、山东、天津、辽宁合计仅约 1.7 次，由此可见，台风影响的地区由南向北递减，因此风能资源也是南大北小。由于台风登陆后中心气压升高极快，再加上东南沿海东北-西南走向的山脉重叠，所以形成的大风仅在距海岸几十千米内。风能功率密度由 300W/m² 锐减到 100W/m² 以下。

综观上述，冬春季的冷空气、夏秋的台风，都能影响到沿海及其岛屿。相对内陆来说，这里形成了我国的风能丰富带。由于台湾海峡狭管效应的影响，东南沿海及其岛屿是我国最大风能资源区。我国有海岸线 18000 多千米，岛屿 6000 多个，这里的风能大有开发利用的前景。

内陆风能丰富地区，在两个风能丰富带之外，风能功率密度一般在 100W/m² 以下，可以利用小时数 3000h 以下。但是一些地区由于湖泊和特殊地形的影响，风能也较丰富，如鄱阳湖附近较周围地区风能就大，湖南衡山、安徽的黄山、云南太华山等也较平地风能大。但是这些只限于很小范围之内，不像两大风能带面积那样大。

青藏高原海拔 4000m 以上，这里的风速比较大，但空气密度小，如在 4000m 的空气密度大致为地面的 67%，也就是说，同样是 8m/s 的风速，在平原上风能功率密度为 313.6W/m²，而在 4000m 的高原上只为 209W/m²，这里年平均风速在 3～5m/s，所以风能仍属一般地区。

6.2.3 风能资源的利用

风能是一次能源中的可再生能源，也被人们称为绿色能源，其蕴藏量大、开发和利用前景十分广阔。风能非常巨大，理论上仅 1% 的风能就能满足人类能源需要。风能利用主要是将大气运动时所具有的动能转化为其他形式的能，其具体用途包括：风力发电、风帆助航、风车提水、风力制热采暖等。其中，风力发电是风能利用的最重要形式。

风能利用已有数千年的历史。最早的利用方式是"风帆行舟"。早在两三千年前，世界上就有了埃及尼罗河风帆船、中国木帆船的历史记载。中国唐代更有"乘风破浪会有时，直挂云帆济沧海"的诗句，足见那时风帆船已广泛用于江河航运。历史上最辉煌的风帆时代是中国的明代，15 世纪初叶，中国航海家郑和七下西洋，庞大的风帆船队功不可没。

1000 多年前，中国人首先发明了风车，用它来提水、磨面，替代繁重的人力劳动。12 世纪，风车从中东传入欧洲。16 世纪，荷兰人利用风车排水，与海争地，在低洼的海滩地上建国立业，逐渐发展成为一个经济发达的国家。今天，荷兰人将风车视为国宝，北欧国家保留的大量荷兰式的大风车已成为人类文明史的见证。

风力发电。历史上，由于西欧各国燃料缺乏，而且其地理位置处在盛行西风带上，故刺激其利用风力发电。19 世纪末，丹麦人首先研制了风力发电机。1891年，世界第一座风力发电站在丹麦建成。现在丹麦已拥有风力发电站 3000 多座，年发电 100 亿千瓦时。100 多年来，世界各国研制成功了类型各异的风力发电机。截至 1998 年，全世界风力发电装机容量达到 960 万千瓦，风力发电量达 210 亿千瓦时，可供 350 万户家庭使用。

风力发电机主要包括水平轴式风力发电机和垂直轴式风力发电机等两种形式。其中，水平轴式风力发电机是目前技术成熟、生产量最多的一种形式。它由风轮、增速齿轮箱、发电机、偏航装置、控制系统、塔架等部件组成。风轮将风能转换为机械能，低速转动的风轮通过传动系统由增速齿轮箱增速，将动力传递给发电机。整个机舱由高大的塔架举起，由于风向经常变化，为了有效地利用风能，还安装有迎风装置，它根据风向传感器测得的风向信号，由控制器控制偏航电机，驱动与塔架上大齿轮啮合的小齿轮转动，使机舱始终对风。在电力不足的地区，为节省柴油机发电的燃料，可以采用风力发电与柴油机发电互补，组成风-柴互补发电系统。

风力发电场（简称风电场），是将多台大型并网式的风力发电机安装在风能资源好的场地，按照地形和主风向排成阵列，组成机群向电网供电。风力发电机就像种庄稼一样排列在地面上，故又被形象地称为"风力田"。风力发电场最早于 20 世纪 80 年代初在美国的加利福尼亚州兴起，目前世界上最大的风电场是洛杉矶附近的特哈查比风电场，装机容量超过 50 万千瓦，年发电量为 14 亿千瓦时，约占世界风力发电总量的 23%。

风力发电的优越性可归纳为三点：第一，建造风力发电场的费用低廉，远低于水力发电厂、火力发电厂或核电站的建造费用；第二，不需火力发电所需的煤、油等燃料或核电站所得的核材料即可产生电力，除常规保养外，没有其他任何消耗；第三，风力是一种洁净的自然能源，没有煤电、油电与核电所伴生的环境污染问题。

6.3 核能技术

核能的开发利用是现代科学技术的一项重大成就，和平、安全利用核能是人类文明进步的一种标志。从 20 世纪 40 年代原子弹的出现开始，核能就逐渐被人们所掌握，准确地说，"原子能"应该是化学能。比如燃烧煤、石油或天然气所获取的就是"原子能"，因为这种能量是可燃物质通过燃烧这一化学反应所释放的能量。化学反应过程仅仅是使一种或几种物质的分子结构在反应中变成另外一种或几种物质的分子结构，即由一种或几种物质变成了另外一种或几种新的物质，并未涉及原子的变化。而核能则是原子核通过核反应，改变了原有的核结构，由一种原子核变成了另外一种新的原子核，即由一种元素变成另外一种元素或者同位素，由此所释放出的能量。

研究表明，一种元素当发生核反应变成另外一种元素时，将原子核内蕴藏着的巨大核能释放出来。爱因斯坦关于能量和质量的相互转换公式为：

$$E = mc^2 \qquad (6\text{-}1)$$

式中，E 为能量，J；m 为质量，kg；c 为真空中的光速，为 $3.0 \times 10^8 \, \text{m/s}$。由此公式可以看出，由于 c^2 的数值很大，所以质量很小的物质可以转换成巨大的能量。例如，1g 的物质能转换成 $2.5 \times 10^{11} \, \text{kW·h}$ 的电能或 90MJ 的热能。换言之，一个葡萄干大小的质量，当完全转换成能量时几乎能给美国整个纽约城供电 1 天。由此可见核能密度之巨大。迄今为止，人工获取核能的途径只有两种：核裂变和核聚变，它们所释放出的能量分别称为核裂变能和核聚变能。核裂变和核聚变是两个相反的核反应过程。核裂变能是指某些元素（如铀、钍）的原子核在裂变为较轻原子核的过程中所释放的能量；核聚变能则是某些轻元素（如氢及其同位素氘、氚，以及氦、锂）的原子核聚变为较重原子核的过程中释放出的能量。在核裂变反应和核聚变反应中，都有净的质量减少，减少的质量转化为核能。

6.3.1 核裂变能发电

目前用于发电的核能主要是核裂变能。核裂变能发电过程与火力发电过程相似，只是核裂变能发电所需的热能不是来自锅炉中化石类燃料的燃烧过程，而是来自置于核反应堆中的核物质在核反应中由重核分裂成两个或两个以上较轻的核所释放出的能量。实现大规模可控核裂变链式反应的装置称为核反应堆。根据核反应堆型式的不同，核裂变能电站可分为轻水堆型、重水堆型及石墨冷气堆型等。轻水堆型采用的是轻水，即普通的水作为慢化剂和冷却剂。重水堆型则采用重水作为中子慢化剂，重水或轻水作冷却剂。重水堆的特点是可采用天然铀作为燃料，不需浓缩，燃料循环简单，但建造成本比轻水堆要高。石墨气冷堆型采用石墨作为中子慢化剂，用气体作冷却剂。由于气冷堆的冷却温度可以较高，因而提高了热力循环的热效率。目前，气冷堆核电机组的热效率可以达到 40%，相比之下水冷堆核电机组的热效率只有 33%。此外，还有正在研究中的快堆，即快中子增殖堆。这种反应堆的最大特点是不用慢化剂，主要使用快中子引发核裂变反应，因此堆芯体积小、功率大。由于快中子引发核裂变时新生成的中子数较多，可用于核燃料的转化和增殖。特别是采用氦冷却的快堆，其增殖比更大，是第四代核技术发展的重点堆型，也是我国未来核能系统首选堆型之一。目前世界上的核电站大多数采用轻水堆型。轻水堆又有压水堆和沸水堆之分。据统计，目前已建的核电站中，轻水堆大约占 88%，其中轻水压水堆占 65% 以上，轻水沸水堆仅占 23% 左右。

在沸水堆型核能发电系统中，水直接被加热至沸腾而变成蒸汽，然后引入汽轮机做功，带动发电机发电。沸水堆型的系统结构比较简单，但由于水是在沸水堆内被加热，其堆芯体积较大，并有可能使放射性物质随蒸汽进入汽轮机，对设备造成放射性污染，使其运行、维护和检修变得复杂和困难。为了避免这个缺点，目前世界上60%以上的核电站采用压水堆型核能发电系统。与沸水堆系统不同，在压水堆系统中增设了一个蒸汽发生器，从核反应堆中引出的高温水进入蒸汽发生器内，将热量传给另一个独立系统的水，使之加热成高温蒸汽推动汽轮发电机组发电。由于在蒸汽发生器内两个水系统是完全隔离的，所以就不会造成对汽轮机等设备的放射性污染。我国的核电站即以压水堆为主。核电站的主要优点是可以大量节省煤、石油等日益枯竭的化石燃料。例如，1kg铀裂变所产生的热量相当于 2.7×10^3 t 标准煤燃烧产生的热量。1座容量为500MW的火电厂每年要烧 1.5×10^6 t 煤，而相同容量的核电站每年只要消耗600kg的铀燃料，从而避免了大量的燃料运输。虽然核电站的造价比火电厂高，但其长期的燃料费、维护费比火电厂低，且核电站的规模愈大，生产每度电的投资费用下降愈快。目前世界上核能发电量已达到总电力供应的16%，不少国家核电已占总供电量的30%，法国高达80%。最大的核电站容量已达5300MW，单机容量为1300MW。我国大亚湾核电站装机容量为2000MW，单机容量为1000MW。在目前我国的年发电量中，核能电量约占2%，与世界水平还相差甚远。预计到2020年，我国发电装机总容量将达到18GW，核电装机力争达到1GW，占总装机容量的5%。

6.3.2 核聚变能发电

研究表明，核聚变反应中每个核子放出的能量比核裂变反应中每个核子放出的能量大约要高4倍，因此核聚变能是比核裂变更为巨大的一种能量。太阳能就是氢发生核聚变反应所产生的。核聚变反应也称为热核反应。核聚变反应所用的燃料是氘和氚，既无毒性，又无放射性，不会产生环境污染和温室效应气体，是最具开发应用前景的清洁能源。

核聚变燃料氘在海水中大量存在，海水中大约每600个氢原子就有一个氘原子，因此地球上海水中氘的总量约为40万亿吨。海水中所含的氘为30 mg/L，这些氘完全聚变所释放的聚变能则相当于300L汽油燃烧的能量。从这个意义上说，如果实现了核聚变能的利用，则1L海水就相当于300L汽油。而核聚变反应所需的另一种原料氚可以由锂制造，地球上锂的存储量约为两千多亿吨，足以满足人类开发利用核聚变能的需要。此外，据资料介绍，月球上储有丰富的氦3，氘与氦3的核聚变反应所释放的能量比氘-氚核聚变反应释放的能量还要大，而且氘与氦3的核聚变反应基本上不产生中子，因此可以大大减轻设备材料的辐射损伤，降低感生放射性的水平。人们探测月球、开发月球的意义由此可见一斑。然而，实现"受控核聚变"一直是困扰核聚变能利用的难题，为国内外研究机构所关注。2006年11月，欧盟、印度、日本、韩国、美国、俄罗斯和中国七方正式达成协议，选择在法国的卡达拉奇建造世界上第一个受控核聚变实验反应堆，目前已完成全工程的 50%，预计 2035 年开始进行氘氚聚变实验，如果成功，全世界未来的电力困境将得到有效缓解。

6.4 海洋能技术

在地球上海洋占有 71%，而陆地则只有 29%，海洋蕴藏丰富的资源与能量，所以充分利用海洋的能量，是人类解决能源危机的一个很好的选择。

海洋能通常指蕴藏于海洋中的可再生能源，指海水本身含有的动能、势能和热能，主要包括潮汐能、波浪能、海流能、海水温差能、海水盐差能等。从成因上来看，海洋能是在太阳能加热海水、太阳月球对海水的引力、地球自转力等因素的影响下产生的，因而是一种取之不尽、用之不竭的可再生能源，而且开发海洋能不会产生废水、废气，也不会占用大片良田，更没有辐射污染，因此，海洋能被称为 21 世纪的绿色能源，被许多能源专家看好。

根据联合国教科文组织的估计数据，全世界理论上可再生的海洋能总量为 766 亿千瓦，技术允许利用功率为 73 亿千瓦。其中潮汐能为 10 亿千瓦，海洋波浪能为 10 亿千瓦，海流能为 3 亿千瓦，海洋热能为 20 亿千瓦，海洋盐度差能为 30 亿千瓦。

6.4.1 潮汐能

图 6-1 所示为地球与月球、太阳做相对运动的过程中产生的作用于地球上海水的引潮力。惯性离心力与月球或太阳引力的矢量和，使地球上的海水形成周期性的涨落潮现象。如图 6-2 所示，这种涨落潮运动包含两种运动形式：涨潮时，随着海水向岸边流动，岸边的海水水位不断上升，海水流动的动能转化为势能；落潮时，随着海水的离岸流动，岸边的海水水位不断下降，海水的势能又转化为动能。通常称水位的垂直上升和下降为潮汐；海水的向岸和离岸流动为潮流。海水的涨、落潮运动所携带的能量也由两部分组成，海水的垂直升降携带的能量为势能，即潮汐能；海水的流动携带的能量为动能，即潮流能。

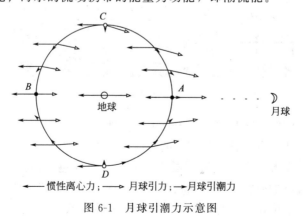

图 6-1 月球引潮力示意图

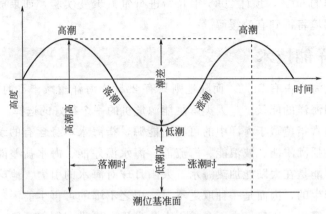

图 6-2　潮汐水位涨落示意图

　　潮汐能的主要利用方式为发电。如图 6-3 所示，潮汐发电就是在海湾或有潮汐的河口建一拦水堤坝，将海湾或河口与海洋隔开构成水库，再在坝内或坝房安装水轮发电机组，然后利用潮汐涨落时海水位的升降，使海水通过轮机转动水轮发电机组发电。涨潮时，海水从大海流入坝内水库，带动水轮机旋转发电；落潮时，海水流向大海，同样推动水轮机旋转而发电。潮汐电站按照运行方式和对设备要求的不同，可以分为单库单向式、单库双向式、多库联程式三种。

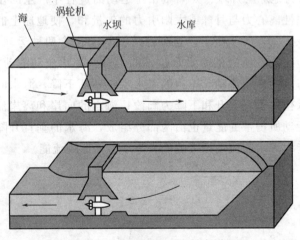

图 6-3　潮汐发电原理示意图

　　在全球范围内潮汐能是海洋能中技术最成熟和利用规模最大的一种，潮汐发电在国外发展很快。欧洲各国拥有浩瀚的海洋和漫长的海岸线，因而有大量、稳定、廉价的潮汐资源，在开发利用潮汐方面一直走在世界前列。法国、加拿大、英国等在潮汐发电的研究与开发领域保持领先优势，目前世界上最大的潮汐电站是法国的朗斯潮汐电站。电力供应不足是制约我国国民经济发展的重要因素，尤其是在东部沿海地区。而潮汐能具有可再生性、清洁性、可预报性等优点，在我国优化电力结构，促进能源结构升级的大背景下，发展潮汐发电顺应社会趋势，有利于缓解东部沿海地区的能源短缺。潮汐电站建设可创造良好的经济效益、社会效益和环境效益，投资潜力巨大。

6.4.2 海水动能

海水动能主要包括波浪能和海流能等。

（1）波浪能

波浪能是指海洋表面波浪所具有的动能和势能。波浪的能量与波高的平方、波浪的运动周期以及迎波面的宽度成正比。波浪能是海洋能中最不稳定的一种能源，但其品位最高、分布最广且能量密度大。波浪能是由风把能量传递给海洋而产生的，它实质上是吸收了风能而形成的。能量传递速率和风速有关，也和风与水相互作用的距离有关。水团相对于海平面发生位移时使波浪具有势能，而水质点的运动则使波浪具有动能。储存的能量通过摩擦和湍动而消散，其消散速度的大小取决于波浪特征和水深。

如图 6-4 所示，波浪能发电即通过波浪的运动带动发电机发电，将水的动能和势能转变成电能。通常波浪能要经过 3 级转换：第一级为受波体，它将大海波浪能吸收进来；第二级为中间转换装置，它优化第一级转换，产生出足够稳定的能量；第三级为发电装置，与其他发电装置类似。按能量中间转换环节主要分为机械式、气动式和液压式三大类。

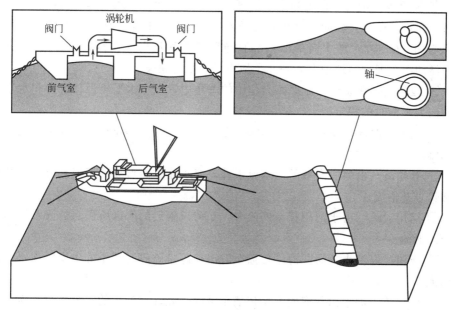

图 6-4　波浪发电原理示意图

气动式波浪发电的原理：利用海面波浪的垂直运动、水平运动和海浪中水的压力变化产生的能量发电。波浪能发电一般是利用波浪的推动力，使波浪能转化为推动空气流动的压力（原理与风箱相同，只是用波浪作动力，水面代替活塞），气流推动空气涡轮机叶片旋转而带动发电机发电。

目前，大部分波浪能装置从波浪能到电能的总转换效率只有 10%～30%，且投资巨大，再加上海洋环境的特殊性，利用波浪能发电的研究和实践还存在能量分散不易集中、装置运行的稳定性和可靠性差、发电功率小且质量差、社会效益好但经济效益差等问题。因此，将分散的、低密度的、不稳定的波浪能吸收起来，集中、经济、高效地转化为有用的电能，承受海洋灾害性气候的破坏，实现安全运行，是当今波浪能开发的方向。

（2）海流能

海流能是指海水流动的动能，主要是指海底水道和海峡中较为稳定的流动以及由于潮汐导致的有规律的海水流动所产生的能量，是另一种以动能形态出现的海洋能。海流能的能量与流速的平方和流量成正比。相对波浪而言，海流能的变化要平稳且有规律得多。

海流形成的原因有以下几种，其中最主要的原因是风海流和密度流。

① 风海流　盛行风吹拂海面，推动海水随风飘动，并且使上层海水带动下层海水流动，这样形成的海流被称为风海流或者漂流。但是这种海流会随着海水深度的增大而加速减弱，直至小到可以忽略。

② 密度流　因为不同海域海水温度和盐度的不同而导致的海水的流动，这样的海流叫作密度流。譬如在直布罗陀海峡处，地中海的盐度比大西洋高，于是在水深 500m 的地方，地中海的海水经直布罗陀海峡流向大西洋，而在大洋表层，大西洋的海水则冲向地中海，补充了地中海海水的缺失。

③ 地转流　在忽略湍流摩擦力作用的海洋中，海水水平压强梯度力和水平地转偏向力平衡时的稳定海流。

④ 潮流　海洋潮汐在涨落的同时，还有周期性的水平流动，这种水平流动称为潮流。

⑤ 补偿流　由另一海域的海水流来补充海水流失而形成的海流。有水平补偿流和铅直补偿流。

⑥ 河川泄流　由于河川径流的入海，在河口附近的海区所引起的海水流动称为河川泄流。

⑦ 裂流　海浪由外海向海岸传播至波浪破碎带破碎时产生的由岸向深水方向的海流。

⑧ 顺岸流　海浪由外海向海岸传播至破碎带破碎后产生的一支平行于海岸运动的海流。

利用海洋中沿一定方向流动的潮流的动能发电，如图 6-5 所示，潮流发电装置的基本形式与风力发电装置类似，故又称为"水下风车"。机组通过叶轮捕获海流能，当海水流经桨叶时，产生垂直于水流方向的升力，使叶轮旋转，通过机械传动机构，带动发电机转动，发出电能。海水流动的起因很多，主要有风海流、密度流、补偿流和潮流等，实际上由单一原因产生的海流极少，往往是几个因子共同作用的结果，但有主次，近海以潮流为主，外海多为风海流和密度流。然而无论什么起因，对于水下风车机组，一般认为只要海流最大流速超过 2m/s，便可进行开发利用。

图 6-5　水下风车发电机

6.4.3　海水温差能

海水温差能是指海洋表层海水和深层海水之间水温差的热能，是海洋能的一种重要形式。低纬度的海面水温较高，与深层冷水存在温度差，进而储存着温差热能，其能量与温差的大小和水量成正比。温差能的主要利用方式为发电，首次提出利用海水温差发电设想的是法国物理学家阿松瓦尔，1926 年，阿松瓦尔的学生克劳德试验成功海水温差发电。1930 年，克劳德在古巴海滨建造了世界上第一座海水温差发电站，获得了 10kW 的功率。温差能利用的最大困难是温差太小，能量密度低，其效率仅有 3% 左右，而且换热面积大，建设费用高，目前各国仍在积极探索中。

温差发电的原理：温差发电的基本原理就是借助一种工作介质，使表层海水中的热能向深层冷水中转移，从而做功发电。海洋温差能发电主要采用开式和闭式两种循环系统。

（1）开式循环发电系统

开式循环系统如图 6-6 所示，主要包括真空泵、温水泵、冷水泵、闪蒸器、冷凝器、透平发电机等组成部分。真空泵先将系统内抽到一定程度的真空，接着启动温水泵把表层的温水抽入闪蒸器，由于系统内已保持有一定的真空度，所以温海水就在闪蒸器内沸腾蒸发，变为蒸汽。蒸汽经管道由喷嘴喷出推动透平运转，带动发电机发电。从透平排出的低压蒸汽进入冷凝器，被由冷水泵从深层海水中抽上来的冷海水所冷却，重新凝结为水，并排入海中。在此系统中，作为工作介质的海水，由泵吸入闪蒸器蒸发，推动透平做功，然后经冷凝器冷凝后直接排入海中，故称此工作方式的系统为开式循环系统。

（2）闭式循环发电系统

闭式循环发电系统如图 6-7 所示。来自表层的温海水先在热交换器内将热量传递给低沸点工作质——丙烷、氨等，使之蒸发，产生的蒸气再推动汽轮机做功。深层冷海水仍作为冷凝器的冷却介质。这种系统因不需要真空泵，是目前海水温差发电中常采用的循环。

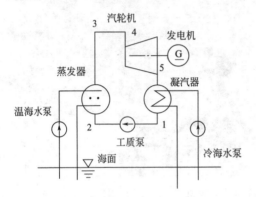 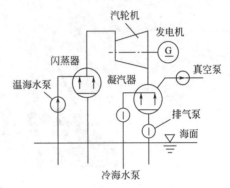

图 6-6　开式循环发电系统原理图　　　　图 6-7　闭式循环发电系统原理图

海洋温差虽小，但是海洋水体巨大，因而蕴含的能量十分可观。海洋是世界上最大的太阳能采集器，每年吸收的太阳能相当于 37 万亿千瓦时，约为人类目前用电量的 4000 倍。每平方千米大洋表面水层含有的能量相当于 3800 桶石油燃烧发出的热量。而且其能量来源于太阳能，取之不尽，用之不竭。海水温差能储

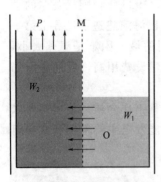

图 6-8　盐差能渗透压法
发电原理图

量巨大，这是实现替代常规化石能源的有利因素。目前，潮汐能、波浪能、海流能和海洋温差能发电是海洋能开发利用的主要形式，其中温差能储量最大，所以海洋温差能被国际社会普遍认为是最具开发利用价值和潜力的海洋清洁能源。

6.4.4 　海水盐差能

如图 6-8 所示，盐差能是指海水和淡水之间或两种含盐浓度不同的海水之间的化学电位差能，是以化学能形态出现的海洋能。主要存在于河海交界处。同时，淡水丰富地区的盐湖和地下盐矿也可以利用盐差

能。盐差能是海洋能中能量密度最大的一种可再生能源。目前海水盐差能发电技术主要有渗透压法、蒸汽压法和反电渗析电池法三种。其中，渗透压法最受重视。

其发电的原理：当两种不同盐度的海水被一层只能通过水分而不能通过盐分

的半透膜相分离时，两边的海水就会产生一种渗透压，促使水从浓度低的一侧通过这层膜向浓度高的一侧渗透，使浓度高的一侧水位升高，直到膜两侧的含盐浓度相等。通常，海水和河水之间的化学电位差相当于240m高水位的落差所产生的能量，利用这一水位差就可以直接由水轮发电机发电。盐差能发电的基本方式是，将不同盐浓度的海水之间或海水与淡水之间的化学电位差能转换成水的势能，再利用水轮机发电。

6.5 地热能技术

地热能是由地壳抽取的天然热能，这种能量来自地球内部的熔岩，并以热力形式存在，是引致火山爆发及地震的能量，地热能是可再生资源，利用地下热能为人类服务就是地热能利用。

地热能利用可分为发电利用和直接利用，一般用高于150℃的地热流体发电，中低温地热资源直接利用。根据地热流体的具体温度，利用又有所不同，一般来说：

20～50℃：沐浴，水产养殖、饲养牲畜、土壤加温、脱水加工；

50～100℃：供暖、温室、家庭用热水、工业干燥；

100～150℃：双循环发电，供暖、制冷、工业干燥、脱水加工、回收盐类、罐头食品；

150～200℃：双循环发电、制冷、工业干燥、工业热加工；

200～400℃：直接发电及综合利用。

6.5.1 发电利用

地热发电是地热利用的最重要方式。高温地热流体应首先应用于发电。地热发电和火力发电的原理是一样的，都是利用蒸汽的热能在汽轮机中转变为机械能，然后带动发电机发电。所不同的是，地热发电不像火力发电那样要装备庞大的锅炉，也不需要消耗燃料，它所用的能源就是地热能。地热发电的过程，就是把地下热能首先转变为机械能，然后再把机械能转变为电能的过程。要利用地下热能，首先需要有"载热体"把地下的热能带到地面上来，目前能够被地热电站利用的载热体，主要是地下的天然蒸汽和热水。按照载热体类型、温度、压力和其他特性的不同，可把地热发电的方式划分为蒸汽型地热发电和热水型地热发电两大类。

（1）蒸汽型地热发电

蒸汽型地热发电是把蒸汽田中的干蒸汽直接引入汽轮发电机组发电，但在引入发电机组前应把蒸汽中所含的岩屑和水滴分离出去。这种发电方式最为简单，但干蒸汽地热资源十分有限，且多存于较深的地层，开采技术难度大，故发展受到限制。主要有背压式和凝汽式两种发电系统。

背压式汽轮机地热蒸汽发电系统原理如图6-9所示，把干蒸汽从蒸汽井中引出，先加以净化，经过分离器分离出所含的固体杂质，然后使蒸汽推动汽轮发电机组发电，排汽放空（或送热用户）。这是最简单的发电方式，大多用于地热蒸汽中不凝结气体含量很高的场合，或者综合利用于工农业生产和生活用水。

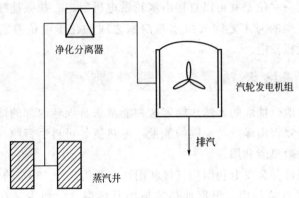

图 6-9　背压式汽轮机地热蒸汽发电系统原理图

凝汽式汽轮机地热蒸汽发电系统原理如图 6-10 所示，蒸汽在汽轮机内部推动叶片膨胀做功，带动汽轮机转子高速旋转并带动发电机向外供电。做功后的蒸汽通常排入混合式凝汽器，冷却后再排出，在该系统中，蒸汽在汽轮机中能膨胀到很低的压力，所以能做出更多的功。这种系统适用于高温 160℃ 的地热田的发电，系统简单。

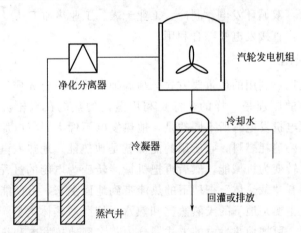

图 6-10　凝汽式汽轮机地热蒸汽发电系统原理图

（2）热水型地热发电

热水型地热发电是地热发电的主要方式。目前热水型地热电站有两种循环系统：①闪蒸系统。当高压热水从热水井中抽至地面，于压力降低部分热水会沸腾并"闪蒸"成蒸汽，蒸汽送至汽轮机做功；而分离后的热水可继续利用后排出，当然最好是再回注入地层。②双循环系统。地热水首先流经热交换器，将地热能传给另一种低沸点的工作流体，使之沸腾而产生蒸汽。蒸汽进入汽轮机做功使之沸腾而产生蒸汽后进入凝汽器,再通过热交换器而完成发电循环。地热水则从热交换器回注入地层。这种系统特别适合于含盐量大、腐蚀性强和不凝结气体含量高的地热资源。发展双循环系统的关键技术是开发高效的热交换器。

闪蒸法地热发电原理如图 6-11 所示,将地热井口来的地热水先送到闪蒸器中进行降压闪蒸(或称扩容)使其产生部分蒸汽,再引入到常规汽轮机做功发电。汽轮机排出的蒸汽在混合式蒸汽器内冷凝成水,送往冷却塔,分离器中剩下的含盐水排入环境或打入地下,或引入第二级低压闪蒸分离器中,分离出的低压蒸汽再引入汽轮机做功。用这种方法产生蒸汽来发电就叫作闪蒸法地热发电。

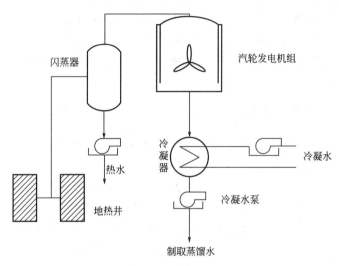

图 6-11 闪蒸法地热发电原理图

双循环系统地热发电原理如图 6-12 所示,通过热交换器利用地下热水来加热某种沸点的工质,使之变为蒸汽,然后以此蒸汽去推动汽轮机,并带动发电机发

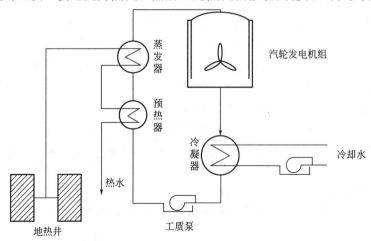

图 6-12 双循环系统地热发电原理图

电。因此，在此种发电系统中，采用两种流体：一种是采用地热流体作为热源，它在蒸汽发生器中被冷却后排入环境或打入地下；另一种是采用低沸点工质流体（如氟利昂、异戊烷、异丁烷、正丁烷等）作为一种工作介质，这种工质在蒸汽发生器内由于吸收了地热水放出的热量而汽化，产生的低沸点工质蒸汽送入汽轮机发电机组。做完功后的蒸汽，由汽轮机排出并在冷凝器冷凝成液体，然后经循环泵打回蒸汽发生器再循环工作。

6.5.2　直接利用

用地热能可以直接向生产工艺流程供热，如蒸煮纸浆、蒸发海水制盐、海水淡化、各类原材料和产品烘干食品和食糖精制、石油精炼、生产重水、制冷和空调等。其次，可以向生活设施供热，如地热采暖以及地热温室栽培等。再则是农业用热，如土壤加温以及利用某些热水的肥效等。最后是可以提取某些地热流体或热卤水中的矿物原料。

6.6　页岩油气技术

目前页岩油已经成为北美地区石油工业快速发展的主要资源之一，页岩油产量呈快速增长趋势，已占到原油总产量的 50% 左右，因此页岩油的勘探开发引起了国内外的广泛关注。中国地区在三叠系、侏罗系、白垩系、第三系中广泛孕育陆相富含有机质页岩，具有较好的页岩油形成条件，资源潜力较大，并在泌阳凹陷、济阳坳陷、三塘湖盆地等地区陆相页岩油勘探中取得了重要进展，因此页岩油的勘探开发引起了中国油气公司的高度重视。中国陆相页岩油受形成地质背景的影响，在形成机理、形成条件、成藏特征、勘探开发关键技术等方面与北美地区页岩油存在较大差异。

页岩油是从富含有机质页岩地层系统（大套暗色页岩、高碳页岩、粉砂质页岩及砂岩薄夹层）中开采出的原油，它以孔隙、裂缝等为主要储集空间，无运移或运移距离极短的特低孔、特低渗、连续型油藏。页岩油具有源储一体、储层致密、脆性矿物含量高、异常高压、热演化程度较高、油质轻、产量递减先快后慢、生产周期长等特征。国内页岩油主要受沉积环境的影响，与北美地区开采的页岩油存在一定差异，表现出陆相沉积的特征。北美开采的页岩油储层主要形成于海相盆地的陆棚及半深海-深海环境，大面积连续分布，有机碳含量高，脆性矿物含量较高，热演化程度较高，原油密度 $0.76\sim0.82\mathrm{g/cm^3}$，埋深一般小于 3000m，地层压力系数一般大于 1.1。国内陆相页岩油主要形成于陆相断陷湖盆前三角洲及半深湖-深湖相，有机碳含量普遍小于北美海相地层，脆性矿物含量较高，热演化程度较低，原油密度大都在 $0.86\mathrm{g/cm^3}$ 以上，埋深 $200\sim300\mathrm{m}$，地层压力通常为正常压力，储层储集空间主要发育有页岩裂缝、基质孔隙及有机孔隙等类型。

我国大多数含油气盆地均广泛孕育有陆相的富含有机质页岩，主要分布于准噶尔、鄂尔多斯、松辽、渤海湾、三塘湖、吐哈、南襄、江汉、苏北等多个盆地陆相地层中，为页岩油形成提供了物质基础。初步估计我国陆相页岩油资源量约 $1500×10^8t$，可采资源量约 $45×10^8t$。借鉴北美页岩油气勘探开发成功的经验，自 2009 年以来，中国石化、中国石油等大公司启动了页岩油气资源评价及选区研究工作，取得了重要进展。中国石化胜利油田、河南油田、中原油田、江汉油田、江苏油田等多个单位，相继部署实施了一批页岩油水平井，中国石油辽河油田、吐哈油田等单位也相继部署实施了一批页岩油探井，均取得了较好的效果。其中中国石化 2011 年在河南油田泌阳凹陷部署的第一口陆相页岩油水平井——泌页 HF1 井，水平段长 1044m，经过 15 级分段压裂，获最高日产油 $23.6m^3$、日产气 $1000m^3$ 的工业油气流，使得泌阳凹陷率先取得中国陆相页岩油勘探的重要突破；2012 年部署在泌阳凹陷的第二口陆相页岩油水平井——泌页 HF2 井，水平段长度 1408m，经 21 级分段压裂，获最高日产油 $28.6m^3$ 工业油流，进一步拓展了陆相页岩油的勘探成果。通过近几年的页岩油勘探实践，证实了中国陆相页岩油具有良好的勘探开发前景。

页岩气是指主体位于暗色泥页岩或高碳泥页岩中、以吸附或游离状态聚集的天然气，是一种重要的非常规天然气资源。作为一种新的能源品种，它既是常规天然气的潜在替代能源，也是清洁环保能源。与常规天然气相比，页岩气开发具有开采寿命长和生产时间长的优点，大部分可产气的页岩分布范围广、厚度大，且普遍含有页岩气，这使得页岩气井能够长期以稳定的速率产气。页岩气开发在美国和加拿大已经起步，并且已成为重要的替代能源，正广泛应用于燃气化工、汽车燃料等行业。

美国是最早进行页岩气研究和开采的国家。1821 年，北美最早的页岩气井钻于美国东部纽约州泥盆系页岩中；1926 年，在阿帕拉契亚盆地成功实现了页岩气的商业开发。据统计，20 世纪 70 年代中期，美国页岩气步入规模化发展阶段。70 年代末期，页岩气年产量约 $19.6×10^8m^3$。2000 年，美国页岩气生产井约 28000 口，页岩气年产量约 $122×10^8m^3$。2007 年，页岩气生产井增加到近 42000 口，页岩气年产量为 $450×10^8m^3$，约占美国天然气年总产量的 8%。2009 年美国页岩气产量接近 1000 亿立方米，超过我国常规天然气的年产量（2009 年我国天然气产量 830 亿立方米），基本弥补了美国天然气的市场缺口，也摆脱了美国对外天然气市场的依赖，从而直接影响了世界天然气市场的价格，具有重要的政治和经济双重意义。2010 年美国页岩气产量超过 1379 亿立方米，占全美国天然气年总产量的 23%，超过俄罗斯成为全球第一大天然气生产国。2011 年，美国页岩气产量约 1800 亿立方米，而我国天然气产量为 1025 亿立方米。加拿大页岩气资源分布广、层位多，开发条件相对较好。目前，已有多家油气生产商在加拿大西部地区进行页岩气开发试验，2007 年该区页岩气产量约为 $8.5×10^8m^3$，其中 3 口水平井日产量较高，达到 $9.9×10^4~14.2×10^4m^3$。2011 年，加拿大页岩气产量约为 40 亿立方米。

除美国和加拿大以外，澳大利亚、德国、法国、瑞典、波兰等国家也开始了页岩气的研究和勘探开发，页岩气勘探开发正由北美向全球扩展，2009 年 12 月，石油巨头埃克森美孚石油公司以 310 亿美元巨资收购非传统天然气公司 XTO 能源公司，这是迄今为止最大金额的页岩气合同；2010 年 1 月，法国道达尔石油公司以 8 亿美元的价格获得切萨皮克石油公司位于得克萨斯州的 Barnett 页岩气项目的 25% 股权。页岩气已成为全球油气资源勘探开发的新亮点，必将改变世界油气资源勘探开发的格局。

近年来，在全球性能源危机和应对气候变化的双重压力下，相对清洁的页岩气资源正在受到全世界的广泛重视。我国页岩气储量丰富，海相沉积面积广，烃源岩发育良好、演化程度高。在四川盆地、鄂尔多斯盆地、渤海湾盆地、松辽盆地、吐哈盆地、江汉盆地、塔里木盆地、准噶尔盆地等均有页岩气蕴藏的地质条件，局部有机碳含量在 30% 以上，发现了典型页岩层中局部的天然气富集。富集层位主体存在于中、古生界地层中，以及东部地区的新生界。

作为一种新兴的非常规能源，页岩气资源的开发需要大量技术、资金和技术人员作支撑，而我国页岩气资源的勘探刚起步，技术不成熟，经验匮乏，页岩气资源的规模开发还有很长的路要走。我国页岩气藏储层与美国相比有所差异，如美国页岩气层埋深为 800～2600m，而四川盆地页岩气层埋深为 2000～3500m，页岩气层埋深的增加无疑增加了开发难度。2007 年 10 月，我国石油天然气集团公司与美国新田石油公司签署了《威远地区页岩气联合研究协议》，研究内容为四川省威远地区页岩气资源勘探开发前景综合评价，这是我国页岩气开发对外合作签署的首个协议。页岩气的合作开发对我国非常规油气资源的开发有着深远的影响。2008 年 11 月 26 日，由中国石油勘探开发研究院实施的我国首口页岩气取心浅井在四川省宜宾市顺利完钻。该井设计井深为 200m，全井段取心，共取心 154m，采集有机碳含量（TOC）等地化样品和岩矿样品 200 多个，页岩吸附气样品 14 个，GR 值（放射性元素）测定 780 个，对页岩吸附气含量等多项数据进行了全面分析。2009 年 11 月 10 日，中国石油与壳牌公司在北京签订《四川盆地富顺-永川区块页岩气联合评价协议》，吹响了我国页岩气勘探开发的号角，标志着我国首个页岩气合作开发项目正式进入实施阶段。目前，我国天然气需求旺盛，若在四川盆地能完成页岩气的开采工作，可缓解供需紧张的矛盾。中国石油西南油气田公司作为项目的执行者，将按照协议，与壳牌公司一起，把我国首个页岩气合作开发项目建成示范型项目。中国三家最大的能源公司，其中最主要的中国石油天然气集团公司，拥有大部分页岩资产，主导着中国的页岩开发格局。

6.7　思考题

（1）我国的风能分布有什么特点，主要可利用风能集中在哪些区域？

（2）风力发电有哪些优越性和限制性，与其他发电方式可以如何更高效地配合？

（3）我国最常见的生物质能转化技术是什么，该技术有什么特点和待改进的地方？

（4）通过直接燃烧法利用生物质能会造成过量碳排放吗？为什么？

（5）如何有效提高发酵法生产乙醇的时间效率？燃料乙醇有哪些主要应用实例？

（6）如何在扩大厌氧性消化法生产燃料气体的生产规模的同时管控安全性？

（7）不同热化学转化方法适合的原料和产物有什么特点？

（8）气化合成甲醇的成本分布如何，有哪些降低各个成本的方法？

（9）热解法利用生物质能的副产物随温度分布的特性是怎样的？

（10）生物质液化的常见催化剂及其对应的反应物、生成物有哪些？

（11）超临界流体萃取法对基本设备和生产条件有什么要求？

（12）固体成型技术与其他生物质能转化技术相配合可以发挥哪些优势？

（13）生物柴油与普通柴油相比有哪些热化学上的区别？

（14）核裂变发电所用的燃料棒和减速棒分别是什么成分？

（15）核聚变发电所用的燃料主要是什么，如何获取？

（16）全球海洋能发电占比前三的国家是哪些，其海流能等海事参数有何共同点？

（17）潮汐发电机在我国东部沿海哪些城市有大面积装机，规模如何？

（18）波浪能发电是否适合应用于南海岛礁的建设，有哪些优点和缺点？

（19）哪些工业和农业产业适合直接利用地热能？

7

能源经济

7.1 导论

　　能源经济学作为经济学一个新的分支，起始于 20 世纪 70 年代的石油冲击。在此之前，人们对生产要素投入的认识一直笼统地局限于劳动力、资本和土地，能源通常被看作是原材料的一部分，没有引起经济学家必要的注意，更谈不上对能源经济的研究。1973 年开始的石油冲击，使商品能源的消费增长率由 1970 年的 4.8% 降为 1973 年的 3.4%。能源消费增长率的下降引起了经济增长率的大幅度下降，这一现象使经济学家们把目光转移到能源上来，开始了能源经济的研究。大量事实表明，我国的能源增长不能满足我国国民经济发展的需求，能源严重短缺与高能耗的粗放增长方式成为国民经济发展的"瓶颈"。因此，从 80 年代起国内经济学者开始了能源经济的研究，并逐步建立起能源经济学这门新兴的经济学科。能源经济学包括以下多方面的内容：

　　能源和经济增长、社会发展的关系。在国外存在着两种不同的意见，一种认为经济增长与能源供应有着固定的联系，另一种意见则相反。一般来说，对发展中国家而言，能源供应和经济增长是正相关的，而对于技术较发达的国家而言，可以通过技术进步的方法来减少能源的需求。

　　能源资源的合理利用。能源作为重要的资源，必须研究如何使它的消费代价最小，同时求得国民收入最大。这是因为资源的消费和开发本身不是目的，而是提高国民收入和人民生活水平的手段。因此，应该注意使资源开发速度和国民收入增长速度相适应。

　　能源的供求平衡。能源的供求平衡不光是指国内能源平衡，而且要注意利用能源的进出口达到能源平衡。能源的供应量和需求量都是价格的函数，价格是调整供求达到平衡的有效手段，无论国内市场还是国际市场均是如此。

　　能源价格和税收。能源价格应该成为最有活力的经济杠杆，而税收则是一种行政性的调节手段，两者是有区别的，不可相互替代。价格除了起价值尺度的作用之外，还应起信息载体、分配手段和调节能力的作用。

能源投资和筹资。能源、工业是我国的短缺工业，扩大再生产需要大量的投资，而能源工业的投资周期长、资金产出率低，需要政府采取倾斜的产业政策加以扶植。

节能。能源资源不同于其他自然资源。首先是需求的普遍性，几乎任何生产和服务都需要能源。其次是难以替代，不同种类能源间可实行某种替代，但很难用资金在短期内替代能源。最后是不可重复使用，这是热力学第二定律已经证明了的。这三个特点都加强了节能的重要性。从经济学角度看节能，能源价格的合理化是节能的首要条件和动力。我国工业是用能第一大户，节能潜力很大，应努力降低单位产值能耗。

能源的内部替代和外部替代。商品能源的最佳内部结构、非商品能源的合理比重、电能与一次能源的合理比例、新能源与可再生能源的地位和发展前景等都属于能源的内部替代问题。能源与资金、能源与劳动力之间属于外部替代性关系。需要研究这种替代的客观规律和在什么范围、什么程度是合理的。

能源的国际贸易。对外贸易一般应遵守比较优势原则，即出口具有优势的物品。要在对外贸易中获取经济效益，原则上应出口有高附加值的加工品，进口初级产品。这和国内产业结构的调整、农业劳动力向工业和服务行业转移有着密切的联系。目前我国交通运输业是国民经济制约因素，公路和航空运输正待高速发展，石油产品用于国内，经济效益高于出口。

从上面介绍可见，能源经济学包含着极其丰富的内容。而且随着社会经济的发展，能源经济学的研究范围与对象也在不断扩大。

7.2 能源需求

在绝大多数情形下，能源可以被定义为任何使物体可能工作的事物，如产生克服阻力的运动等。能源有许多种形式，它最有趣的特征之一是运动的所有物理过程都包括了从一种形式到另一种形式的能源的转化。例如，煤炭中的化学能能够转化为活跃的热能。热能和水相结合，就能够产生锅炉里的水蒸气。水蒸气再被用来推动涡轮，涡轮推动发电机的轴旋转，从而产生电力。类似的，食物中的化学能能被转化为机械能，也就是说，有做物理功的能力，或者化学能将转化为这个人比较擅长做的"功"。

首先看功率与能源这两个概念的意义。功率是能量转化的时间比率。国际单位制（SI）中功率的单位是瓦特，然而瓦特比通常我们使用的千瓦小得多。现在我们把它作适当的变形。一磅煤炭（0.4536kg）平均包含 12500 英制热力单位（Btu）的热量。按照定义，一个英制热力单位是指一磅水升高 1°F 所需的能量。因为 1t 等于 2205lb（1lb＝0.4536kg），它平均包括 12500×2205＝27562500 英制热力单位，四舍五入后约等于 27.6MBtu。现实中，矿物燃料转化为电能的效率远低于 100％。在大多数情况下，32％的效率比例较具普遍意义，所以平均而言，需要 10662(＝3412/0.32)Btu 的热能来获取 1kW·h 的电能。此外还有另外一种处理方法：1kW·h(电能)＝3.12kW·h（矿物燃料）。举例来说，联合国和经济合作与发展组织（OECD）采用如下的比率进行计算：1kW·h（电能)＝2.6kW·h（石油）。

以汽车的能源利用为例进一步深入讨论。汽车油箱里的燃料在一个小时的驾驶时间内可以产生 1000×10^4 Btu（＝10MBtu）的热量。这些能量的一部分，比如大约 3.5MBtu，可以以推动轴承旋转带动汽车车轮的形式转化为做功。剩下的能量以热的形式散发到空气中（或者，可能散发到冷却液中）。在这个例子中，燃料的效率只有 35％，这就是燃料中事实上转换为有用功的百分比。随着无用功所产生的温度的下降，我们也永远失去它做功的可能性。发热温度降低的过程，也是能量无法利用的部分增加的过程。这就是物理学中"熵"的含义：能量永久性降低了。

当世界总的石油消费量是每年 18.25 亿桶，即约合每天 5000 万桶的时候，每年 1.75％的增长率并没有对价格带来过度的压力，调整供给扩张能够满足这个增长的需要。但现在，每年消费为 27 亿桶的时候，每年 1.75％的消费增长速度要求一年供应量增加 0.472 亿桶才能够和需求增长速度保持一致。考虑到地质、经济，以及政治上的真实情况等诸多因素，要满足日益增长的需求有更多的困难。

人们对高储备积累下的低消费增长率有一些严重的误解。考虑其近似方程：

$$T_e=1/g\times\ln(g\times X/X_0+1) \tag{7-1}$$

T_e 表示一定数量某种资源 X 枯竭的时间，其消费速度为 g，X_0 表示初始消费量。ln 表示自然对数，在这个例子中对括号里的值取自然对数。现在让我们假设年消费速度为 $g=2.5\%$，$X_0=100$，$X=23500$。我们得到：

$$T_e=1/0.025\times\ln(0.025\times23500/100+1)=77.1（年） \tag{7-2}$$

可见，如果将这个问题"动态化"，使用最保守的资源消费速度，每年 2.5％，那么生命长度仅为 77.1 年。如假设我们可以获得的资源量加倍，从 23500 增加到 47000 个单位。那么计算结果将变为 101.82 年。值得注意的是，我们将资源数量增加了 100％，但动态的生命长度（T_e）只增加了 32％。

上面进行的演算不但适用于石油或者天然气，同样也适用于煤炭。即使石油勘探开发能够找到一些巨大甚至是超级巨大的油田，但这些发现几年内并不能改变石油生产低迷的状况。很明显，在 21 世纪，如果我们还想使电灯保持明亮，还希望能像在 20 世纪那样照常在公路上驾驶着汽车，那么，我们需要巨大的技术进步，同时这也需要政治家们的努力。

7.3 能源供给

　　能源是社会生产力的核心和动力源泉，是人类社会可持续发展的物质基础。能源促进人类社会发展，首先表现为促进经济发展。不论是处于哪一个发展阶段，经济增长都是经济发展的首要物质基础和中心内容。因此，经济增长通常是以能源供给或者说能源自身的发展为前提条件的。

　　能源与社会经济发展一直是紧密联系在一起的。18世纪瓦特发明了蒸汽机，以蒸汽代替人力、畜力，开始了资本主义的产业革命，这就逐步扩大了煤炭的利用，从而推动了工业的大发展，社会劳动生产率有了极大的提高。19世纪中叶，石油资源的发现开拓了能源利用的新时代。这是继柴草向煤炭转换后能源结构演变的一个重要转折点，是一场具有划时代意义的能源革命，对促进世界经济的繁荣和发展起了非常重要的作用。近几十年来，世界上由于人力资本的作用，有可能在保证能源可持续利用的条件下，实现经济的长期可持续增长。但根据我国目前的能源发展现状，要把这种"可能性"变为现实，尚有很长的路要走。

　　对能源与经济增长之间的关系有所了解之后，下面我们将介绍能源供给引起经济波动的传导机制。为方便理解，我们以石油价格为例，解释价格上涨的传导过程及其对各部门的影响。

　　石油价格的上涨增加了全球通货膨胀的压力：消费者努力争取增加工资以抵消实际工资的下降，生产者努力通过提价来保证其利润空间，这些行为都会扩大通货膨胀的影响。然而，高油价对抑制消费、减少投资也有重要作用，这些都在长期减轻了通货膨胀的压力。与此同时，由于石油生产国不会立即将其新获得的收入消费掉，当收入从石油消费者转移到石油生产者手中，收入的获得与消费的支出之间存在着时间上的差异，因此这导致了全球贸易的净减少。石油价格上升后，实际和期望的经济活动、公司收入、通货膨胀和货币政策都会做出反应，这些影响通过股票和债券价值的变化进行传播。

　　石油价格上涨的传导过程可以划分为两轮影响：第一轮影响。能源成本上升引发了通货膨胀，石油价格冲击的影响就通过经济价格结构（工资和价格）更为广泛地进行传播。第二轮影响。高油价同样会抑制经济活动，在长期内它会对通货膨胀产生一个向下的压力。上涨的汽油减少了家庭的实际收入，消费者就会减少开支。伴随着国内需求的走低，能源价格上涨增加了公司成本，减少了公司利润，公司通过裁员来改善境况。由于需求减少，经济不确定性增加，公司不得不缩减投资计划，商业投资不断下降。

　　第二轮效应也通过贸易在全球范围传播。石油价格上涨，阻碍了能源进口国的经济增长，也就降低了它们对进口品的需求。相反，石油出口国的贸易条件得到了改善，但它们不会立即将新增加的收入用于支出。例如，石油生产国在20世纪70年代初和80年代的石油价格"井喷"中获得了丰厚的利润，它们一直将这笔财富储蓄到 1982 年，之后才逐步增加进口，调整国际收支平衡。与石油生产国缓慢实现收支平衡的情形相反，石油消费国受价格上涨的负面影响是立竿见影的，这就导致了全球贸易和经济活动的剧烈减少。

所有的部门都受燃料和能源价格上涨的影响，但受影响的程度取决于它们与第二轮石油价格上涨效应的关联度，关键在于它们是否是能源密集型的产业。深受石油价格冲击影响的部门有：

能源密集型生产部门。公共事业部门、运输服务业和农业的能源成本最高。

个人消费部门，尤其是非必需品的消费部门。在短期内，能源价格上升，家庭真实收入下降，不得不缩减家庭开支，首当其冲受影响的是电子产业、机动车产业和交通服务业。

竞争压力大或需求逐渐趋缓的部门。像制造业等全球竞争压力大的部门很难逃离高能源成本的困扰。

紧缩的劳动力市场条件。当公司雇员试图通过工资谈判提高真实工资时，公司面临成本上升的压力。当劳工有特殊的、高水平的劳动技能，或当劳动力市场是紧缩的时候，提高工资往往可能实现。

石油价格上涨抑制了消费、投资和出口。由于公司在改变投资计划之前，一般会等待观察价格变化的趋势，因此价格对消费的影响速度要比投资快。然而在长期，供给方的影响是主导的，以石油作为投入品的生产部门受到的损害是最大的。一个部门对石油的依赖程度越大，它的成本和利润受油价上涨的损害也就越大。因此，公共事业、运输服务和农业等能源密集型部门受到的影响是最大的。

竞争压力不大、市场需求旺盛的部门都能通过提高价格来规避能源价格震动的影响。此外，在劳动力市场紧缩的条件下，雇员往往会要求提高真实工资水平，这将会增加企业的生产成本。许多长期经济影响需要一段时间才会显现出来，因此是可能被预见到的。公司可以通过套期保值或者使用"一揽子"能源搭配组合来消除不良影响。在更长的时期，公司考虑到持续上涨的价格，会更愿意在能源密集程度较低的产业进行生产投资。

总之，供求关系表明，当石油安全的不确定性因素消除后，石油价格最终将下降。虽然这个调整的过程是痛苦的，但全球经济完全能够应对，不会因此而陷入衰退。在长期，能源供应商愿意增加生产和投资，能源密集型生产部门及其消费者更愿意经济合理地使用他们的石油。这些因素会共同作用，从而推动石油价格走低。

近几十年来，随着资源供给的紧张和环境污染日趋严重，可持续发展的概念在世界范围内由环境保护的层面提高到了经济发展乃至整个人类发展的层面上。可持续发展这个概念是在 20 世纪 80 年代提出来的，许多环境经济学家对这个概念做出了解释，普遍接受的解释是 1987 年世界环境与发展委员会在《我们共同的未来》报告中对可持续发展的解释：可持续发展是指既满足现代人的需求又不损害后代人满足需求的能力。2004 年 3 月 10 日，我国国家主席胡锦涛在中央人口资源环境工作座谈会上提出了科学发展观的概念，其中对可持续发展是这样解释的："可持续发展，就是要促进人与自然的和谐，实现经济发展和人口、资源、环境相协调，坚持走生产发展、生活富裕、生态良好的文明发展道路，保证一代接一代地永续发展。"

我国可持续发展面临着以煤为主的能源消费结构、石油和天然气贫乏的能源供给结构，以及能源消费带来的环境污染问题，因此我国可持续发展的能源战略应包括针对以上三个问题的措施。

我国以煤为主的能源消费结构主要是因为受到能源供给结构的制约。在石油的充分供给仍然要靠大量进口的情况下，要改善这种能源消费结构所带来的劣势，首先应该提高能源开发和使用的技术，开发如天然气、水能、风能、太阳能和地热能等能源，提高传统能源使用效率，同时减少对环境的污染，解决两难问题。

石油的进口是能源可持续发展的重要战略之一。由于我国缺少石油资源，而对石油产品的需求又随着经济增长、技术进步和人民生活水平的提高不断增长，国内的石油资源难以满足石油的需求，只有依靠石油进口。在这种进口依赖程度比较高的情况下，应该有足够的应变能力来应对国际市场石油供给暂时突然中断或短缺、价格暴涨等不安全状况，因此近年来我国积极发展国内石油勘探开发，并将国内的石油资源作为紧急储备。

能源的可持续发展还应该改变国内能源市场的垄断局面，只有这样，才能促进能源生产企业通过开发新生产技术来提高能源产量、开发新的能源产品，同时使得能源使用企业不再依靠国家的政策分配，避免能源使用上的浪费，提高能源的使用效率。

能源的可持续发展战略为我国的可持续发展提供了动力基础。面对未来数十年的经济持续发展，能源政策需要不断地给予关注和研究。

7.4　能源市场

自由市场能够最大化人类福利，这是一个极具争议的命题。有人列出了不符合竞争模型假设的情况来说明它不适用性，但是也有人断言竞争的力量最终会战胜垄断和政府管制，并在市场上赢得胜利。

最突出的问题是，能源市场上的价格经常不等于边际成本。更一般地，厂商所面临的是向下倾斜的需求曲线和利润最大化的要求，因此他们都会让定价高于边际成本。虽然在市场中存在着大量同种能源的竞争对手，但是很难找到真正成为价格接受者的能源生产厂商。

现实中存在着两个偏离，即价格超过生产边际成本的偏离和外部成本的偏离，这两个偏离的方向相反。在没有政府管制的情况下，厂商的成本要比社会总成本低，因为厂商成本没有考虑到整治污染的成本。简单地说，如果 1US gal （1US gal＝3.78541dm³）石油价格是 1 美元，由于它还会对环境造成 0.1 美元的污染，那么它的边际社会成本就应该是 1.1 美元而不是 1 美元。可见，市场价格并不会实现社会福利最大化，一般说来，它会比社会福利最大化的价格来得低。

福利经济学列举了许多其他市场非完美的问题。收入再分配问题和公共产品的重要性问题与能源经济没有什么重要联系，所以我们在这里忽略这些问题，而只谈与能源有着密切联系的问题，例如自然资源产业的内在不确定性问题等。

除了这些外部性问题以外，我们近似地把价格等同于边际成本来讨论。只有那些特别巨大的外部性问题我们才考虑：价格管制、极度的外部环境成本或者大量的补贴。我们之所以这么做一是因为方便，二是因为在绝大多数能源市场中都存在着强有力的竞争。

电力产业部门的竞争最为激烈。一些产业对燃料的要求极为特殊：某些特殊的煤炭是专门用来生产焦炭的；某种品位的石油是专门用来作为化学投入品的。然而大多数的煤炭、天然气和石油都被用来燃烧产生大量的热量。在这些情况下，厂商可以轻而易举地用一种能源替代另一种能源，通常只要几天时间就可以实现转换。20 世纪 70 年代末，煤炭重新赢得了世界锅炉燃料的市场份额，而之前，它曾一度被更为干净、更为方便的能源所取代。最近，天然气表现出了它对煤炭和石油的强有力的竞争力。这两种能源之间的竞争就很类似厂商同质产品之间的竞争。

事实上，对使用能源种类的调整并不像想象中那样容易，它存在着一些不确定性。不确定性一方面来自于消费者自身，他们无法判断未来某种能源的价格走势，于是在旧有设备还能使用的时候一般不会用其他更为经济的新能源来替代旧的能源。另一方面，政府对能源资源的预测以及限制开采等不确定性行为也延缓了能源调整的速度。

既然能源的调整并不是一件轻而易举的事情，那么我们就可以很容易理解现在的能源价格与数量并不处于均衡位置。汽油、柴油、航空燃料以其在运输中独一无二的巨大优势而存在价格溢价。同样，由于电力是一种升级了的更方便使用的能源，它的价格也比较贵，而煤炭和天然气的价格相对便宜一点。

经济效率问题的核心是人类的行为。人类的投入并不是用时间来衡量的，而是用机会成本来衡量。劳动和资本、自然资源紧密地结合在一起，它们的市场价格取决于个人的偏好，而经济的产出是主观的，因为效用和快乐是从商品消费和服务消费中产生的，我们可以把完美的经济机制比喻成实现福利最大化的巨大机器。关于经济效率的讨论本质上是关于现实经济与福利最大化之间有多少差距的讨论。

实际上我们的数据无法精确到有无效用，我们能够得到的数据都是关于投入产出的成本和收益，以及产品的价格和数量。投资者、经理和消费者依靠价格进行决策，把握资源在商品、服务和闲暇三者中的权衡。分析家必须判断提供给决策者的真实价格信息是否能够引导经济成长，并实现福利的最大化。

这个要求是很苛刻的，但是更苛刻的还在后面。如果实现福利最大化存在障碍，分析家自然而然就会要求政府采取行动来改变现状。然而，就像我们在西方经济学里已经学过的那样，政府的行为会导致其自身的失败。我们必须清楚现存福利损失的数量，以及政府为改善现状可能会采取的行动，否则，我们还是很难判断政府行为能否真正改善社会福利。

如果产品的价格和数量是可观测的，我们假设一个消费者是汽油价格的接受者，也就是说，无论他买多少汽油都不会对汽油价格构成直接的影响。我们可以发现，这个消费者在价格是 1.25 美元的时候每个月购买到 50US gal 汽油。由于

如图 7-1 所示的需求曲线向下倾斜，我们可以判断出这个消费者购买的最后 1US gal 汽油刚好是 1.25 美元。同样的，对应于 40US gal 的情形，最后 1US gal 的价格会比 1.25 美元高。相反的，第 60US gal 汽油的价格会比 1.25 美元低。

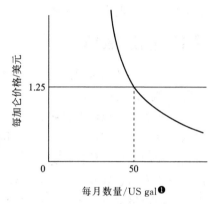

图 7-1　单一消费者的需求曲线

更具有普遍意义的是，对于某种商品的消费者而言，价格代表了商品的边际效用。不同的消费者每一个月购买不同数量的汽油，而某些人从中获得的效用和快乐会比另外一些人多，但每一个人购买的最后 1US gal 汽油的价值都刚好为 1.25 美元。

下面我们介绍市场的供给和需求。在最简单的情形下，厂商可以被假设为价格的接受者，就像前面例子中的消费者那样。根据定义，完全竞争的厂商相对于整个市场来说是相当小的单位，其产出变化对价格并不会产生直接的影响，而且它并不需要考虑竞争对手的反应。

厂商不断增加产出以实现利润最大化，直到边际成本等于边际收益时为止。当厂商是价格的接受者的时候，边际收入等于价格。这意味着一个厂商的供给曲线是它的边际成本曲线。在一定条件下，每一个厂商在某一价格下提供的产品数量是可以水平加总的。所以一个产业的供给曲线是所有厂商的供给总和。

如果厂商的成本是生产另一种商品的全部社会成本，那么这个简单的模型得出了一个有趣的结果：边际社会成本等于边际私人成本，也就等于了价格，又等于了边际效用。因此，生产最后一单位产品耗费的资源的收益与消费者消费的成本相同。这样，社会资源就没有进行重新分配而产生更多效用的余地了。

---

❶　1US gal＝3.78541dm³。

价格作为个人边际收益与社会边际成本的衡量尺度显得特别重要。如果是在完全竞争和完美市场中，任何商品、服务或工程的货币成本就可以衡量其社会成本，而其出售价格可以衡量它的社会价值。消费者通过选择石油或者电力的某一种或其他组合作为对价格变化的反应。他们可以选择供热或者采取绝缘措施来为房子保温，或者选择一件暖和的毛衣、一座暖和的房子作为他们自己保暖的措施。从厂商的角度来说，市场也存在同样的替代问题：生产什么样的组合最有利可图？什么样的投入组合成本较小？

价格并不是决定消费者消费的唯一因素，偏好同样很重要。我们很容易理解，即使在提供同等的热量时电力的价格比石油昂贵，人们还是更愿意使用电力而不是石油。举例说明，当我们想立即照亮屋子或者为家庭器具提供动力时，我们会优先选择电力，因为电力明显比石油更加方便。

7.5 能源效率

1973 年的石油危机震撼了整个资本主义世界。由于禁运减少了石油供应量的 8.3%，导致油价上涨了 3.3 倍，并引发煤炭、天然气等其他能源的价格随之上涨。这造成了能源供应紧张，给工业、民用、运输等各能源消费部门带来了很大影响。进而对经济产生了重大影响，例如，日本 1973 年石油供应减少量比其他发达工业国家少，估计仅减少 1% 左右，但由于油价暴涨而造成经济萧条并对人们造成严重的心理紧张，1974 年能源消费量比上一年减少了 90% 左右。为了克服因石油价格带来的困难，很多国家都开展了节能活动。这次石油危机一方面对如何形成稳定的能源来源提出了思考，另一方面也对提高能源效率、节能提出了有待深入研究的课题。世界大多数国家增强了对能源的宏观调控，注重节能管理。国际能源机构也决定在常设组织内专门成立节能部，以加强节能方面的国际合作。

按照世界能源委员会 1979 年提出的定义，节能（energy conservation）是"采取技术上可行、经济上合理、环境和社会可接受的一切措施，来提高能源、资源的利用效率"。这就是说，节能旨在降低能源强度（单位产值能耗），即在能源系统的所有环节，包括开采、加工、转换、输送、分配到终端利用，从经济、技术、法律、行政等方面采取有效措施，来消除能源的浪费。换句话说，节能就是指加强能源管理，采取技术上可行、经济上合理及环境和社会可以承受的各种措施，减少从能源生产到消费各个环节中的损失和浪费，从而更加合理、有效地利用能源。

世界能源委员会在 1995 年出版的《应用高技术提高能效》中，把"能源效率（energy efficiency）"定义为"减少提供同等能源服务的能源投入"。一个国家的综合能源效率指标是指增加单位 GDP 的能源需求，即单位产值能耗；部门能源效率指标分为经济指标和物理指标，前者为单位产值能耗，物理指标工业部门为单位产品能耗，服务业和建筑物为单位面积能耗和人均能耗。由于观念的转变，开始用"能源效率"替代"节能"，因为早期节能的目的是通过节约和缩减来应付能源危机，现在则强调通过技术进步提高能源效率，以增加效益，保护环境。

节能的实质是充分、有效地发挥能源的作用，使同等数量的能源提供更多的有效能，创造出更高的产值和利润，不能将节能简单地理解为少用能源。

上述各种关于节能定义的中心思想是，采取技术可行、经济上合理以及环境和社会可接受的措施来更有效地利用能源资源。为了达到这个目的，就需要在使用能源资源的一切方面，包括从开采到使用，更好地进行管理，以获得更高的能源利用效率。

从物理学的角度来看，能源利用效率取决于能源的有效利用和实际的能源损失比。根据热力学第一定律，全部能量守恒，在任何时候都不会消失。但是根据热力学第二定律，能量损耗是可能的，尽管能量不会消失，但能量可以分散到不可能进一步利用它来做功的程度。因此全面确定能源利用效率，不仅需要注意所消耗的能源数量，也要求重视能源的质量。从消费（或生产）的角度上看，不管这些服务是否可用能量来表示，能源利用效率都取决于提供服务（产品）的单位耗能。据计算，目前在获得能源到能源最终利用过程中，能源利用率约为 15%，而其余 85% 的一次能源损失掉了。如果不包括开采阶段，能源利用效率则为 32%。能源开采和最终利用是效率最低的两个阶段，其损失占总损失的 86%，这也是节能潜力最大的部分。为此，各国在理解节能定义时，都需要首先在理论上弄清节能与能源利用效率的密切关系，并就解决这个重要的经济和技术问题作出必要的抉择。

7.6 能源保障

在大力推进工业化的进程中，如何合理开发和使用能源，以保障社会的可持续发展已成为全社会必须面对的问题。我国的可持续发展能源战略至少应考虑两方面的内容：其一是如何确保为经济发展提供可持续的能源供应，并极大地提高能源使用效率；其二是解决和能源有关的环境问题，这就要求我们应长期坚持"节能优先"的战略。

随着市场经济的初步建立，能源供需关系也出现了重大的变化。能源价格经过改革调整，已能基本反映市场条件下的能源边际成本。不低的相对价格水平，有效地引导了市场条件下的能源消费。企业竞争促使成本下降，其中，降低能源成本成了许多产品增强市场竞争力的重要内容，微观经济性成为节能的主要驱动力；产业结构的调整和变化，以及市场对企业生产的硬约束，带来了明显的节能效果。

但是，这种单纯由市场推动的能效提高相对来说是有限的，能源效率的提高不能单纯依靠市场机制。在市场经济条件下，不能将能源短缺作为节能和提高能效的驱动力。一些能源供应部门作为企业，难免产生开拓市场刺激能源消费的动机和做法，以争取更大的市场份额和经济利益。同时，从国民经济的发展需要看，为了保持必要的较高增长速度，扩大内需将成为今后相当一段时期内主要经济政策的努力方向。为此，必然要鼓励终端消费包括能源消费的扩张，鼓励新的消费（包括新的用能途径）以拉动需求，这必然会导致建筑用能、交通用能的明显上升。另一方面，当能源供需出现平衡的时候，社会对能源部门的经济效益和其他相关社会问题（如能源行业的就业）的关注，远远大于对节能的呼声。因此，对长期的能源平衡和能源安全的关注，难以和短期经济运行的利益取向有机地联系起来。

由于我国的城市化和工业化进程仍需时间，产业升级的水平将长期受到二元经济结构的影响，按 GDP 计算的能源效率可能将在相当长的一段时期内难以赶上发达国家的先进水平。加入世界贸易组织后，我国资源的成本，特别是能源的成本，将不具有竞争性。煤炭生产的成本由于对安全性的考虑和环境压力，有可能明显上升；石油的价格已经国际化；而天然气由于资源的分布和长距离输运，价格可能要高于很多国家。到 2020 年左右，我国的基本能源技术水平必须达到国际先进水平，这才能符合长期发展的要求。

因此，节能光靠市场经济的自发作用远远不够，必须将长期坚持节能优先作为我国可持续发展能源战略的一个重要基本点，使能源效率提到一个没有先例的高度，这就需要在政策介入方面找到新的途径。

随着上述降低能耗政策和措施的逐步出台并实施，势必对相关行业和企业带来巨大的影响，以下几个方面值得特别关注。

为实现降耗，政府可能采取提高能源价格的措施，但由于能源商品的需求弹性比较小，在短期内价格变动对能源需求不会有很大影响，因而对那些能源成本较高且成本转嫁能力偏弱的行业将带来不利的影响。

在税收等激励政策刺激下，企业可能加大技术引进和革新力度，并加大对节能设备的投资。长期来看，降耗能够提高企业利润，但在短期内，由于固定成本剧增，其贡献有限。

随着政府降耗监管机制的完善，工业中的电力、钢铁、有色、化工、建材等，交通运输中的汽车、船舶等，商业和民用的建筑物等重要节能领域将受到严格监控。尤其是随着节能产品认证、高耗能设备淘汰等制度的建立和完善，对其中那些高耗能、高污染、技术落后、规模较小的行业和企业将产生不利影响。

高新技术产业、第三产业、高效节能型家电和照明器材行业、节能设备、节能材料，以及新能源等行业由于符合降耗和结构调整要求，未来可能具有较好的发展前景。

我国中长期能源发展战略和政策可归纳为"能源安全，节能优先，结构优化，保护环境"十六个字。

能源安全。在中国，能源安全问题已经引起高度关注，我国正在实施国际上采取的几乎所有对策来保障能源安全。包括：加强国内油气资源勘探开发；提高开采、加工和利用效率；加速油气行业市场化改革；进口来源多元化；参与国外油气资源勘探开发；发展合成液体燃料和替代燃料汽车；建立战略石油储备。

节能优先。实施"能源开发与节约并举，把节约放在首位"的方针；制订节约能源的配套法规，以及促进节能的经济激励政策；建立终端用能设备能效标准和标识体系，推进政府机构（靠公共财政运作的政府机关、事业单位和社会团体）节能；推行需求侧管理、能源服务公司、自愿协议、政府采购等节能新机制。

结构优化。调整和优化能源结构，主要是提高清洁能源比重，以及一次能源转化为电能的比重。到2020年，天然气消费量预计将超过1600亿立方米，水电、核电和风电装机容量可望分别达到240GW、36GW和20GW。

保护环境。能源是环境问题的核心，环境是能源决策的关键因素。保护环境的能源战略采取政府驱动、洁净高效、总量控制、排污交易和公众参与等政策措施加以落实。最近，国家发改委决定全面推行以节能降耗、清洁生产、资源综合利用为主要内容的循环经济。

能源生产不同于其他工业部门，牵涉环节多，开发周期长，尤其是新能源的开发利用更需大量的人力和财力，短期内难以成为世界能源的主角。因此，我国近期能源工业的发展方针是：节约与开发并举，把节约放在首位。

7.7　思考题

（1）新能源发展的障碍在成本、技术、产业、融资、政策和体制六个方面分别有哪些具体体现？

（2）论述发展差异化、布局均衡化、结构多元化、生产规模化、技术高端化在我国重点工程中的体现。

（3）国外促进新能源发展的政策措施中主要采用了哪些政策工具，有哪些值得借鉴的经验？

（4）《中华人民共和国可再生能源法》的主要原则和主要内容及配套政策措施是什么？

（5）目前世界能源争夺热点地区有哪些？其重要发展趋势如何？

（6）我国发展新能源经济的意义有哪些？

（7）结合我国人均资源占有情况，谈谈我国应当确立一种什么样的能源发展观。

（8）我国保障能源发展的可持续性的措施在最近的五年规划中有何体现？

（9）目前，新能源领域有哪些主要的国际协作？

（10）中国如何在未来可能的国际形势中保障能源安全？

参 考 文 献

［1］王赓，郑津洋，蒋利军，陈健，韩武林，陈霖新．中国氢能发展的思考［J］．科技导报，2017，35（22）：105-110.

［2］赵阳，李旭红，任海玲，杨凤岩，陈小平，孟明锐，孙然．动力锂电池产业技术研究进展［J］．天津科技，2017，44（12）：81-85.

［3］刘波，傅强，包信和，田中群．我国能源化学学科发展的初步探析［J］．中国科学：化学，2018，48（01）：1-8.

［4］郑江楠．新能源材料设计及性能预测分析［J］．石化技术，2017，24（12）：33.

［5］毛继军．核燃料技术革新潮来袭［J］．能源，2017（12）：31-32.

［6］杨雨．浅析新能源材料与器件专业的发展［J］．中国战略新兴产业，2018（12）：33.

［7］凌长明，娄晓博，王逸飞，郑章靖．潮汐能直接驱动海水淡化方法的优势分析［J］．广州航海学院学报，2018，26（01）：39-42.

［8］钟怡臻．浅谈能源经济政治化的缘起、表现及影响［J］．中国国际财经（中英文），2018（08）：266.

［9］敖新东，谢宏全，马东洋，王亚娜，梅雪琴．卫星海洋潮汐测量原理及其应用［J］．中国新技术新产品，2018（09）：27-28.

［10］Sunitha M，Durgadevi N，Asha Sathish，Ramachandran T. Performance evaluation of nickel as anode catalyst for DMFC in acidic and alkaline medium［J］．燃料化学学报，2018，46（05）：592-599.

［11］Wu Yiyang，Shi Yixiang，Cai Ningsheng，Ni Meng. Thermal modeling and management of solid oxide fuel cells operating with internally reformed methane［J］．Journal of Thermal Science，2018，27（03）：203-212.

［12］张雅洁，赵强，褚温家．海洋能发电技术发展现状及发展路线图［J］．中国电力，2018，51（03）：94-99.

［13］李静．如何实现能源经济的可持续发展［J］．科技经济导刊，2018，26（13）：77.

［14］王飞跃，孙奇，江国进，谭珂，张俊，侯家琛，熊刚，朱凤华，韩双双，董西松，王嫘．核能5.0：智能时代的核电工业新形态与体系架构［J］．自动化学报，2018，44（05）：922-934.

［15］Yangben Cai，Zhouying Yue，Qianlu Jiang，Shiai Xu. Modified silicon carbide whisker reinforced polybenzimidazole used for high temperature proton exchange membrane［J］．Journal of Energy Chemistry，2018，27（03）：820-825.

［16］李佳佳．燃料电池的发展与应用［J］．新材料产业，2018（05）：8-12.

［17］汪韬，王健宇，王绪，杨佳，刘建国，徐航勋．石墨烯模板法制备类似三明治结构的多孔碳纳米片用于高效催化酸/碱性条件下氧还原反应的研究（英文）［J］．Science China Materials，2018，61（07）：915-925.

［18］高燕燕，侯明，姜永燚，梁栋，艾军，郑利民．质子交换膜燃料电池催化层化学稳定性研究［J］．电化学，2018，24（03）：227-234.

［19］陆师禹．氢能发电的应用前景探究［J］．科技风，2018（22）：203.

［20］钟海长，姜春海，赖贵文．新能源材料与器件专业创新性应用型人才培养探索［J］．教育现代化，2018，5（23）：28-29.

［21］"理性、协调、并进"——核能发展安全可持续［J］．环境保护，2018，46（12）：17.

［22］杨伟彬．太阳能光伏发电技术及应用［J］．山东工业技术，2018（16）：86.

[23] 常宏. 中国页岩气勘探开发现状与展望 [J]. 西部探矿工程, 2018, 30 (08): 55-56.

[24] 张材. 中压水电解制氢纯化装置的安全生产与质量控制 [J]. 云南化工, 2018, 45 (05): 227.

[25] 白玉湖, 徐兵祥, 陈岭, 陈桂华. 页岩油气典型曲线及解析模型产量预测新方法 [J]. 中国海上油气, 2018, 30 (04): 120-126.

[26] 郝伟峰, 贾丹瑶, 李红军. 基于可再生能源水电解制氢技术发展概述 [J]. 价值工程, 2018, 37 (29): 236-237.

[27] 李雄威, 刘聪敏, 徐冬, 孙振新, 陈毅伟, 刘汉强, 郭桦. 生物质液体催化燃料电池的电化学模型 [J]. 可再生能源, 2018, 36 (08): 1113-1118.

[28] 贾磊. 全球固体氧化物燃料电池发展报告 [J]. 无机盐工业, 2018, 50 (08): 15.

[29] 帅露, 詹志刚, 张洪凯, 隋桀, 潘牧. PEMFC 流场板流体压降研究 [J]. 电源技术, 2018, 42 (08): 1163-1167.

[30] 王建江, 胡晓东, 李红祝. 碱性水电解用隔膜的现状及研究发展趋势 [J]. 高科技纤维与应用, 2018, 43 (03): 19-22.

[31] 黄慧微. 能源经济效率、能源环境绩效与区域经济增长关系研究 [J]. 生态经济, 2018, 34 (08): 86-91.

[32] 相晨曦. 能源"不可能三角"中的权衡抉择 [J]. 价格理论与实践, 2018 (04): 46-50.

[33] 陈晓堃, 蒋恩臣, 许细薇, 皮佳丽. 生物质焦油/柴油超声乳化工艺及其燃烧特性研究 [J]. 可再生能源, 2018, 36 (08): 1107-1112.

[34] 赵家旺, 周荣, 朱永扬, 陆春, 刘桂彬. 电动汽车用锂离子电池安全性研究 [J]. 电源技术, 2018, 42 (08): 1134-1135＋1179.

[35] 常国峰, 季运康, 魏慧利. 锂离子电池热模型研究现状及展望 [J]. 电源技术, 2018, 42 (08): 1226-1229.

[36] 日本能源经济研究所"世界能源供需展望"[J]. 中外能源, 2017, 22 (05): 100-101.

[37] 盛超宇, 黄哲, 邵雪萍, 郑航. 锂空气电池固体电解质 $Li_{1+x}Al_xTi_{2-x}(PO_4)_3$ 的制备研究 [J]. 粉末冶金工业, 2017, 27 (03): 28-30.

[38] 杨军. 中国核电发展技术路线 [J]. 科技导报, 2017, 35 (13): 105.

[39] 孙慧, 高张丹, 雷丹, 聂明. 直接醇类燃料电池的研究与发展前景综述 [J]. 真空, 2017, 54 (04): 64-68.

[40] 陈俊良, 余军, 张梦莎. 聚合物电解质膜水电解器用质子交换膜的研究进展 [J]. 化工进展, 2017, 36 (10): 3743-3750.

[41] 舟丹. 水电解制氢技术发展概况 [J]. 中外能源, 2017, 22 (08): 69.

[42] 李云霞. 物理化学理论体系中的几种基本研究方法 [J]. 大学化学, 2017, 32 (08): 78-84.

[43] 侯建朝, 侯鹏旺, 孙波. 电动汽车和可再生能源经济环保协同并网调度的优化模型 [J]. 可再生能源, 2017, 35 (11): 1655-1663.

[44] 倪世兵, 肖婷, 向鹏, 杨学林, 丰平, 代忠旭. 新能源材料与器件专业人才培养与实践研究 [J]. 教育教学论坛, 2016 (44): 162-163.

[45] 荆鑫, 张旭, 王玮, 郎俊伟. 兼具高质量和高体积能量密度的水系全金属氧化物不对称超级电容器 (英文) [J]. 电化学, 2018, 24 (04): 332-343.

[46] 杨波, 金直航, 赵亚萍, 蔡再生. 自支撑柔性氮掺杂碳织物电极的制备与性能研究 [J]. 电化学, 2018, 24 (04): 359-366.

[47] 苏秀丽, 董晓丽, 刘瑶, 王永刚, 余爱水. 基于钛酸锂负极和聚三苯胺正极的电池电容体系 [J]. 电化学, 2018, 24 (04): 324-331.

[48] 邵雯柯, 赵雷, 刘超, 董艳莹, 朱元杰, 王秋凡. WO_3/碳布柔性非对称超级电容器的组装及性能研

究［J］．电化学，2018，24（04）：351-358.

［49］周民强．光伏发电技术应用探讨［J］．科技创新与应用，2018（27）：161-162.

［50］张健，艾德生，林旭平，徐舜，葛奔．Co-Nb 缺陷对 $Sr_2Co_xNb_{2-x}O_{6-\delta}$ 导电性能影响的第一性原理研究［J］．稀有金属材料与工程，2018，47（S1）：249-253.

［51］孙则朋，王永莉，吴保祥，卓胜广，魏志福，汪亘，徐亮．滑溜水压裂液与页岩储层化学反应及其对孔隙结构的影响［J］．中国科学院大学学报，2018，35（05）：712-719.

［52］丛岩．光伏发电技术在大型船舶上的应用［J］．中国水运（下半月），2018，18（09）：69-70.

［53］左宇军，孙文吉斌，邬忠虎，许云飞．渗透压-应力耦合作用下页岩渗透性试验［J］．岩土力学，2018，39（09）：3253-3260.

［54］李忆，刘晓光．光伏系统损耗分析及效率优化［J］．电子世界，2018（17）：79＋81.

［55］杨瑞睿，杨文，林莉．基于快速傅里叶变换的风电场混合储能系统研究［J］．电气应用，2018，37（16）：29-33.

［56］徐欢，陈新胜，王利芳．氧化镍/还原氧化石墨烯复合物的制备及其在超级电容器中的应用［J］．化学试剂，2018，40（09）：831-835.

［57］李泓．储能材料［J］．科学观察，2018，13（04）：24-27.

［58］赵艳妮．中国光伏产业发展 SWOT 分析及对策［J］．农村经济与科技，2018，29（16）：105-106.

［59］张婉容，万凯，肖海宏，孙红光，茹帅，艾照全．PAN/GO 包覆改性 C/MnO_2 合成锂离子电池负极材料及性能研究［J］．胶体与聚合物，2018，36（03）：127-130.

［60］Aminov R Z, Bairamov A N. Performance evaluation of hydrogen production based on off-peak electric energy of the nuclear power plant［J］. International Journal of Hydrogen Energy，2017，42（34）.

［61］Geoffrey W Cowles, Aradea R Hakim, James H Churchill. A comparison of numerical and analytical predictions of the tidal stream power resource of Massachusetts, USA［J］. Renewable Energy，2017，114.

［62］Youngseung Na, Federico Zenith, Ulrike Krewer. Highly integrated direct methanol fuel cell systems minimizing fuel loss with dynamic concentration control for portable applications［J］. Journal of Process Control，2017，57.

［63］Immanuel Vincent, Andries Kruger, Dmitri Bessarabov. Development of efficient membrane electrode assembly for low cost hydrogen production by anion exchange membrane electrolysis［J］. International Journal of Hydrogen Energy，2017，42（16）.

［64］Toshiyuki Sueyoshi, Yan Yuan, Aijun Li, Daoping Wang. Methodological comparison among radial, non-radial and intermediate approaches for DEA environmental assessment［J］. Energy Economics，2017.

［65］Subhash Muchala, Richard Willden. Impact of tidal turbine support structures on realizable turbine farm power［J］. Renewable Energy，2017，114.

［66］Noriah Bidin, Siti Radhiana Azni, Shumaila Islam, Mundzir Abdullah, M Fakaruddin Sidi Ahmad, Ganesan Krishnan, A Rahman Johari, M Aizat A Bakar, Nur Syahirah Sahidan, NurFatin Musa, M Farizuddin Salebi, Naqiuddin Razali, Mohd Marsin Sanagi. The effect of magnetic and optic field in water electrolysis［J］. International Journal of Hydrogen Energy，2017，42（26）.

［67］Birol Kilkis, Siir Kilkis. New exergy metrics for energy, environment, and economy nexus and optimum design model for nearly-zero exergy airport (nZEXAP) systems［J］. Energy，2017.

［68］Boreum Lee, Juheon Heo, Nak Heon Choi, Changhwan Moon, Sangbong Moon, Hankwon Lim. Economic evaluation with uncertainty analysis using a Monte-Carlo simulation method for hydrogen production from high pressure PEM water electrolysis in Korea［J］. International Journal of Hydrogen

Energy, 2017.

[69] Jared Moore. Thermal Hydrogen: An emissions free hydrocarbon economy [J]. International Journal of Hydrogen Energy, 2017, 42 (17).

[70] Qing Yang, Ji Liang, Jiashuo Li, Haiping Yang, Hanping Chen. Life cycle water use of a biomass-based pyrolysis polygeneration system in China [J]. Applied Energy, 2018, 224.

[71] Xingyang Zhao, Liangfei Xu, Chuan Fang, Hongliang Jiang, Jianqiu Li, Minggao Ouyang. Study on voltage clamping and self-humidification effects of pem fuel cell system with dual recirculation based on orthogonal test method [J]. International Journal of Hydrogen Energy, 2018.

[72] Gonzalo E Fenoy, Benoit Van der Schueren, Juliana Scotto, Fouzia Boulmedais, Marcelo R Ceolin, Sylvie Bégin-Colin, Dominique Bégin, Waldemar A Marmisollé, Omar Azzaroni. Layer-by-layer assembly of iron oxide-decorated few-layer graphene/PANI: PSS composite films for high performance supercapacitors operating in neutral aqueous electrolytes [J]. Electrochimica Acta, 2018, 283.

[73] Saran Kalasina, Nutthaphon Phattharasupakun, Montakan Suksomboon, Ketsuda Kongsawatvoragul, Montree Sawangphruk. Asymmetric hybrid energy conversion and storage cell of thin Co_3O_4 and N-doped reduced graphene oxide aerogel films [J]. Electrochimica Acta, 2018, 283.

[74] Abimbola M Enitan, Sheena Kumari, John O Odiyo, Faizal Bux, Feroz M Swalaha. Principal component analysis and characterization of methane community in a full-scale bioenergy producing UASB reactor treating brewery wastewater [J]. Physics and Chemistry of the Earth, 2018.

[75] Yao Li, Xin Wang, Minhua Cao. Three-dimensional porous carbon frameworks derived from mangosteen peel waste as promising materials for CO_2 capture and supercapacitors [J]. Journal of CO_2 Utilization, 2018, 27.

[76] Jiao-Jiao Zhou, Xue Han, Kai Tao, Qin Li, Yan-Li Li, Chen Chen, Lei Han. Shish-kebab type $MnCo_2O_4$ @ Co_3O_4 nanoneedle arrays derived from MnCo-LDH @ ZIF-67 for high-performance supercapacitors and efficient oxygen evolution reaction [J]. Chemical Engineering Journal, 2018.

[77] Wafa Dastyar, Abdul Raheem, Jun He, Ming Zhao. Biofuel production using thermochemical conversion of heavy metal-contaminated biomass (HMCB) harvested from phytoextraction process [J]. Chemical Engineering Journal, 2018.

[78] Jyotheeswara Reddy K, Sudhakar N. A new RBFN based MPPT controller for grid connected PEMFC system with high step-up three-phase IBC [J]. International Journal of Hydrogen Energy, 2018.

[79] Jizhang Chen, Kaili Fang, Qiongyu Chen, Junling Xu, Ching-Ping Wong. Integrated paper electrodes derived from cotton stalks for high-performance flexible supercapacitors [J]. Nano Energy, 2018.

[80] Zhigang Zhan, Chong Yuan, Zhangrong Hu, Hui Wang, Sui P C, Ned Djilali, Mu Pan. Experimental study on different preheating methods for the cold-start of PEMFC stacks [J]. Energy, 2018, 162.

[81] Chengsheng Ni, Mark Cassidy, John T S Irvine. Image analysis of the porous yttria-stabilized zirconia (YSZ) structure for a lanthanum ferrite-impregnated solid oxide fuel cell (SOFC) electrode [J]. Journal of the European Ceramic Society, 2018.

[82] Anja Talke, Ulrich Misz, Gerhard Konrad, Angelika Heinzel, Dieter Klemp, Robert Wegener. Influence of urban air on proton exchange membrane fuel cell vehicles-Long term effects of air contaminants in an authentic driving cycle [J]. Journal of Power Sources, 2018, 400.

[83] Mohsen Ghadiryanfar, Kurt A Rosentrater, Alireza Keyhani, Mahmoud Omid. Corrigendum to "A review of macroalgae production, with potential applications in biofuels and bioenergy" [Renew Sustain Energy Rev 54 (2016) 473-481] [J]. Renewable and Sustainable Energy Reviews, 2018.

［84］ Haichao Liu，Jing Tan，Lisheng Cheng，Weimin Yang. Enhanced water removal performance of a slope turn in the serpentine flow channel for proton exchange membrane fuel cells ［J］. Energy Conversion and Management，2018，176.

［85］ Yankai Cao，Victor M Zavala，Fernando D'Amato. Using stochastic programming and statistical extrapolation to mitigate long-term extreme loads in wind turbines ［J］. Applied Energy，2018，230.

［86］ Soraia Meghdadi，Mehdi Amirnasr，Mohammad Zhiani，Fariba Jallili，Meysam Jari，Mahsa Kiani. Facile synthesis of cobalt oxide nanoparticles by thermal decomposition of cobalt（Ⅱ） carboxamide complexes：Application as oxygen evolution reaction electrocatalyst in alkaline water electrolysis ［J］. Electrocatalysis，2017，8（2）.

［87］ Jiayuan Li，Zhaoming Xia，Xuemei Zhou，Yuanbin Qin，Yuanyuan Ma，Yongquan Qu. Quaternary pyrite-structured nickel/cobalt phosphosulfide nanowires on carbon cloth as efficient and robust electrodes for water electrolysis ［J］. Nano Research，2017，10（3）.

［88］ 张润，李培，王政德，王先鹏，张伟，檀杰，吕耀辉. 超级电容器用二维 $Ti_3C_2T_x$ MXene 材料的研究进展 ［J］. 过程工程学报：1-10.

［89］ 吴永康，傅儒生，刘兆平，夏永高，邵光杰. 锂离子电池硅氧化物负极材料的研究进展 ［J］. 硅酸盐学报：1-8.

［90］ 王宝，岳红彦，高鑫，林轩宇，姚龙辉. 三维碳纳米管阵列/石墨烯的制备及在电池和超级电容器中的应用 ［J］. 化工新型材料，2018（09）：1-4.

［91］ 戴仲葭. 锂离子电池正极材料 $LiMn_{0.8-x}Fe_{0.15+x}Mg_{0.05}PO_4$ 的制备、表征及电化学过程研究 ［J］. 化工新型材料，2018（09）：198-201.

［92］ 李高锋，李智敏，宁涛，张茂林，闫养希，向黔新. 锂离子电池正极材料表面包覆改性研究进展 ［J］. 材料工程，2018（09）：23-30.

［93］ Katoh Makoto，Uemura So，Kawamoto Akira，Nakayama Yudai. Plan of wind power generation by a small captive unmanned balloon ［J］. The Proceedings of the Conference on Information，Intelligence and Precision Equipment：IIP，2017，2017（0）.

［94］ Takei Toshinobu，Hayashi Shunsuke，Hamamura Keitarou，ITO Sumio，Kanawa Daichi. Introduction of a development of inspection and repair robot system for wind power generating windmill ［J］. The Proceedings of JSME annual Conference on Robotics and Mechatronics （Robomec），2017，2017（0）.

［95］ Zahid Hussain Hulio，Wei Jiang，Rehman S. Technical and economic assessment of wind power potential of Nooriabad，Pakistan ［J］. Energy，Sustainability and Society，2017，7（1）.

［96］ Lin Wu，Han Li. Analysis of the development of the wind power industry in China—from the perspective of the financial support ［J］. Energy，Sustainability and Society，2017，7（1）.